光斑定位技术

易亚星 李忠科 白东颖 何 鸣 著

国防工业出版社

·北京·

内 容 简 介

本书围绕基于光斑位置检测的激光检测技术展开，详细论述了光电测量的分支——光斑定位技术及其应用。全书共分为两篇：第一篇重点阐述光斑位置检测技术的原理及相关器件；第二篇详细论述了光斑定位技术在同轴度测量、倾角测量、表面三维形态监测、牙颌局部变形及咬合运动虚拟再现等方面的应用。

本书内容涉及光学、机械、电子、计算机等诸多学科的交叉渗透，以军事、医学和水电领域的实际需求为背景，以光斑位置测量技术为基础，是光电测量技术理论与实践的统一体。本书可以作为计算机测量、激光检测等专业的高校学生理论联系实践的辅导教材，还可作为相关领域科研人员的参考资料。

图书在版编目（CIP）数据

光斑定位技术/易亚星等著. —北京：国防工业出版社，2017.11

ISBN 978-7-118-11400-3

Ⅰ. ①光…　Ⅱ. ①易…　Ⅲ. ①光电检测—研究　Ⅳ. ①TN2

中国版本图书馆 CIP 数据核字（2017）第 288837 号

※

国防工業出版社出版发行

（北京市海淀区紫竹院南路 23 号　邮政编码 100048）

三河市腾飞印务有限公司印刷

新华书店经售

*

开本 710×1000　1/16　**印张** 11¾　**字数** 223 千字

2017 年 11 月第 1 版第 1 次印刷　**印数** 1—2000 册　**定价** 56.00 元

（本书如有印装错误，我社负责调换）

国防书店：（010）88540777　　发行邮购：（010）88540776

发行传真：（010）88540755　　发行业务：（010）88540717

前　言

没有现代的测量技术，就没有现代的工业。随着计算机、激光器、光电传感器技术的飞速发展，光电测量技术已经成为许多科技工作者的重点关注对象和研究热点。光斑定位技术作为光电测量技术的一个分支，相关理论的研究与实践应用也在不断的充实与完善。本书旨在将笔者多年在工程实践项目中，所利用的光斑定位技术理论、器件、作法作一系统论述，为这一领域的研究人员及工程人员提供参考与借鉴，同时抛砖引玉，期待后来学者将光电测量领域的研究不断丰富、不断深入、不断创新。

本书以光斑位置测量及相关的数据处理技术为基础，以多种工程与医学应用的实际需求为牵引，重点阐述了光斑定位技术在军事工程、水利工程、建筑测量、口腔医学中的一些理论和技术问题。本书的特点是理论知识与实际应用紧密结合，尤其注重理论对于实践的指引作用以及理论在实践中的合理运用。可以说，本书的研究成果是光电测量技术理论与实践的统一体，凡是本书所提出的方法，都经过了实际验证。本书可以作为计算机测量、激光检测等专业的高校学生理论联系实践的拓展与延伸读本，还可作为相关领域科研人员的参考资料。

本书共分为两篇。第一篇从光电测量技术的特点入手，主要探讨了光斑位置测量技术的理论基础及其相关器件的特点特性，详细阐述了光斑定位技术的原理及特点、光斑位置传感器件、半导体激光准直光源、光斑位置测量中的数据处理，重点分析了 PSD 器件应用于光斑定位技术中存在的问题及解决方法。第二篇着重从原理、方法和实现三个方面介绍了光斑定位技术在工程与医学等领域的应用，对同轴度测量、倾角测量、表面三维形态测量、牙颌局部变形及咬合运动虚拟再现等实际问题提出了可行性方案与实验验证，多项研究成果已获国家专利，并制造出可供实际应用的测量装置或仪器。

本书编者长期从事光电测量技术的教学、实践及科研学术研究，具有丰富的理论及实践经验，为本书奠定了良好基础。第 1 章和第 2 章由白东颖编写；第 3 章由何鸣编写；第 4、5 章由易亚星编写；第 6、7、8、9 章由李忠科编写。全书由白东颖统稿，由易亚星主审。

另外，本书还有许多地方有待深入和拓展。例如，本书仅讨论了轴—轴同轴度测量问题，更困难的孔—孔同轴度测量问题尚未涉及，在安装调试过程中不能转动的特大型轴系的测量也尚未进行研究，在拱坝变形观测、激光扫描技术等领域还有很大的研究空间。

本书是编者多年的研究工作和工程实践的系统总结。限于编者水平，错误、疏漏之处不可避免。之所以效野人献曝，实为抛砖引玉，若能为同行诸君提供一点借鉴，则不胜欣喜；若能得到专家指导，则感激不尽。

作者

2017.5

目　录

第一篇　光斑定位技术

第一篇

光斑定位技术

第1章　光电测量技术

1.1　引言

光斑位置测量技术（Beam Spot Location Measuring Technique）意为通过对光斑的几何中心或能量中心位置的检测实现对其他物理量间接测量的技术。回顾人类社会的文明历史，人们在光与影的世界中感受着、认识着我们身边的三维世界。诗人用如画的诗句描绘光与影，如“半亩方塘一鉴开，天光云影共徘徊”，而画家则用光与影表达如诗的画面。从文艺复兴时期的巨匠达·芬奇（Leonardo Da Vinci）到梵高（Vincent Van Gogh, 1853—1809）、毕加索（Pablo Picasso, 1881—1973），大师们运用光与影表达着对社会和自然的观察和理解。科技与艺术的发展是和谐的，在远古时代人们在制作陶器的同时也创作了陶器上精美的艺术图案。艺术家用心灵感受的事物往往是科学家所关注和思考的事物。人们很早以前就懂得利用光斑或阴影进行测量，日晷是利用太阳光进行时间测量的最古老的专用仪器，而卡文迪许扭称则是现代光斑测量技术的开端，它被用来进行万有引力的测量。尽管在卡文迪许扭称时代的光源技术和光斑位置检测手段还比较原始，但有一点是肯定的，那就是这种技术一开始就是作为精密测量技术出现的。因为光波的波长极短，因此能得到很高的测量精度。此外，光斑测量具有非接触性，对被测对象几乎没有力的作用，因而不会改变对象的运动状态。

光斑位置测量技术属于光电非接触测量的技术范畴。光电非接触测量技术的含义是：用光学和电子学方法为手段，不与被测对象有机械接触，获取被测对象的某方面属性数据，对数据加以分析处理，从而掌握对象的性质。其他的非接触测量技术有声学测量技术、电磁测量技术等。在20世纪科学技术飞速发展的背景下，以光学为基础的实用技术渗透到技术领域的方方面面，如光通信、光计算、光医疗、光存储、光学信息处理，凡此种种，光学测量技术正是丰富多彩的光学实用技术之一。而构成该技术基础的学科则包括了半导体（Semiconductor）、光学（Optics）、电子学（Electronics）、应用数学（Applied Mathematics）、人工智能（Artificial Intelligence）等诸多学科。描述电子电路的线性系统理论，被用来分析光学系统的行为；傅里叶变换理论为光学信息处理铺设了坚实基础；人工智能的方法被用来指导光学系统的优化设计；正是由于半导体激光器的出现，才有了精巧的激光测距仪。多学科的交叉融合促进了光电测量技术的进步，而光电测量技术的进步又会为其他学科的成长提供营养。技术进步的历史证明了辩证唯物论的观点：世界上各事物之间是相互联系的。

当今光电测量技术获得飞速发展的一个重要因素是计算机技术的进步。一方面，计算机被直接用于光学系统和光学元件的设计与加工，为光电测量技术创新提供了基础；另一方面，计算机在各个领域的应用又为光电测量技术的应用提供了新的舞台、新的空间。新的空间产生了新的需求，新的需求意味着新的利润增长点，在市场经济社会中，利润刺激着技术进步的脚步永不休止。此外，计算机强大的数据处理能力担负着光电测量所获数据的深加工任务，成为光电测量技术效能的倍增器。

光电测量技术获得飞速发展的另外两个重要因素是激光器和光电传感器。1916 年爱因斯坦（A.Einstein）发表《关于辐射的量子理论》一文，首次提出受激辐射概念，为激光器的发明奠定了理论基础。1960 年 7 月，美国休斯研究所实验室的年轻科学家梅曼（T.H.Malman）成功研制并运转了第一台红宝石激光器。激光器的问世是 20 世纪物理学的重大进展之一，是光学领域具有革命意义的重大突破，其对科技、社会、经济、军事、文化和人民生活产生了长远而深刻的影响。在测量领域，"激光测量所取得的成就蔚为大观，其应用价值及科学意义不可估量"（王大珩）。光电传感器将光信号转变为电信号，从而实现对物理量的测量。光电传感器的种类在不断丰富，性能在不断提高，价格则在不断下降，为普及光电测量技术铺平了道路。

计算机、激光器和光电传感器构成了光电测量技术的物质基础。以三者为核心，光电测量技术已形成完整而开放的知识理论体系。就完整性而言，从光电测量方法的数学物理原理，到测量装置的标定与误差评价，再到测量数据的存储与信息处理，均有丰富的研究成果。开放性则体现为：在层出不穷的需求与新技术的推动下，光电测量技术的理论与实践在不断充实与丰富。

激光测量技术是一门综合性实用技术，能记录、分析激光与被研究对象相互作用而发生变化的光波场参数，以便测出被研究对象的动力学参数、声学参数、重力场参数、热力学参数、电磁学参数、光学参数和微观信息等[1]。激光测量学研究内容十分丰富，涉及激光测量的原理、方法、应用以及激光和半导体器件，其中：测量原理有波面干涉、全息术、散斑测量、莫尔原理、多普勒原理、相位共轭、受激散射、光纤传导、光斑定位等；测量应用有距离、位移和角度测量，几何形状误差测量，表面微观形貌测量，激光定位和激光雷达，速度和加速度测量，三维形态测量，激光 CT 与三维温度场测量，流场测量，弱磁场测量，瞬变现象测量，时间探针等。激光测量学所研究的内容可归纳为四大部分：激光测量原理、测量领域/测量对象、元器件及相关技术、测量与误差理论。激光测量学的学科体系结构如图 1-1 所示。

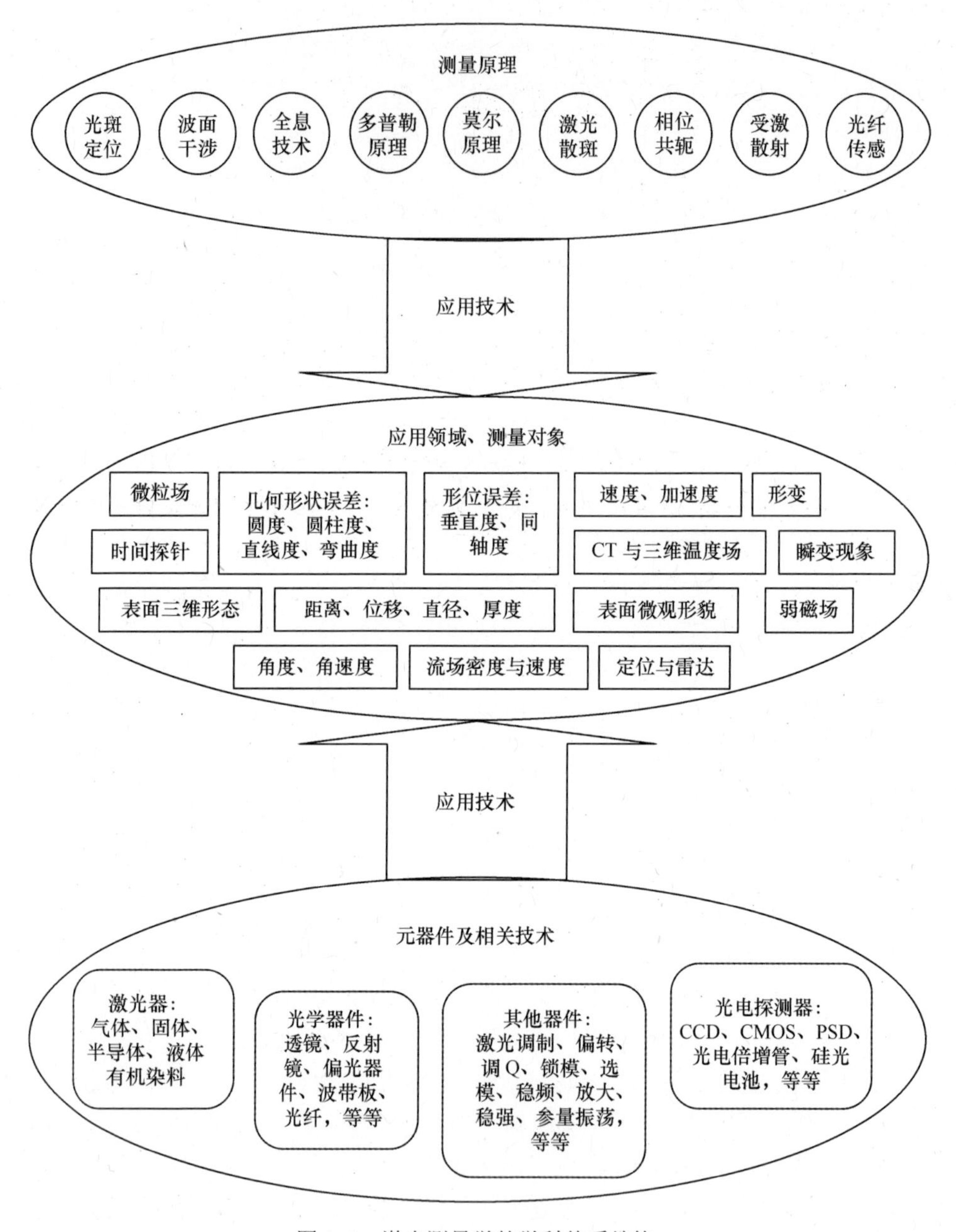

图 1-1　激光测量学的学科体系结构

本书专门论述光斑定位技术，内容包括所涉及的元器件和多个测量领域的应用。本书内容及在激光测量学中的位置如图 1-2 所示。

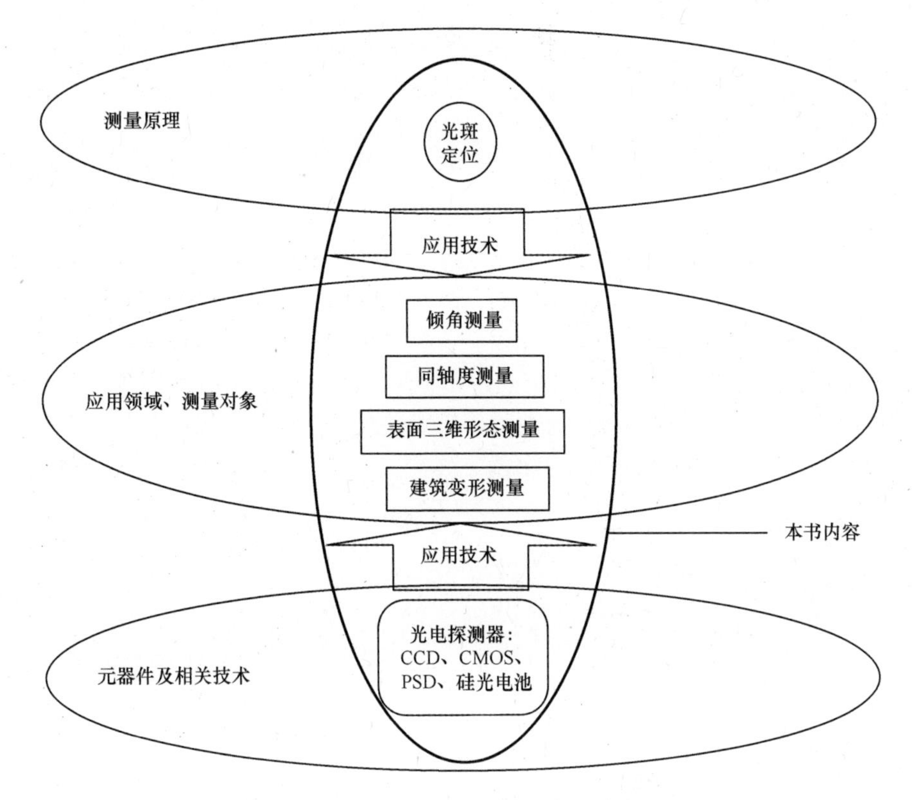

图 1-2　本书的内容及在激光测量学中的位置

1.2　光电测量技术特点与分类

1.2.1　光电测量技术特点

光电测量技术有许多特点：①具有非接触性、非破坏性，可以在对被测对象没有干扰的情况下获得被测对象的各种信息；②光具有直线和高速传播性；③光波的振幅、相位、频率（或波长）以及偏振态的时空变化特性可用于多种测量目的；④利用光载信息可以进行遥控和遥测；⑤可以进行高分辨率的测量；⑥可以进行多普勒测量；⑦可以进行外差法测量；⑧对于激光，射向目标的能量集中，使仪器的小型化易于实现。由于激光的高单色性、高相关性、高平行性、方向性、能量随时间和空间的可会聚性等独特的优点，以及小型半导体激光器的低电压、小体积和易调制性，在光电测量技术中大量采用激光光源。

1.2.2　光电测量技术分类

光电测量技术是一个很大的范畴，包含的内容十分丰富。

（1）按测量方法分类。光电测量有时间测量、干涉测量、全息干涉测量、多普勒测量、莫尔条纹测量、激光散斑测量、光纤传感测量、散射测量、光斑定位测量等。

（2）按被测对象分类。光电测量有形位误差测量（平行度、垂直度、同轴度、圆度、直线度、圆柱度等），位移测量（横向位移、纵向位移、角位移、直径、厚度等），速度测量（线速度、角速度、线加速度、角加速度），场测量（磁场、温度场、燃烧场、流场等），颗粒度测量，以及表面三维形态测量等。

光电测量技术采用的测量方法，与测量精度和范围的要求以及被测对象的性质密切相关。例如：对于大的空间距离（大于几十米），一般采用时间测量方法；对于微米以下的位移和形态测量，一般采用干涉测量方法；而对于一般尺度的位移测量，可采用光斑定位测量方法。

第 2 章　光斑位置检测技术

2.1　光斑位置测量技术

2.1.1　光斑位置测量概述

测量技术的进步程度是社会文明进步程度的标志。没有现代的测量技术，就没有现代的工业。测量技术是如此之重要，以至于其自身成为许多科技工作者的研究对象。本书研究的内容为光斑位置测量及相关的数据处理技术，具体地说，是以激光准直光束为测量光源，以光斑位置传感器为传感元件，以计算机为测量数据的采集、存储与加工设备，对常规测量尺度和三维空间范围内的实体进行测量和数据处理的技术。这一类技术的内容非常丰富，应用十分广泛。依托几个与军事工程、医学工程、水电工程有关的课题，笔者希望在一些具有理论与应用价值的领域，对一些具有普遍性和特殊性且仍存在研究空间的问题，开展相关的研究工作，希望能填补一些空白，丰富相关的理论与实践，为光电测量这棵本已根深叶茂的大树增添几片绿叶。

2.1.2　光斑位置测量技术

测量光斑位置的办法有多种，从简单的目测到精密的光电仪器测量。这种测量光斑位置的技术称为光斑位置检测技术，或简称为光斑定位技术。通过对光斑位置变化量的测量来实现对位移、角度等物理量的测量，这在精密测量中应用十分广泛。用于测量万有引力的卡文迪许扭秤，就是利用光斑定位技术来测量悬挂重锤的扭转角度。光斑定位技术在测量领域中的应用有以下显著优点：

（1）具有非接触性，可利用光来测量位移、转角等物理量。由于采用光接触方式，测量工具不会对待测物理量本身产生影响，而接触式测量则不能保证。

（2）可利用光杠杆原理将微小的物理量放大，从而实现高精度测量。

（3）光信号可调制，本身可携带丰富的信息，又可方便地用透镜、反射镜、光阑等进行处理。

（4）光信号不受电磁场影响，不需考虑电磁兼容问题。

（5）光信号响应速度快、实时性好，能测量快速变化的物理量。

2.2 光斑位置测量技术应用

2.2.1 同轴度测量技术

同轴度测量是光斑位置测量技术一个有趣的应用。金国藩院士主编的《激光测量学》（1988 年 8 月出版）将同轴度测量问题描述为“一个有待解决的困难课题”[1]。同轴度测量的目标是测量大型回转机械两联结轴轴线的平行偏差和倾斜偏差。此技术在军事装备、矿山机械、电力机械的安装与检修中有重要应用，传统方法为用千分表手工测量。文献[2]、[3]利用光电技术对同轴度测量进行了一些有益探索，但不充分。天津威德公司的萧宁华高工设计出一种同轴度测量仪，命名为“激光对中仪”，但一直没有建立起合适的数学模型，使用效果连设计者本人也不满意。笔者进行同轴度测量技术研究正是受萧宁华高工的委托而开始。文献[4]探讨了一种单光束激光对中仪及其数学模型，该文引用了笔者以前的工作，试图进行创新，但笔者阅读该文后认为其结论值得怀疑。我国现有从国外引进的该类仪器，离岸价为 2 万美元左右。由于商业原因，未见其工作原理的介绍，实际使用效果也未得到普遍认可。

2.2.2 建筑变形测量技术

建筑变形测量属于工程测量学范畴，是建筑测量学的一个分支。工程建筑物及与工程有关的变形的监测、分析及预报是建筑测量学的重要研究内容[5]。建筑变形测量的任务是测量建筑物主体及其基础在载荷和外力的作用下随时间而变形的情况，主要内容有位移观测、倾斜观测、裂缝观测等。

国内关于建筑变形测量的应用不胜枚举。三峡水利枢纽工程变形监测和库区地壳形变、滑坡、岩崩以及水库诱发地震监测，规模之大，监测项目之多，都堪称世界之最。隔河岩大坝外部变形观测的 GPS 实时持续自动监测系统，监测点的位置精度达到了亚毫米。该工程用地面方法建立的变形监测网，最弱点精度优于±1.5mm。

国外关于建筑变形测量的应用也有很多。南非某一核电站的冷却塔高 165m，直径 163m。在整个施工过程中，要求每一高程面上塔壁中心线与设计的限差小于±50mm，在塔高方向上每 10m 的相邻精度优于 10mm。由于在建造过程中地基地质构造不良，出现不均匀沉陷，使塔身产生变形。为此，要根据精密测量资料拟合出实际的塔壁中心线作为修改设计的依据。采用测量机器人用极坐标法作三维测量，对每一施工层，沿塔外壁设置了 1600 多个目标点，在夜间可完成全部测量工作。对大量的测量资料进行恰当的数据处理，使精度提高了数倍，所达到的相邻精度远远超过了设计要求。精密测量不仅是施工的质量保证，也为整治工程病害提供了可靠的资料，同时也能对整治效果做出精确评价[6]。

大型水坝特有的高风险性使得对它的变形观测具有重要的意义。由于观测条件的限制，使得对水坝特别是大型的拱坝的变形观测成为一个难题。早在1853 年，工程师们采用大地测量的方法来测量法国 Grosbois 大坝的坝顶位移。该坝建于 1830—1838 年，首次蓄水就出现问题而多次加固。苏联工程师发明的倒垂线[6]和法国人 Andre Coyne（1891—1960）发明的共振弦传感器是目前普遍采用的大坝变形观测技术。我国大坝变形观测起步较晚[7]，20 世纪 50 年代开始在丰满混凝土大坝进行水平位移和垂直位移的观测。当时水平位移的观测采用光学基准线法和交会法，垂直位移观测采用精密水准法。

20 世纪 80 年代初期，激光准直方法被应用于直坝变形观测[8-10]，丰满大坝的真空激光准直系统于 1988 年通过鉴定。该系统采用真空准直激光和波带板光斑测量技术，目前仍处于良好运行状态。

20 世纪 90 年代后期，全球定位系统（GPS）在大坝变形观测中得到应用[11]。很多技术人员致力于提高 GPS 定位和测距精度[12-15]。1998 年在清江隔河岩大坝（混凝土重力坝，坝高 151m）建成 GPS 变形观测网，共有 7 台 GPS 接收机，2 台为基准点，5 台为测量点。公开发表的文献[11]称该观测网测量精度达“亚毫米级”；1999 年笔者实地考察时技术人员介绍，经 6h 连续采样计算，测量精度能达 2mm。但是，GPS 方法无法在坝体内设立测量点,因而不能全面反映大坝变形情况。

东北国电公司大坝中心的专家通过对各种变形观测方法获得的数据进行比较分析，认为激光光斑测量是效果最好的测量方法，在大型结构变形测量领域具有独特的优势和广阔的前景。激光光斑测量具有很高的精度，可以实现自动化测量，可以进行结构内部的观测，因而可以弥补 GPS 方法的不足。笔者提出一种激光接力变形自动观测方法，解决了当通视受限时波带板测量方法的局限性，可用于隧道、大坝等大型人工建筑的高精度自动化观测问题。该方法已成功应用于多个拱坝变形自动观测系统。

2.2.3　光学三维面形测量技术

光学三维面形测量技术是指以光电测量方法获取空间几何表面三维坐标集合的技术。人们对光学三维面形测量技术进行了大量研究，主要光学三维面形测量方法可以概括如下[16-23]。

（1）激光雷达法。通过测量激光脉冲从发出到从被测表面反射回来的时间，根据光速即可获得被测点的纵向距离信息。光点遍历整个物体表面，可获得物体三维形貌信息。该方法适合较大空间距离的测量，分辨率较低。

（2）莫尔云纹法（Moiré Topography）。该方法由 Lord Rayleigh 在 1874 年提出[1]，意为两个周期性的直线或曲线族重合而形成的条纹图案。1970 年英国的 D.M.Meadows 和日本的高崎宏分别提出了使用一块光栅的照射型 Moiré 面形测量法；1972 年日本的吉泽彻和铃本正根等提出了使用两块光栅的投影型 Moiré 面形测量法。莫尔方法的基本原理是投射到漫反射表面的条纹光栅被表面的形状调制而变形。从另一角度透过参考光栅观察，可看到两者重叠而形成的图案。在一定条件下，该图案中的条纹具有等高线的特点。因此，一张照片可同时记录三维信息。莫尔方法的分辨率高于激光雷达法。

（3）立体摄影法（Photogrammetry）。该方法是机器视觉领域经常采用的技术之一。基本原理是基于生物的双目视觉，两台相距固定距离的相机对目标成像，对获取的像对进行处理，进而获得对象的三维数据。立体摄影测量早已应用于大地测量等领域，近年已发展成数字立体摄影测量，应用范围涉及航空航天、机械制造、生物医学等领域。运用立体摄影法获取三维数据的主要问题是点对匹配，即在两张图像上辨认对象表面的同一点。已有许多点对匹配算法，如 D.Skea 等提出的累加器算法[24]、Sanjay Ranade 和 Azriel Rosenfeld 提出的松弛算法[25]、Shih-hsu Chang 等提出的利用二维聚类进行点对匹配的算法等[26]。

（4）结构光技术（Structured Light Technique）。它采用特定的光源照射被测对象，用图像传感器或光斑位置传感器记录信号。光源可为点光源、线光源、栅光源和空间编码光源。结构光技术是一种应用较为灵活可靠的主动式三角测量技术。LD（Laser Diode）、PSD（Position Sensitive Detector）、CCD（Charge Coupled Device）和 CMOS（Complementary Metal Oxide Semiconductor）图像传感器的出现，使激光三角法得到了广泛应用。激光三角法技术可靠，检测速度高，数据量大。目前市场上已有大量的商品化的、基于激光三角法原理的激光三维扫描系统。由于激光三维扫描技术的潜在应用前景，在欧美发达国家，许多高科技企业纷纷涉足该领域，从事三维扫描测量系统硬、软件的开发制造和技术服务。

2.2.4 激光三维面形测量技术

激光三维面形测量技术的进步促进了许多学科的发展和许多应用领域的技术进步。在口腔医学领域，近年来激光三维面形测量技术被应用于颌面外科、正畸、修复等学科，为口腔医学临床和科研提供了新技术手段和新技术途径，促进了现代口腔医学的发展[27-30]。最近两年出现的虚拟咬合架技术和隐形矫正技术更是激光三维面形测量技术在口腔医学领域应用的鲜明实例，显示出该技术在与现代计算机技术结合后的广阔发展前景和强大生命力，使传统的口腔医学发生了翻天覆地的变化。

1. 虚拟咬合架技术

常规的咬合架是一个机械装置，在口腔医学中用来对咬合面形态异常、牙列缺损等进行功能仿真。它的基本结构是由铰链连接的两个支架，用以固定病人的上、下牙颌模型，模仿牙列在口腔内的运动。然而，一个简单的机械装置很难真实地模仿生物系统运动的复杂性，如由软组织的弹性或肌肉牵引所引起的咀嚼运动的变化过程。应用计算机三维数字化技术、多自由度运动姿态与轨迹记录技术、三维碰撞检测技术和三维重构技术，可以建立一个虚拟的咬合架，提供许多机械咬合架所不能提供的新功能。

文献[31，32]报告了一个称为 DentCAM 的试验系统。该系统用超声波技术记录下颌运动轨迹。该系统软件功能是：

（1）在显示窗口中可以从特殊视角观察动态咬合过程；

（2）在咬合窗口中可以显示动态和静态的咬合接触面的滑动；

（3）在小窗口中可用纵横截面视图表示颞颌关节的运动；

（4）在截面窗口中可以显示牙弓各处的截面。

该系统展示了虚拟咬合技术的优点，预示了广阔的应用前景，但功能远非完善。例如，系统所使用的设备并非专门研制，硬件内聚性不强，采用的三维扫描仪盲区较大，软件的功能也有待扩充。

2. 隐形矫正技术

随着人们物质生活的提高，公众对于口腔不仅仅满足于有病治病，而是提出更高层次的美容要求。这种需求促进了近年来口腔正畸学的快速发展。正畸的含义是通过矫正治疗，使原来不整齐不美观的牙齿变为整齐美观的牙齿。口腔正畸治疗分两个阶段：固定矫治期和活动保持期。固定矫治期需要带固定矫治器，定期（一般 3~4 周）随访，然后正畸医生根据矫治情况，调整固定矫治器，如此反复 1 年左右后，进入活动保持期，为病人配置保持器。病人可以自由选择时间佩戴（一般都是晚上佩戴），保持 1 年左右。

常用的矫治方法使用金属托槽和金属弓丝。这种方法的优点是矫治的效果最好，但是存在以下缺点。

（1）不方便：患者需要定期访问正畸医生（一般是 3～4 周）。

（2）影响美观：支架在固定矫治器需要一直贴在牙齿上，弓丝也是一直在托槽和支架之上。除了影响正常的口腔功能外，也对美观造成了很大的影响。一些特殊领域，例如演艺界、教师、文秘、公司白领等，则可能会直接影响到事业发展。即使对于普通人而言，金属矫齿形状突出，也影响个人仪容。

（3）影响功能：采用金属矫治器影响正常饮食,矫齿期间不能进食粘性食物，如香口胶、糯米以及高纤维的蔬菜（因为蔬菜纤维会与金属线纠缠一起）。固定的矫齿器会使清洁牙齿困难，矫正期间难以保持口腔清洁卫生。

（4）矫治效果不稳定：正畸效果完全依赖于医生水平的高低、临床经验水平和责任心的高低。如果出现意外情况，例如医生工作发生变更、出差在外、病例暂时由别的医生临时负责等，可能会人为导致正畸矫治效果不稳定，甚至效果大大低于预期。

隐形矫治器技术是口腔正畸的一次革命。治疗步骤是：用高精度激光 3D 扫描技术获取病人的牙列数字模型，用计算机三维图形技术制作一系列牙齿立体移动的影像，由牙齿原本的位置开始，逐渐移动到最整齐的位置，生成治疗计划和中间过程牙列的三维数据；根据治疗计划和数据应用 CAD 技术，用透明材料制作一系列隐形矫治器；患者在每个阶段更换系列中不同的矫治器（通常是上、下颚各一个，也有可能只有一个），患者的牙齿逐渐按照预先指定好的矫治方案移动，直到牙齿整齐为止。由于隐形矫治器采用一系列透明和可供脱下的隐形牙箍，渐进地把牙齿矫正，而无需采用任何金属和钢线。隐形矫治器是由透明和坚硬的医学用塑料制成，配戴上牙齿后，几乎是看不到的。

口腔隐形矫治器有下列优点。

（1）不可见：隐形矫治器使用高质量，高透光率的新型医用材料，几乎不可见；可以不让任何人知道正在进行牙齿矫正。对一些行业如新闻播报员、公众人物、政治家、老师，甚至家庭主妇，完全没有“我戴牙箍很难看”的心理压力。

（2）可以脱下：隐形矫治器是活动的，而且根据矫治计划精确设定，除非特殊的情况，一般不需要找医生；病人可以在吃饭、刷牙的时候取下，方便而且能保证矫治时期的口腔卫生和护理。在矫治期间，可以把隐形矫治器脱下，正常进食，并在进食完毕之后，使用牙线和牙刷清理牙齿，保口腔清洁卫生。

（3）舒适：没有采用金属的弓丝和支架，基本消除了传统固定矫治器的副作用。不仅病人节约了大量的时间和金钱的支出，而且没有金属矫治器和金属弓丝所引起的口腔磨损和不适。

（4）治疗效果好：计算机三维模型分析能计算出从牙齿目前状况到理想矫治效果之间所有的应力、位移、形状、牙槽受力等分析，确保完美矫治效果，杜绝因为经验、人为失误等原因影响到最后的矫治效果。

2.2.5 运动测量技术

这里的运动测量是指连续测量并记录一个刚体在空间的位置与姿态。这一技术在计算机视觉、虚拟现实、机器人学、机械制造、医学形态学等领域有重要应用。例如在口腔医学中，为了分析咬合关系，研究咀嚼运动，并在 VR 环境中再现下颌运动过程，需要对下颌运动过程的姿态与轨迹加以记录。惯性技术可完成这一任务，但体积、精度、造价等指标不适合口腔医学领域采用。德国 Hansen 公司采用超声波测量原理，开发了下颌运动轨迹描记仪，国内仅少数大型医疗机构有引进。应用光斑测量技术可以实现运动测量技术。文献[26]采用激光四光束和 PSD 元件测量物体的位置、角度，从而确定运动物体某一瞬时位置姿态。文献[33]在透视投影约束下，通过单相机拍摄的序列画面，通过一个扩展模型，从起点出发依次扩展得到三维空间中人体关节的位置，从而恢复运动信息。

2.3 光斑位置测量中的数据处理

光斑位置测量中的数据处理包含传感器误差的修正、滤波、缺失数据的修补、三维面形数据处理等。

（1）传感器误差的修正。修正一维及二维位置传感器由于结构和温度等原因引起的非线性误差，例如摄像机物镜的几何畸变和 PSD 器件的非线性误差。

（2）滤波。消除或降低由于各种原因引起的随机误差，如光斑位置抖动和电机定位误差引起的随机误差。

（3）数据修补。根据知识对测量的盲区依一定算法进行填补，使数据集尽量完整。

（4）三维面形数据处理。三维面形数据处理包含丰富的内容，如三维数据的重采样、数据转换与压缩存储、重构显示、交互测量、特征分类与识别、虚拟变形、变化检测等。

第3章　光斑位置检测器件

3.1　实现光斑位置检测的器件

在精密测量中用于光斑位置检测的半导体器件大致可分为三类：第一类是图形阵列型器件；第二类是表面分割型器件；第三类是能量重心定位器件。

图形阵列型器件主要有 CCD、CMOS、SSPD（自扫描光电二极管阵列）等。这类器件是由若干单个感光元件集成在一起并排列成线阵（一维器件）或面阵（二维器件）而形成的，用于光斑位置检测时几乎不受环境光的影响。缺点是配套电路比较复杂，计算光斑中心点的位置比较费时，且测量精度受到各象元间距的限制。

表面分割型器件，也称象限探测器，主要有四象限光电二极管、四象限硅光电池、四象限光电倍增管、二象限硅光电池等。象限探测器有几个明显的缺点：①表面分割产生的感光死区，对测量精度有影响。②对光斑形状有一定的要求，当被测光斑全部落入某个象限时输出的电信号无法表示光斑的位置，使测量范围和控制范围受到限制。③受环境光影响较大。由于上述固有的缺陷，象限探测器较少直接用于光斑位置测量，而大多联合运动补偿机构和位移传感器使用。这样虽然能达到很高的测量精度，但由于有机械运动部件，测量仪器的实时性和可靠性都大大降低了。

能量重心定位器件，目前仅有 PSD 属于这一类。优点是：①对光斑形状无严格要求，即输出信号与光的聚焦无关，只与光的能量重心位置有关。②光敏面无须分割，不存在感光死区。③可连续测量光斑位置，分辨率高，一维 PSD 可达 0.2 μm。④测量范围大，一维 PSD 可达 30mm，二维 PSD 目前有 27mm×27mm 规格产品。⑤可同时测量光斑位置和光强。⑥响应速度快，配套电路简单。缺点是受环境光影响较大。

目前常用的半导体器件有 CCD、CMOS 以及 PSD。CCD 与 CMOS 是当前被普遍采用的两种图像传感器，两者都属于离散型器件，都是利用感光二极管（Photodiode）进行光电转换，大量的微小感光二极管构成传感阵列，将图像转换为数字数据，主要区别是数字数据传送的方式不同。CCD 中每一行中每一个像素的电荷数据都会依次传送到下一个像素中，由最末端部分输出，再经由传感器边缘的放大器进行放大输出；而在 CMOS 中，每个像素都会邻接一个放大器及 A/D 转换电路，用类似内存电路的方式将数据输出。

PSD 属于连续型器件，感光部分是一个大面积的 PN 结，位置分辨率理论上是无限的。PSD 能用于光斑位置的精确测量。

3.1.1 CCD 器件

20 世纪 60 年代末，美国贝尔电话实验室发现电荷通过半导体势阱发生转移的现象。1970 年，W.S.Boyle 和 G.E.Smith 提出固态成像这一新概念，在经历一段时间研究之后，建立了以一维势阱模型为基础的非稳态 CCD 理论。近 30 年来，CCD 器件及其应用技术的研究取得了惊人的进展，从初期的 10 万像素已经发展至目前主流应用的 500 万像素。CCD 又可分为线型（Linear）与面型（Area）两种，其中线型主要应用于影像扫描器及传真机上，而面型主要应用于数码相机（DSC）、摄录影机、监视摄影机等多项影像输入产品上。

CCD 传感器有以下优点。

（1）高解析度（High Resolution）：CCD 像点的大小为微米级，可感测及识别精细物体，提高影像品质。从早期 1in、1/2in、2/3in、1/4in 到最近推出的 1/9in，像素数目从初期的 10 万增加到现在的 400～500 万。

（2）低噪声（Low Noise）高敏感度：CCD 具有很低的读出噪声和暗电流噪声，因此提高了信噪比（SNR），同时又具高敏感度，即使很低光度的入射光也能侦测到，信号不会被掩盖，使 CCD 的应用不受天候拘束。

（3）动态范围广（High Dynamic Range）：CCD 同时侦测及分辨强光和弱光，提高系统环境的使用范围，不因亮度差异大而造成信号反差现象。

（4）良好的线性特性曲线（Linearity）：入射光源强度和输出信号大小成良好的正比关系，物体资讯不致损失，降低信号补偿处理成本。

（5）高光子转换效率（High Quantum Efficiency）：很微弱的入射光照射都能被记录下来，若配合影像增强管及投光器，即使在暗夜远处的景物仍然还可以侦测得到。

（6）大面积感光（Large Field of View）：利用半导体技术已可制造大面积的 CCD 晶片，目前与传统底片尺寸相当的 35mm 的 CCD 已经开始应用在数码相机中，成为取代专业光学相机的关键元件。

（7）光谱响应广（Broad Spectral Response）：CCD 能检测很宽波长范围的光，增加系统使用弹性，扩大系统应用领域。

（8）低影像失真（Low Image Distortion）：使用 CCD 感测器，影像处理不会有失真的情形，使原物体资讯忠实地反映出来。

（9）体积小、重量轻：CCD 具备体积小且重量轻的特性，可容易地装置在人造卫星及各式导航系统上。

（10）低耗电力，不受强电磁场影响。

（11）电荷传输效率佳：该效率系数影响信噪比、解像率，若电荷传输效率不佳，影像将变较模糊。

（12）可大批量生产，品质稳定，坚固，不易老化，使用方便及保养容易。

目前 CCD 应用技术已成为集光学、电子学、精密仪器及机械与计算机为一体的综合性技术。CCD 技术本身正向着高速度、高分辨率、特种图像传感等方向发展，已经出现了微光 CCD 器件、红外 CCD 器件、紫外 CCD 器件、X 线 CCD 器件。CCD 技术也有一些缺点，如驱动电路复杂、需要使用相对高的电压、不能与大规模集成制造工艺兼容。为此，人们又开发了另外几种固体图像传感技术，其中最具发展潜力的是采用标准 CMOS 工艺制造的图像传感器。

将 CCD 技术用于光斑位置测量一般采用照相机结构，测量光束首先在一个屏上形成漫射光斑，CCD 相机再对屏成像，然后对拍摄的图像进行处理。丰满大坝位移测量系统就是采用了这种方法[8, 10]。

3.1.2 CMOS 图像传感器

CMOS 图像传感器最早出现于 20 世纪 70 年代。但是由于当时 CMOS 图像传感器在分辨率、动态范围、噪声、功耗和成像质量等方面都不如同期出现的 CCD 传感器，因而未获充分发展。随着大规模集成制造工艺技术的发展，CMOS 图像传感器显现出强劲的发展势头。CMOS 传感器的应用范围现已非常广泛，包括数码相机、PC Camera、影像电话、第三代手机、视讯会议、智能型保全系统、汽车倒车雷达、玩具，以及工业、医疗等用途。在低档产品方面，CMOS 传感器画质质量已接近低档 CCD 的解析度。CMOS 传感器又可细分为：被动式像素传感器 CMOS（Passive Pixel Sensor CMOS，PPS CMOS）与主动式像素传感器 CMOS（Active Pixel Sensor CMOS，APS CMOS）。PPS CMOS 的像素由一个光电二极管（CMOS 管或 PN 结二极管）和一个行选择开关构成。PPS CMOS 的像元尺寸小，填充系数较高，因而量子效率较高。但 PPS CMOS 的速度较慢，信噪比低，读出噪声较高。APS CMOS 是在 PPS CMOS 基础上开发出来的新型器件。APS CMOS 的像元由一个有源放大器、一个无源复位开关和一个光电二极管构成。放大器在读出期间被激发，信号立即在像元内被放大，然后用 X-Y 地址方式读出，从而提高了器件的灵敏度。同 PPS CMOS 相比，APS CMOS 片上处理削弱了固定噪声模式，信噪比高；不受电荷转移效率限制，速度快，图像质量明显改善。但 APS CMOS 的像元尺寸较大，填充系数小，典型值为 20%~30%[34]。

与 CCD 产品相比，CMOS 是标准工艺制程，可利用现有的半导体设备，不需额外的投资设备，且品质可随着半导体技术的提升而进步。CMOS 传感器的最大优势，是它具有高度系统整合的条件。理论上，所有图像传感器所需的功能，例如垂直位移、水平位移暂存器、时序控制、CDS、ADC 等，都可集成在一颗晶片上，甚至于所有的晶片包括后端晶片（Back-end Chip）、快闪记忆体（Flash RAM）等也可整合成单晶片（System-On-Chip），以达到降低整机生产成本的目的。目前 CMOS 图像传感器向着高分辨率、高动态范围、高灵敏度、集成化、数字化、智能化的方向发展，新的成果不断涌现。2003 年业界发展了 CMOS 图像传感器新技术——C3D（CMOS Color Captive Device）。C3D 是新一代半导体成像技术，不仅提高了像素设计技术，也改进了生产工艺。采用这种技术生产的 0.25μm CMOS 图像传感器，可以在保全性能的前提下增加晶体管的数量和占空因数，除了增加像素设计的选择方案之外，还可实现更加复杂的功能和更低的功耗。此外，该传感器在速度方面也有很大优势。C3D 技术的最大特点就是像素反应的均一性。C3D 技术重新定义了成像器的性能，并提高了 CMOS 图像传感器在均一性和暗电流方面的标准性能。2004 年初，美国 Foveon 公司公开展示了最新发展的 Foveon X3 技术，立即引起业界的高度关注。Foveon X3 是全球第一款可以在一个像素上捕捉全部色彩的图像传感器阵列。传统的光电耦合器件只能感应光线强度，不能感应色彩信息，需要通过滤色镜来感应色彩信息，称之为 Bayer 滤镜。而 Foveon X3 在一个像素上通过不同的深度来感应色彩，最表面一层感应蓝色，第二层感应绿色，第三层感应红色。它是根据硅对不同波长光线的吸收效应来达到一个像素感应全部色彩信息。这项革新技术可以提供更加锐利的图像、更好的色彩，比起以前的图像传感器，Foveon X3 是第一款通过内置硅光电传感器来检测色彩的。Foveon X3 的技术对于传统半导体感光技术来说有很大的突破，具有颠覆传统技术的潜力。

将 CMOS 图像传感器用于光斑位置测量也要采用照相机结构，测量光束首先在一个屏上形成漫射光斑，CMOS 相机再对屏成像，然后对拍摄的图像进行处理。陕西汉中石门水库大坝位移测量系统就是采用了这种方法。

3.1.3 PSD 器件

PSD 器件的工作机理是半导体的横向光电效应。早在 1930 年，Schottky 就发现当用一束光照射 $Cu-Cu_2O$ 金属—半导体结的 Cu_2O 表面时，外电流随光束入射位置与电极之间距离的增加指数下降，这是横向的首次发现。1957 年 Walmark 在圆形 InGe P^+N 结上重新发现这个效应。他用载流子复合理论对此现象做了解释，并提出可以用来检测光点位置，此后才真正开始了对 PSD 的研究。1960 年 Lucovusky 得到了描述横向光电效应的 Lucovusky 方程，从而奠定了 PSD 的理论基础[8]。PSD 器件自问世以来一直在不断改进。在 20 世纪 80 年代以前，改进主要是围绕单晶硅器件对光敏面形状以及电极的布置进行的。在80 年代中后期，非单晶硅的出现使 PSD 的基底材料有了新的选择，低成本、大面积的 PSD 开始出现。近年来 PSD 位移探测技术的应用领域在迅速扩大。除常规单晶硅 PSD 器件继续获得大规模商业应用外，新型大面积、挠性薄膜和有机塑料以及一维、二维阵列器件的出现满足了一些特殊场合对位置探测的需求。可以预见，更灵敏、功能更强、集成度更高、面积更大、速度更快的 PSD 器件会涌现出来。

PSD 器件用于光斑位置测量采用直接照射方式，位置指示光束直接照射在光敏面上，在一定的光强、光斑尺寸、入射角度、环境温度范围下，PSD 位置探测精度几乎不变。

3.2 半导体激光准直光源

光斑位置测量一般采用半导体激光准直光源，主要由激光二极管（Laser Diode，LD）、准直透镜、整形棱镜以及驱动电路组成。

3.2.1 激光二极管（LD）

LD 是激光准直光源中的发光器件，常用波长为 635~670nm，共振阈值电流一般为 30mA 左右，工作电流为 50mA 左右。LD 有单模发光和多模发光两种激光发振方式。单模发光的最大问题是反射回来的光进入激光共振器，形成干涉，成为噪声，而多模的 LD 抗干扰能力强。因为温度变化（升高）会使激光波长发生漂移，因此各制造商极力降低 LD 工作电流，以使 LD 工作在较低温度下。在设计光源时，应尽量使 LD 得到良好散热。LD 发生的激光，多为不完全的线偏振光，在特殊应用场合要考虑线偏振光的方向性。从 LD 半导体激光共振腔中发出的发散激光，从水平和垂直方向来看，并不是从同一点发出。水平发射点和垂直发射点之间的距离，称为非点间隔，它使从 LD 发出的激光波面产生非点相差。由于从 LD 发出激光为发散光，并且水平与垂直方向发散角不同，分别为 $\theta_{\perp}$和 $\theta_{/\!/}$，因此准直透镜和整形棱镜设计要以 $\theta_{\perp}$和 $\theta_{/\!/}$为依据。

3.2.2 准直透镜

准直透镜的作用是把 LD 发出的发散光转换成平行光。准直透镜可以有不同的结构形式，在数值孔径较小的条件下，双胶合透镜被大量应用。但是在特定场合，双胶合透镜的性能不能满足要求。例如：在“平台水平度激光测试仪”应用中，需要克服光学系统对激光束能量的损失，尽量增大光电位置传感器的光能量输入；在“激光陆地导航与快速定位定向”应用中，需要克服大气系统对激光束能量的损失，尽量增大作用距离。相关文献对大相对孔径的激光准直物镜进行了研究，以期在 LD 功耗不变的条件下，充分利用 LD 的输出光能量。

3.2.3 整形棱镜

在需要尽量利用光能的情况下，要使用数值孔径较大的准直透镜，这时准直光束的截面近似椭圆形，需要使用整形棱镜。它的作用是把椭圆形的平形光，变换成正圆形的平行光。

3.2.4 驱动电路

为了使出射光能量保持一定，LD 内部一般内藏后向散射光电二极管 PD，作为 APC（Auto Power Control）用。驱动电路对 PD 的光电流进行采样，经过放大后，控制 LD 的工作电流，使 LD 的光输出功率保持在一定的范围内。

3.3 PSD 器件

位置敏感探测器（Position Sensitive Detector，PSD）是一种基于横向光电效应的光电位置敏感器件。与 CCD 相比，PSD 就是一个后天营养不足而发育不良的“哥哥”，CCD 则由于营养充足而茁壮成长，各方面都超过了 PSD 老大哥。

3.3.1 横向光电效应简介[35]

图 3-1 是一个大面积 PN 结示意图，由重掺杂的 P 型半导体和轻掺杂的 N 型半导体构成，和一般 PN 结一样由于载流子扩散在结区建立起一个与结面垂直的自建内电场。在光照作用下，光照点所形成的光生载流子在自建电场作用下，空穴进入 P 层，电子进入 N 层，形成漂移电流。P 层为重掺杂，载流子浓度大，电导率高，到达 P 层的空穴迅速扩散，形成等电位区；而 N 层为轻掺杂，载流子浓度小，电导率低，进入 N 区的电子不易扩散，仍集中在光照点附近，使得光照点成为低电位点，因而形成一个平行于结面的横向电场。这就是所谓的横向光电效应。

实用的 PSD 一般采用 PIN 结构。PIN 结构有助于减小电容效应，提高量子效率，改善波长特性[36]。图 3-2 为一维 PSD 简化模型，图中 N 层为重掺杂层，P 层为轻掺杂层。当入射光照射到光敏面上某点时，在入射点形成高电位点，从而形成由入射点向两极流动的电流 I_1 和 I_2。由于 PSD 表面为均匀电阻，且入射点到两电极之间的电阻值 R_1 和 R_2 远大于负载电阻 R_L，故电流 I_1 和 I_2 仅取决于入射点的位置。设 PSD 光敏面长度为 $2L$，以其中心点为原点沿光敏面建立一维坐标，则入射点位置 x 与电流 I_1 和 I_2 之间的关系为

$$\frac{I_1}{I_2}=\frac{R_2+R_L}{R_1+R_L}\approx\frac{R_2}{R_1}=\frac{L-x}{L+x} \quad \Rightarrow$$

$$x\approx\frac{I_2-I_1}{I_2+I_1}L \tag{3.1}$$

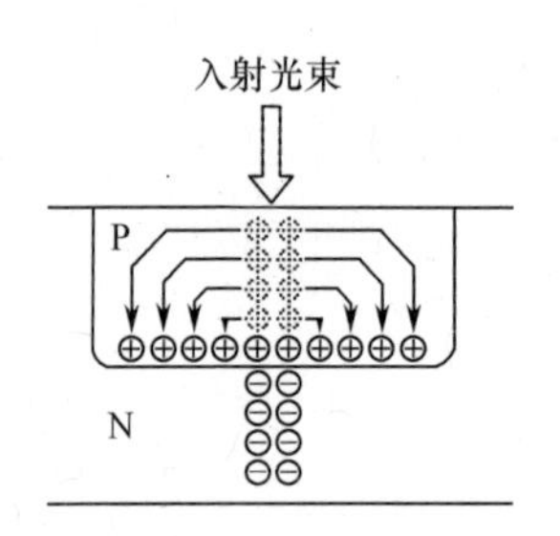

图 3-1　横向光电效应示意图

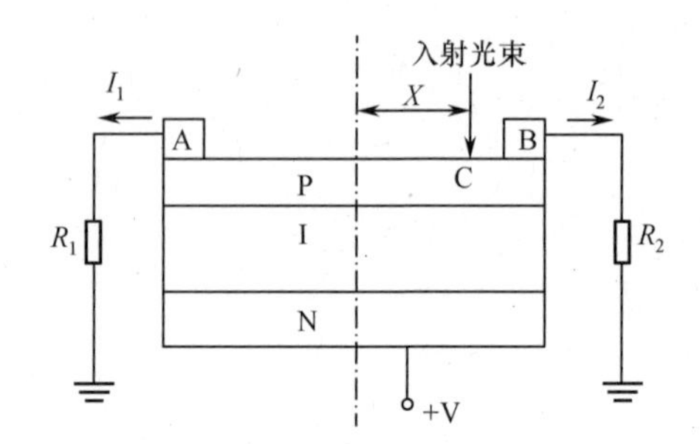

图 3-2　一维 PSD 简化模型

3.3.2　PSD 性能指标[37]

PSD 光谱响应范围较宽，一般都在 300~1100nm 范围内，峰值波长均在 900nm 左右。图 3-3 和图 3-4 是两种 PSD 的光谱响应特性曲线。

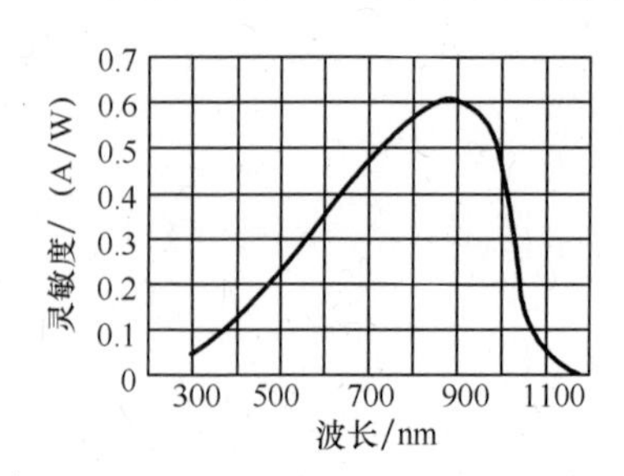

图 3-3　一维 PSD 光谱响应曲线

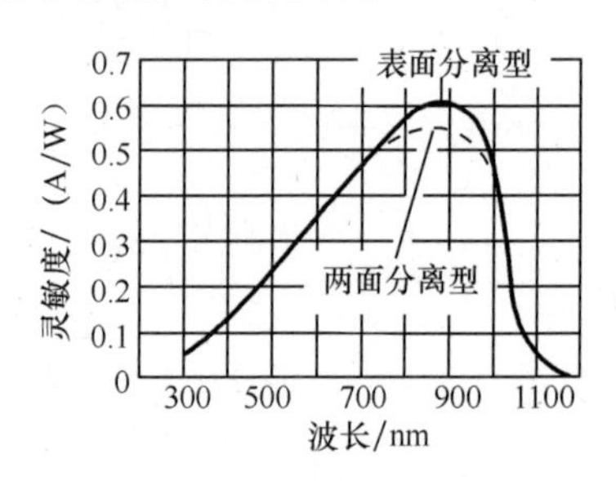

图 3-4　二维 PSD 光谱响应曲线

结电容是确定 PSD 响应速度的一个主要因素。图 3-5 是结电容与所加反偏电压的关系曲线。从图 3-5 可以看出，反偏电压越小，结电容越大。当反偏电压超过一定值时，结电容基本为一常数。反偏电压的选取一定要小于器件所允许的最大反偏电压，否则器件会被击穿。

温度的改变会影响器件的灵敏度和暗电流。PSD 的暗电流随着温度的上升而按指数规律增加。图 3-6 是 PSD 的灵敏度与温度的关系曲线。从图 3-6 可以看出：当入射光波长（约）小于 950nm 时，温度变化对 PSD 的灵敏度基本无影响；当入射光波长大于 950nm 时，温度对灵敏度的影响较大。

在 PSD 光敏面的中心部位，光斑位置检测精度高，越靠近边缘，位置检测误差越大。误差的大小与光斑距中心的距离大致成正比关系。

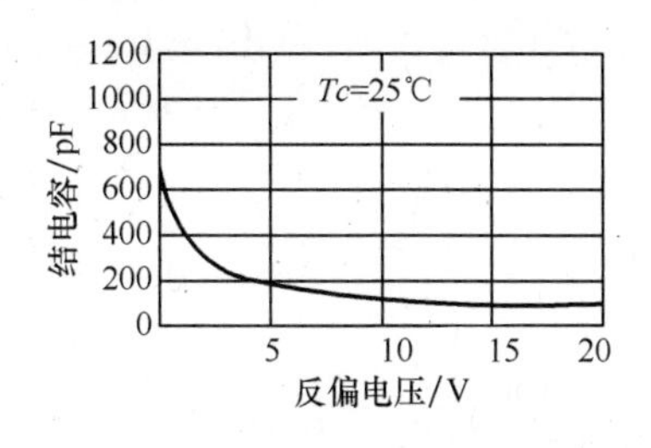

图 3-5 结电容与反偏电压关系曲线

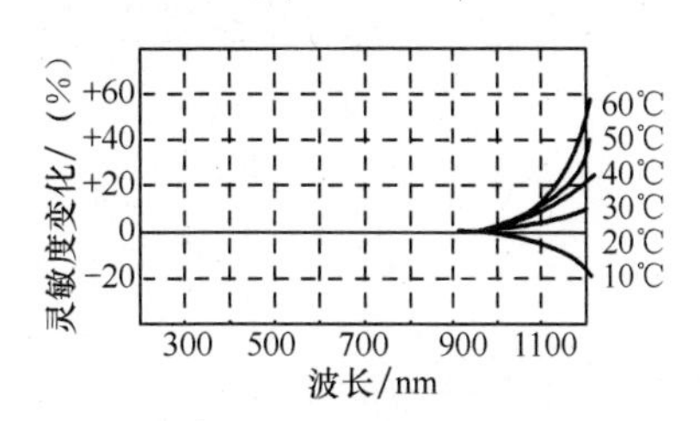

图 3-6 PSD 光谱响应温度特性

表 3-1 给出了部分 PSD 器件的各种特性。

表 3-1 部分 PSD 器件特性

型号	外壳包装	有效灵敏区/mm	光谱响应波长/nm	峰值响应波长/nm	反偏电压/V	峰值灵敏度/(A/W)	位置检测误差（典型）/μm	位置分辨率（典型）/μm	极间电阻（典型）/kΩ	暗电流 v_R=10V /nA	结电流 v_R=10V /pF	上升时间 v_R=10V /μs	最大光电流 v_R=10 V R_2=1kΩ /μA
一维 PSD													
S1543	金属	1×3	300~1100	900	20	0.6	±15	0.2	100	1	6	4	160
S1771	陶瓷	1×3					±15	0.2	100	1	6	4	160
S1544		1×6					±30	0.3	100	2	12	8	80
S1545		1×12					±60	0.3	200	4	25	18	40
S1662		13×13					±100	6	10	100	300	8	1000
S1532		2.5×33					±125	7	25	30	150	5	1000
S2153	塑料	1×3	700~1100	900	20	0.55	±15	0.2	100	1	6	4	160
二维 PSD 表面分离型													
S1300	陶瓷	13×13	300~1100	900	20	0.5	±80	6	10	1000	200	8	1000
二维 PSD 两面分离型													
S1743	陶瓷	4.1×4.1	300~1100	900	20	0.6	±50	3	10	20	25	2.5	1000
S1200		1.3×1.3					±150	10	10	1000	300	8	1000
S1869		2.7×2.7					±300	20	10	2000	650	20	1000
二维 PSD 改进表面分离型													
S2044	金属	4.7×4.7	300~1100	900	20	0.6	±40	2.5	10	1	35	3	1000
S1880	陶瓷	12×12					±80	6.0	10	50	350	12	1000
S1881		22×22					±150	12	10	100	1200	40	1000

3.3.3 影响 PSD 测量精度的因素

PSD 应用于光斑定位测量具有很多优点，但也存在着一些影响测量精度的因素。首先，PSD 器件本身存在着非线性。造成器件本身非线性特性的原因很多，如电极结构形式、半导体材料缺陷、电阻层均匀性等，本书只从应用角度出发，考虑如何利用现有器件来满足测量精度要求。其次，环境光对 PSD 测量精度有较大影响。PSD 属于能量重心型器件，响应频谱范围广，而在实际测量环境中往往达不到理想的全黑条件，因而只有解决环境光影响问题，才能使 PSD 真正进入实用。再次，在光斑定位测量中，最常使用的是激光光源，相干光源的衍射[38]也成为影响测量精度的一个因素。

3.4 PSD 光斑定位技术

3.4.1 PSD 应用的原则

要有效地发挥 PSD 的作用，必须遵循以下几条原则。

（1）先标定后使用原则。由于器件存在着个体差异，而这些差异对于精密测量来说是不可忽略的，因而 PSD 器件在使用之前必须先标定。

（2）以精度定算法原则。根据采样到的 PSD 各电极输出的电信号确定光斑位置的计算方法称为光斑定位算法。根据具体实现的不同，算法之间有较大的差异。一般来说，精确的算法比较复杂，而简便的算法往往比较粗糙。因此，应根据具体应用中测量精度的要求来选择合适的算法。

（3）同相标定原则。“同相”是指标定时的条件与实际测量时条件相同。这里的条件包括所有影响测量结果的因素：光斑特性（光斑形状、干涉条纹等）、采样电路、媒介特性（气压、温度梯度、流动性等）、环境光照条件等。在高精度测量中，标定时应与测量时有相同或相近的条件。

3.4.2 光斑定位算法

根据各电极输出的电信号计算光斑位置的方法有以下几种：①近似公式法；②经验公式法；③局部插值修正法；④密网格查表估算法。这四种算法中，近似公式法最简单，可直接用电路实现，但测量精度较低；后三种要经过数值计算才能得出结果，需要计算机的参与才能完成，精度明显高于近似公式法，特别是局部插值修正法和密网格查表估算法要求存储一定量的标定数据，经查表计算出光斑位置坐标值，能达到很高的精度。具体采用哪种算法，要根据精度要求来选定——以精度定算法原则。

（1）近似公式法，是根据横向光电效应原理所提供的近似公式直接计算光斑坐标。该方法的特点是简单，无需数值计算，可直接通过电路模拟计算得到结果，但测量精度直接依赖于器件的特性。对于如图 3-7 所示的二维 PSD，若其光敏面为 $2L\times2L$，则光斑坐标计算近似公式为

$$
\begin{cases}
X = L \times \dfrac{(I_1 + I_2) - (I_3 + I_4)}{(I_1 + I_2 + I_3 + I_4)} \\
Y = L \times \dfrac{(I_2 + I_3) - (I_1 + I_4)}{(I_1 + I_2 + I_3 + I_4)}
\end{cases}
\tag{3.2}
$$

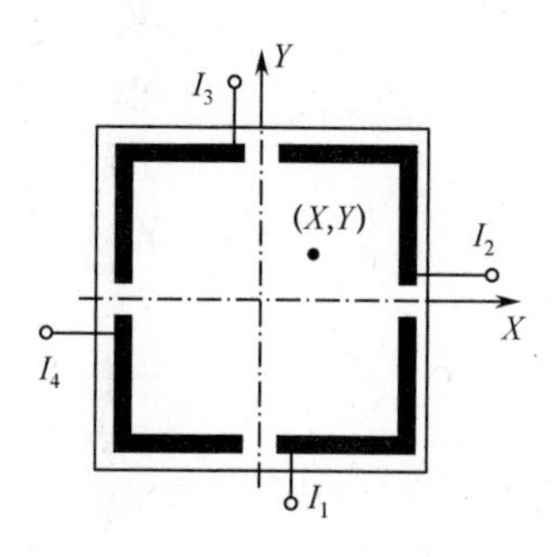

图 3-7　二维 PSD 示意图

式（3.2）给出的是理想状态下的近似公式，实际上二维 PSD 存在着非线性误差。尽管采用四叶型电极结构大大改善了它的线性特性，但作为一个实际的器件，它与理想状态之间始终存在着一定的距离。科研工作者通过努力不断地缩小这个距离，但就目前来看，这个距离在精密测量中还远远不能忽略。目前的二维 PSD 器件光敏面的中心区域线性较好，边缘区域线性较差。一般地，将中心区域称为 A 区，边缘区域称为 B 区。A 区与 B 区的划分大致按以下方法（如图 3-8 所示）：若光敏面有效测量区域为 $2L\times2L$，则 A 区面积为 $L\times L$，位于器件中心；边缘区域为 B 区。以日本 Hamamatsu 公司生产的 SS1869 型（27mm×27mm）二维 PSD 为例，A 区最大误差为±600μm，而 B 区最大误差±3000μm。可见，在精密测量中，用近似公式法计算光斑位置是无法满足精度要求的。

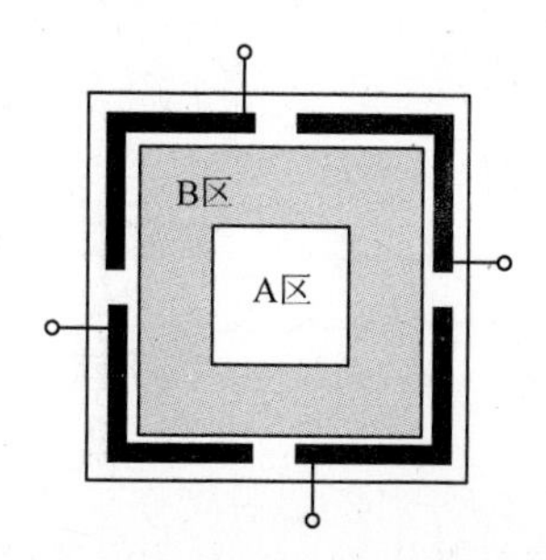

图 3-8　二维 PSD 分区示意图

（2）经验公式法。根据标定结果，用最小二乘法或其他拟合算法拟合出经验公式，作为计算光斑坐标的公式。该方法特别适用于一维PSD，对于二维PSD，要求器件的非线性失真具有较强的规律性。有两种失真可以很方便地应用经验公式进行纠正，一种是枕型失真，另一种是桶型失真。图3-9、图3-10分别表示这两种情形下的标定网格图，网格交叉点为标定采样点由式（3.2）所得的计算值（采样点为正方形网格均匀分布）。对于枕型失真，可用式（3.3）或式（3.4）进行矫正；桶型失真可用式（3.5）或式（3.6）进行矫正。

$$\begin{cases} x = X + cXY^2 \\ y = Y + cX^2Y \end{cases} \tag{3.3}$$

$$\begin{cases} x = X + cX^2Y^2 \\ y = Y + cX^2Y^2 \end{cases} \tag{3.4}$$

$$\begin{cases} x = X - cXY^2 \\ y = Y - cX^2Y \end{cases} \tag{3.5}$$

$$\begin{cases} x = X - cX^2Y^2 \\ y = Y - cX^2Y^2 \end{cases} \tag{3.6}$$

式中：X、Y 见式（3.2）；c 为待定常数。

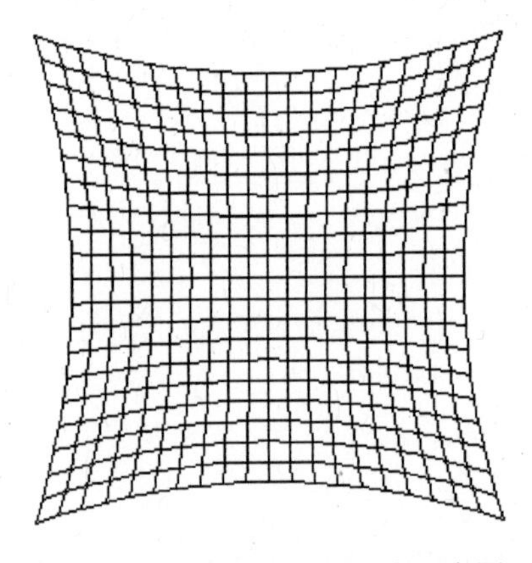

图3-9　二维PSD枕型失真示意图

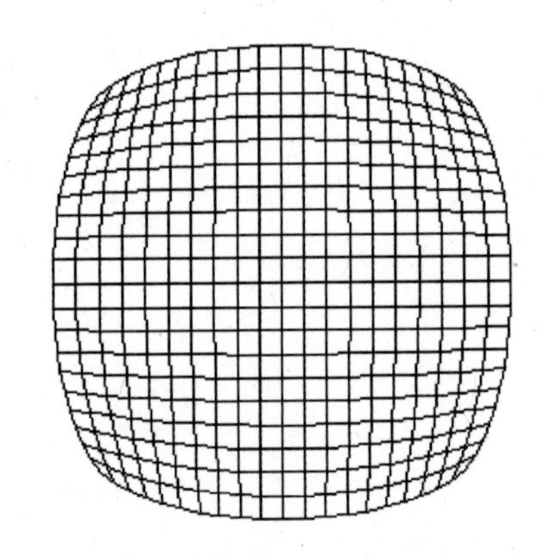

图3-10　二维PSD桶型失真示意图

（3）局部插值修正法。严格说来，经验公式法就是一种插值修正法，但对于二维PSD来说，往往无法得到一个适合整个光敏面的经验公式，这时可采用局部插值。可视情选取相邻的4个或16个标定点作为插值节点，具体的插值算法可查阅相关资料[26, 105, 106]。

（4）密网格查表估算法。采用密网格标定，网格内按均匀数据场估计。该方法算法简单，只须根据测量精度要求设定标定密度，网格内采用等份划分。一般取测量精度（中误差）乘以10作为标定步距，网格内划分10个刻度单位。

3.4.3 与光斑定位有关的二维表快速检索算法

二维 PSD 的网格标定数据是一个二维表，当采用密网格标定时，数据量较大。以 21×21（mm）规格的二维 PSD 为例，标定步距为 0.1mm，标定点为 44511 个。好的查表算法能保证测量的实时性。除了可采用经典的顺序查找法外，还有两种快速查找算法，分别为弱折半查找和邻域估计查找。

1. **非线性失真的度量**

二维 PSD 网格标定一般沿中轴线对称展开，假定标定数据为$(2n+1)\times(n+1)$方阵，方阵中的元素为$(x, y)_{i,j}$，$i, j\in(-n, n)$，或写成 $x_{i,j}$ 和 $y_{i,j}$。标定数据具有如下特点，即

$$x_{i,j}<x_{i+1,j} \quad x_{i,j}<x_{i,j+1} \quad (i, j\in(-n, n))$$

$$y_{i,j}<y_{i+1,j} \quad y_{i,j}<y_{i,j+1} \quad (i, j\in(-n, n))$$

二维表的每一行和每一列都是有序的。但由于存在非线性失真，方阵中的元素不一定满足

$$x_{i,j}<x_{i+h,j+k} \quad y_{i,j}<y_{i+h,j+k} \quad (i, j\in(-n, n);\ h, k\in(0, n))$$

定义 2.1：$H\in(0, n)$ 为二维数组 $(x_{i,j})_{(2n+1)\times(n+1)}$ $(i, j\in(-n, n))$ 的相对行失真幅度，若 H 满足

$$x_{i,j}<x_{i+H,j+k} \quad (i, j\in(-n, n);\ k\in(-n, n))$$

且存在 $k\in(-n, n)$，使得在数组定义域内 $x_{i,j}\geqslant x_{i+H-1,j+k}$ $(i, j\in(-n, n))$。

$K\in(0, n)$ 为二维数组 $(y_{i,j})_{(2n+1)\times(n+1)}$ $(i, j\in(-n, n))$ 的相对列失真幅度，若 K 满足

$$y_{i,j}<y_{i+h,j+K} \quad (i, j\in(-n, n);\ h\in(-n, n))$$

且存在 $h\in(-n, n)$，使得在数组定义域内 $x_{i,j}\geqslant x_{i+h,j+K-1}$ $(i, j\in(-n, n))$。

令 $HK=\max(H, K)$，HK 为二维数组 $(x, y)_{(2n+1)\times(n+1)}$ 的相对失真幅度。

定义 2.2：在二维 PSD 网格标定中，用 $(X, Y)_{(2n+1)\times(n+1)}$ 表示标定点的光斑实际位置，$(x, y)_{(2n+1)\times(n+1)}$ 表示根据式（3.1）计算出的光斑位置，t 表示标定步距。定义 $U\in(0, n)$ 为绝对行失真幅度，其中 $(U-1)t\leqslant|X_{i,j}-x_{i,j}|<Ut$；$V\in(0, n)$ 为绝对列失真幅度，其中

$$(V-1)t\leqslant|Y_{i,j}-y_{i,j}|<Vt。$$

令 $UV=\max(U, V)$，UV 为二维表 $(x, y)_{(2n+1)\times(n+1)}$ 的绝对失真幅度。

2. **弱折半查找算法**

弱折半查找算法是对折半查找算法[39]进行改进后得来的。改造的依据是二维表的相对失真幅度。算法描述如下：

对于二维 PSD 的方形网格标定数据二维表 $(x, y)_{(2n+1)\times(n+1)}$，其中的元素用 $(x, y)_{i,j}$，$(i, j\in(-n, n))$ 表示，或将 $(x, y)_{i,j}$ 写成 $x_{i,j}$ 和 $y_{i,j}$。若

标定步距为 t，相对失真幅度为 m，任给一标定数据场中的坐标（x，y），在表中查找与（x，y）对应的实际坐标（X，Y）所在的范围，查找步骤用类高级语言描述为：

```
Begin
L=-n
R=n
D=-n
U=n
Do
    If (X<x(L+R)/2) Then
        R=(L+R)/2+m
    Else
        L=(L+R)/2-m
    End if
    If (Y<y(D+U)/2) Then
        U=(D+U)/2+m
    Else
        D=(D+U)/2-m
    End if
    If (m>0) Then
        m=m-0.5
    End if
While (R-L>1)
End
```

查找结果：（X，Y）位于由 4 个顶点（Lt，Dt）、（Lt，Ut）、（Rt，Dt）和（Rt，Ut）所围成的正方形区域内。

3. 邻域估计查找算法

对于二维 PSD 的方形网格标定数据二维表（x，y）$_{(2n+1)\times(n+1)}$，其中的元素用（x，y）$_{i,j}$，（i，$j\in(-n, n)$）表示，或将（x，y）$_{i,j}$ 写成 $x_{i,j}$ 和 $y_{i,j}$。若标定步距为 t，绝对失真幅度为 m，任给一标定数据场中的坐标（x，y），在表中查找与（x，y）对应的实际坐标（X，Y）所在的范围，查找步骤用类高级语言描述为：

```
Begin
L=x/t-m
R=x/t+m
```

```
D=y/t-m
U=y/t+m
For i=L To R
    For j=D To U
        If (X<x_{i,j}) And (Y<y_{i,j}) Then Goto End
    Next j
Next i
End
```

查找结果：（X，Y）位于由 4 个顶点（（i-1）t，（j-1）t）、（（i-1）t，jt）、（it，（j-1）t）和（it，jt）所围成的正方形区域内。

4. 算法评估

评估一个算法的好坏，主要考虑时间复杂度和空间复杂度[39]。对于查找算法来说，一般只需用到少量的辅助空间，因而只考虑时间复杂度。这里以查找算法中的两次比较运算作为一个基本运算单位，以包含基本运算的数量作为时间复杂度的量度。定义平均查找长度为查找一个坐标值需要进行的基本运算的数量的期望值。

对于一个 $n \times n$ 的二维表，分别考察顺序查找、折半查找、弱折半查找、邻域估计查找这 4 种算法的平均查找长度（Average Search Length，ASL）。

顺序查找的平均查找长度为

$$\mathrm{ASL}_{\text{顺序查找}} = \sum_{i=1}^{n^2} P_i \cdot C_i \tag{3.7}$$

式中：P_i 为查找值位于第 i 个四边形内的概率，且 $\sum_{i=1}^{n^2} P_i = 1$；C_i 为按规定的策略找到第 i 个正方形时已比较的次数。

假定测量值位于每一个标定四边形内的概率是相等的，即 $P_i = 1/n^2$，则有

$$\mathrm{ASL}_{\text{顺序查找}} = \frac{n^2+1}{2} \tag{3.8}$$

折半查找的平均查找长度为

$$\mathrm{ASL}_{\text{折半查找}} = \log_2 n \tag{3.9}$$

注：折半查找算法不能用于存在非线性失真的二维表检索。

$n \times n$ 的二维表经过 k 次基本运算后剩下的待比较元素为 $\left(\frac{n}{2^k} + \frac{k \cdot m}{2^{k-1}}\right) \times \left(\frac{n}{2^k} + \frac{k \cdot m}{2^{k-1}}\right)$ 个；经过 $\log_2 n$ 次基本运算后，剩下的待比较元素为 $\left(1 + \frac{m \cdot \log_2 n}{2^{\log_2 n - 1}}\right) \times$

$\left(1+\frac{m\cdot\log_2 n}{2^{\log_2 n-1}}\right)$个。对于一个合格二维 PSD 器件的密网格标定来说，一般有 $\frac{m\cdot\log_2 n}{2^{\log_2 n-1}}<1$。因此，弱折半查找的平均查找长度为

$$\mathrm{ASL}_{弱折半查找}=\log_2 n+1 \tag{3.10}$$

邻域估计查找是根据给定的查找值和绝对失真幅度 m 估计出查找范围，在查找范围内采用顺序查找。由算法描述可知，估计的查找范围为 $2m\times2m$ 方阵，则有

$$\mathrm{ASL}_{邻域估计查找}=\frac{4m^2+1}{2} \tag{3.11}$$

按 $m=n/100$ 计算，则有

$$\mathrm{ASL}_{邻域估计查找}=\frac{n^2}{5000}+\frac{1}{2} \tag{3.12}$$

比较式（3.8）、式（3.9）、式（3.10）、式（3.11）和式（3.12）可知，弱折半查找算法的时间复杂度与折半查找算法基本相当，因此弱折半查找算法是一种非常高效的检索算法（事实上，折半查找算法是弱折半查找算法的一种特例，即当相对失真幅度为零时，两者等价）。典型情况下，邻域查找算法的效率比顺序法可提高 3 个数量级，而且时间复杂度不随二维表的长度增加而增大，只与二维表的绝对失真幅度有关。

3.4.4 PSD 器件非线性误差的神经网络修正方法

当标定所用的网格足够密集时，对于一个任意位置的光斑输入，通过检索，在标定数据集中找到该输入光斑周围的数个已知点，再进行插值处理，便可得到近似正确坐标。插值方法有几个缺点：要使用查找算法，插值方法降低了实时性；当光斑在标定区域之外时无法进行插值；当光斑落在网格线上时需特殊处理。

人工神经网络经训练后具有极强的非线性映射能力。对于前馈型神经网络，网络中间层可以根据需要任意设置神经元个数，中间层节点用 S 型激活函数，输出节点用线性函数，人工神经网络可以任意精度逼近任何连续函数。利用这一功能可直接用神经网络实现 PSD 器件的非线性修正。

1. 对网络结构的考虑

输入输出均是二维矢量。输出层可设置两个节点，输出 X，Y 坐标，这样一个网络就可实现坐标转换。也可采用结构完全相同的两个单输出节点网络，分别输出 X，Y 坐标。与采用两个输出节点的单个网络相比，两个单输出节点网络减少了交差耦合，降低训练难度。本书采用结构完全相同的两个单输出节

点网络。采用三层网结构，输入层有 2 个节点，隐层有 5 个节点，输出层有一个节点。隐层节点的激活函数选 S 型函数，输出节点为线性函数。

2. 学习算法的选择

前馈型人工神经网络基本的学习算法是 SDBP（Steepest Descent Back Propagation）算法，即最速下降反传算法。该算法最简单，但存在收敛速度慢、有可能收敛于局部极值、稳定性差等不足。这些不足是先天的，主要是由于 SDBP 算法采用的搜索策略和实际问题误差曲面的复杂性造成的。SDBP 算法沿误差曲面上等值线正交的方向搜索，而各处等值线的疏密程度和曲率不同，采用固定的搜索步长必然会产生在某处收敛速度慢而在其他地方却震荡发散的问题。SDBP 的不足引起了人们研究改进算法的热情。这些研究大体分为两类：一类基于启发式信息的使用，例如根据误差曲面的形态采用可变学习步长，使用动量参数抑制震荡；另一类借用标准的数值优化技术，如共轭梯度算法 CGBP（Conjugate Gradient Backpropagation）和 LMBP（Levenberg-Marquardt Backpropagation）算法。哈根（M. T. Hagan）等认为数值优化技术作为一个重要的研究课题已经有三四十年了，从大量的已有数值优化技术中选择快速训练算法是比较合理的，除非绝对必要，否则没有必要再发明新的训练算法。LMBP 在每次迭代要求解一个 n 阶方阵的逆，n 是网络中权值和偏置值的总数。即便如此，LMBP 算法仍是训练中小型网络收敛最快的算法。LMBP 算法描述如下：

（1）给定初始点 $X^{(0)}$，迭代计数 $k=0$，精度 ε，调节系数 $t_k=1$，常数 $\theta<0$，对 $i=1,2,\cdots,$ M 求 $f_i(\boldsymbol{X}^{(k)})$ 得 $f(\boldsymbol{X}^{(k)})=[f_i(\boldsymbol{X}^{(k)}),\cdots,f_M(\boldsymbol{X}^{(k)})]^{\mathrm{T}}$

（2）对 $i=1,2,\cdots,M, j=1,2,\cdots,N$ 求 $J_{i,j}(\boldsymbol{X}^{(k)})=\dfrac{\partial f_i(\boldsymbol{X}^{(k)})}{\partial \boldsymbol{X}_j}$，得 Jacobi 矩阵，即

$$\boldsymbol{J}(\boldsymbol{X}^{(k)})=[\boldsymbol{J}_{i,j}(\boldsymbol{X}^{(k)})]$$

（3）解线性方程组 $\Delta\boldsymbol{X}^{(k)}=-[J^{\mathrm{T}}(\boldsymbol{X}^{(k)})J(\boldsymbol{X}^{(k)})+t_kI]^{-1}J^{\mathrm{T}}(\boldsymbol{X}^{(k)})f(\boldsymbol{X}^{(k)})$，其中 $\Delta\boldsymbol{X}^{(k)}=\boldsymbol{X}^{(k+1)}-\boldsymbol{X}^{(k)}$。若方程组无解，直接取 $\Delta\boldsymbol{X}(k)=-J^{\mathrm{T}}(\boldsymbol{X}^{(k)})f(\boldsymbol{X}^{(k)})$。

（4）直线搜索 $\boldsymbol{X}^{(k+1)}=\boldsymbol{X}^{(k)}+\lambda_k\Delta\boldsymbol{X}^{(k)}$，其中 λ_k 满足 $F(\boldsymbol{X}^{(k)}+\lambda_k\Delta\boldsymbol{X}^{(k)})=\sum\limits_{i=1}^{M}f_i^2(\boldsymbol{X}^{(k)}+\lambda_k\Delta\boldsymbol{X}^{(k)})$ 为最小。

（5）若 $\left\|\boldsymbol{X}(k+1)-\boldsymbol{X}(k)\right\|<\varepsilon$，则认为找到解，停止计算；否则继续。

（6）若平方误差和 $F(\boldsymbol{X}^{(k+1)})<F(\boldsymbol{X}^{(k)})$，则 $t_k=t_k\theta,\ k=k+1$，转（2）；否则 $t_k=t_k/\theta,$ 转（3）。

LMBP 算法的特点是：当 t_k 增大时，它接近于有小的学习速度的最速下降算法；当 t_k 下降到 0 时，算法变成了高斯—牛顿方法。这个算法兼顾了牛顿法

的速度和的梯度下降法的收敛性。

3. **实际效果**

对 50 多个 PSD 器件进行处理，结果表明：经过神经网络修正后，训练集的均方误差下降为初始误差的 1/8~1/10，且网络的泛化能力很好，即对不是训练集中的输入（或不在交叉点上，或在区域之外）也能进行正确的非线性修正。为了进行修正，首先要对器件进行标定测试，以建立光斑真实坐标和与之对应的坐标（下称采样坐标）的对应关系。光斑真实坐标应均匀密集地分布在探测区域内，通常是在均匀方格的交叉点上。图 3-11(b) 所示的标定数据采集装置是一个由计算机控制的二维平移支架，PSD 器件安装其上，PSD 可在垂直和水平两个方向相对入射光束移动。图 3-11(a) 是国产二维 PSD 器件 C103 实际的测试结果，网格交叉点为实际坐标，网格间距为 1.5mm。小空心圆是根据测量值计算出的坐标。所用光斑直径为 1mm，能量为 0.8mW，波长为 650nm。

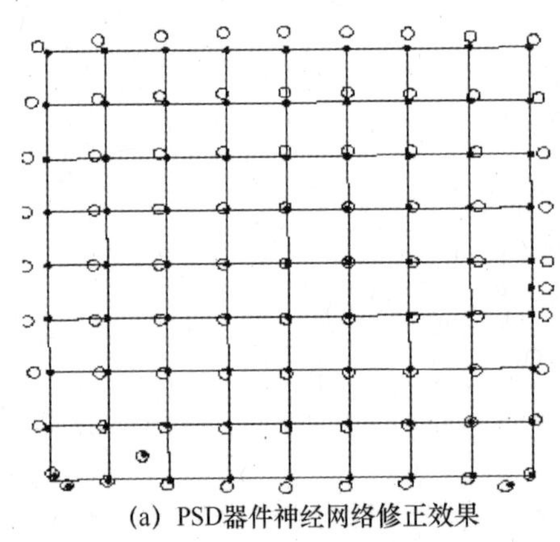
(a) PSD器件神经网络修正效果

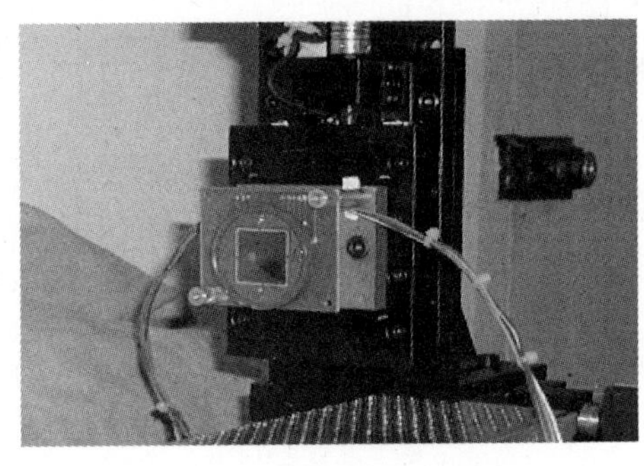
(b) 标定数据采集装置

图 3-11　PSD 标定装置与非线性修正结果

4. **泛化能力的检查**

为了提高泛化（插值）性能，有两点需要注意：①测试集中的数据应均匀分布于定义域中；②测试集中元素的数目应多于网络中权值的个数。这与多项式曲线拟合的情况是类似的。在多项式曲线拟合中，用于拟合的数据个数应大于多项式的次数。对于一个训练过度的网络，即使训练集的误差率是低的，它的泛化能力不一定好。有多种方法来估计这一能力。最简单的一种方法是把有效的可用于训练的向量集分成两个不相交的子集，仅用其中一个进行训练，称之为训练集。当训练结束后，用另一个子集（验证集）来估计泛化的性能。另一种常用的做法是把有效的可用于训练的矢量集分成 k 个不相交的子集，每次选一个不同的一个子集作为验证集，另 k-1 个作为训练集，进行 k 次训练，将每次的误差取平均来估计网络的泛化能力，这种方法称为排除一个（leave-one-out）交叉验证。很多试验表明交叉验证的错误率随隐层节点个数的上升而上升。

为了直观了解训练过的神经网络对 PSD 非线性误差的修正效果，本书设计了一个简单的交互操作程序，用计算机屏幕上一个窗口模拟 PSD 器件的探测区，用鼠标光标模拟 PSD 器件的采样坐标，即图 3-11（a）中不在网格交叉点上的小空心圆。程序通过神经网络计算，得到对应的真实坐标，即图 3-11（a）中不在网格交叉点上的黑点。由图 3-11 可见神经网络的转换效果确实很好。

神经网络是复杂的，很多问题没有定论。通常根据 Kolmogorov 定理认为给定任一连续函数 $f[0,1]^n \to R^m$，f 可以精确地用一个三层前向神经网络实现，第一层即输入层有 n 个神经元，第二层即中间层有 $2n+1$ 个神经元，第三层即输出层有 m 个神经元。如果网络的中间层节点数可任意选择，那么用 S 形激活函数的三层网络可以任意精度逼近任何连续函数。但有人认为对 Kolmogorov 定理的这种理解不准确，并提出四层网络才可任意逼近任何连续函数的论断[30]。也有人认为对于 BP 网络模型而言，重要的是大量神经元间的相互连接作用，而神经元特性的特定选择在网络逼近中无关紧要。另有人认为此种观点并不正确，并通过仿真试验证明，对 BP 网络来说，神经元节点作用函数（神经元特性）对网络的泛化能力影响很大[40]。就对 PSD 器件的非线性修正应用而言，采用神经网络方法是一个较好的方案。神经网络方法不需查表，不用储存标定数组，即使光斑落在标定区域之外也能获得修正。

3.4.5 一维光斑位置传感器非线性误差修正

一维光斑位置传感器主要用于纵向位移测量，如线阵 CCD、成像物镜和激光源可组成基于三角法的深度测量装置，见图 3-12。不同深度表面上的光斑在 CCD 感光阵列上的像点位置不同。牙列模型三维扫描仪就是采用了由线阵 CCD 和激光组成的纵向位移测量装置。由于结构的原因和物镜的几何畸变等因素，像点位置坐标与实际深度是一种非线性关系。通过对一系列已知深度的采样，得到与深度值对应的像点位置集合，再通过曲线拟合，可得到像点坐标与深度坐标的映射关系。最小二乘法和人工神经网络技术都可实现这一目的。牙列模型三维扫描仪使用了两套 CCD 深度测量装置，以减少测量的盲区。应用人工神经网络对仪器进行了标定，表 3-2 是标定数据。采用 3 层前馈人工神经网，中间层节点个数为 5 个。图 3-13 是 CCD 深度传感器的标定效果，横坐标代表 CCD 读数（0~2200），纵坐标是对应的 z 坐标值（0~30mm）。实心点代表采样值，小圆代表神经网络拟合值。同时，也用抛物线进行了曲线拟合。两种方法对比，在样本数据集上，人工神经网络技术的均方误差更小。数据表明抛物线拟合在曲线两端点处误差较大。

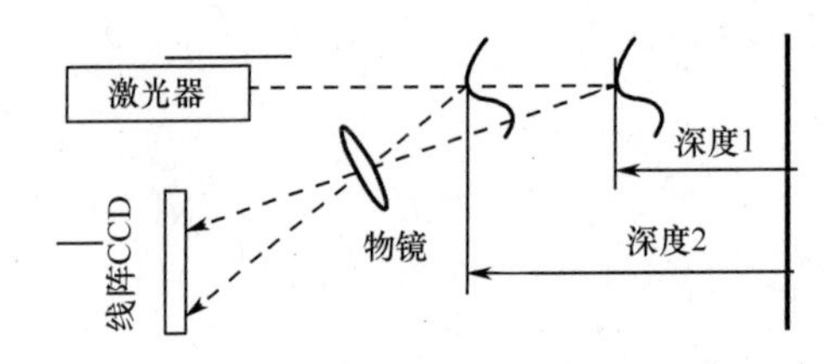

图 3-12　CCD 深度测量装置

表 3-2　深度值与 CCD 计数值的对应关系

左 CCD 计数	右 CCD 计数	Z 坐标/mm	左 CCD 计数	右 CCD 计数	Z 坐标/mm
103	101	0	966	963	15
126	123	0.5	1000	998	15.5
153	150	1	1036	1033	16
179	174	1.5	1071	1068	16.5
204	199	2	1104	1103	17
228	225	2.5	1140	1142	17.5
254	252	3	1177	1179	18
279	277	3.5	1214	1217	18.5
306	304	4	1251	1252	19
332	330	4.5	1287	1290	19.5
360	357	5	1325	1329	20
387	384	5.5	1365	1367	20.5
415	412	6	1404	1406	21
441	440	6.5	1443	1445	21.5
469	467	7	1482	1484	22
497	495	7.5	1523	1526	22.5
527	525	8	1566	1569	23
556	553	8.5	1608	1612	23.5
587	584	9	1652	1654	24
616	613	9.5	1697	1696	24.5
646	645	10	1744	1740	25
676	674	10.5	1786	1784	25.5
707	704	11	1832	1830	26
738	734	11.5	1876	1877	26.5
768	765	12	1920	1924	27
800	797	12.5	1970	1974	27.5
833	830	13	2021	2021	28
866	863	13.5	2069	2075	28.5
900	897	14	2120	2123	29
933	930	14.5	2169	2171	29.5

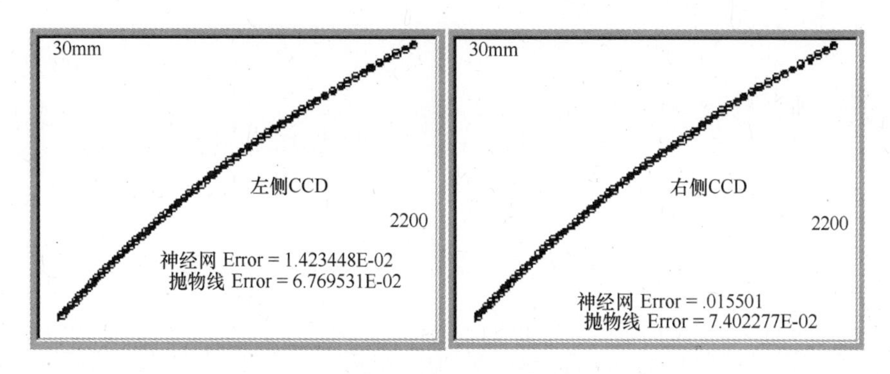

图 3-13　CCD 标定效果

3.5　环境光的影响与消除

3.5.1　环境光的影响模式

形成待检测光斑的光束称为信号光，其他光称为环境光或背景光。环境光一般包括自然光和照明光，也包括环境中可能存在的热辐射（红外光）。理想的应用环境是全黑环境，这样入射到 PSD 光敏面上的光能量全部为信号光，不存在光噪声。但实际应用环境往往达不到这种理想状况，即使加上遮光罩和滤光片，仍有部分环境光入射到 PSD 光敏面。要想彻底消除环境光的影响，必须了解环境光的作用模式。

PSD 检测的是入射到光敏面上的光能量的重心。信号光是一束光，在光敏面上形成一个小光斑，能量重心就在光斑范围内。环境光照射到光敏面上一般不会形成明显的光斑，但 PSD 仍然能检测到能量重心。如果环境光均匀照射到 PSD 光敏面，能量重心在 PSD 光敏面的几何中心；非均匀环境光的能量重心则会偏离 PSD 光敏面的几何中心。在考察环境光的作用时，可以用一束指向环境光能量重心的等效光来代替环境光，如图 3-14 所示。

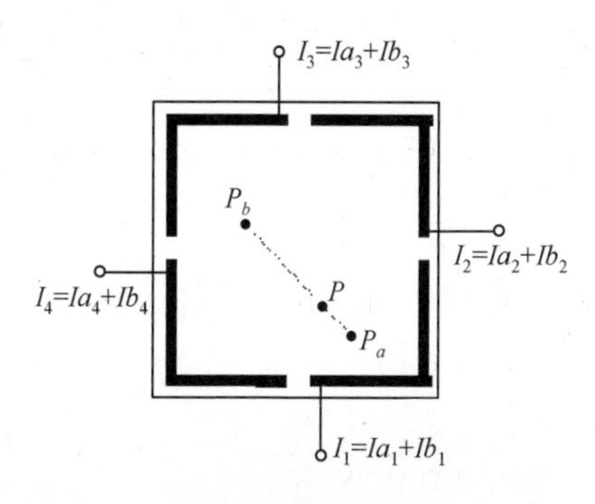

图 3-14　双光源照射 PSD 表面示意图

在图 3-14 中，P_a 为信号光斑，P_b 为环境光等效光斑，P 是 P_a 与 P_b 的总的能量重心，PSD 实际检测到的就是 P 点的坐标。假定由 P_a 产生光电流为 I_a，分成四路 I_{a1}、I_{a2}、I_{a3}、I_{a4} 由 4 个电极输出，则 P_a 点的坐标为

$$\begin{cases} X = k \times \dfrac{(I_{a1} + I_{a2}) - (I_{a3} + I_{a4})}{(I_{a1} + I_{a2} + I_{a3} + I_{a4})} \\ Y = k \times \dfrac{(I_{a2} + I_{a3}) - (I_{a1} + I_{a4})}{(I_{a1} + I_{a2} + I_{a3} + I_{a4})} \end{cases} \tag{3.13}$$

同样，由 P_b 产生光电流为 I_b，P_b 点的坐标为

$$\begin{cases} X = k \times \dfrac{(I_{b1} + I_{b2}) - (I_{b3} + I_{b4})}{(I_{b1} + I_{b2} + I_{b3} + I_{b4})} \\ Y = k \times \dfrac{(I_{b2} + I_{b3}) - (I_{b1} + I_{b4})}{(I_{b1} + I_{b2} + I_{b3} + I_{b4})} \end{cases} \tag{3.14}$$

由 P 作用（即 P_a 与 P_b 共同作用）而产生光电流为 I，由 PSD 器件的光电响应特性可知：$I=I_a+I_b$，4 个电极所收集的电流均满足这种叠加关系。P 点的坐标为

$$\begin{cases} X = k \times \dfrac{((I_{a1} + I_{b1}) + (I_{a2} + I_{b2})) - ((I_{a3} + I_{b3}) + (I_{a4} + I_{b4}))}{(I_{a1} + I_{b1}) + (I_{a2} + I_{b2}) + (I_{a3} + I_{b3}) + (I_{a4} + I_{b4})} \\ Y = k \times \dfrac{((I_{a2} + I_{b2}) + (I_{a3} + I_{b3})) - ((I_{a1} + I_{b1}) + (I_{a4} + I_{b4}))}{(I_{a1} + I_{b1}) + (I_{a2} + I_{b2}) + (I_{a3} + I_{b3}) + (I_{a4} + I_{b4})} \end{cases} \tag{3.15}$$

3.5.2 消除环境光影响的方法

目前，用于减小或消除环境光影响的方法主要有：①在 PSD 前加遮光罩，减少环境光入射到 PSD 光敏面上；②增大信号光能量；③采用光学窄通滤波方法，减少环境光透过；④高频调制信号光，然后经高通滤波滤去环境光信号。前三种方法能有效地减小环境光对 PSD 光斑定位精度的影响，但不能从根本上消除。第 4 种方法在理论上能基本消除环境光影响，但需要对信号光进行调制，电路较复杂。本书提出了一种新的方法，试验表明，该方法基本消除了环境光的影响。

图 3-14 中，P_a 是待测光斑，而实际测量结果为 P，误差（P 与 P_a 间的距离）是由 P_b 的存在而产生的。在实际应用中，P_b 这个噪声往往无法消除，幸运的是 P_b 是可测定的，只需去掉信号光 P_a，PSD 就能检测出 P_b。通过对 P 和 P_b 的测量，可以计算出 P_a 的坐标。P_a 的坐标为

$$
\begin{cases}
X = k \times \dfrac{\left(\left(I_1 - I_{b1}\right) + \left(I_2 - I_{b2}\right)\right) - \left(\left(I_3 - I_{b3}\right) + \left(I_4 - I_{b4}\right)\right)}{\left(I_1 - I_{b1}\right) + \left(I_2 - I_{b2}\right) + \left(I_3 - I_{b3}\right) + \left(I_4 - I_{b4}\right)} \\
Y = k \times \dfrac{\left(\left(I_2 - I_{b2}\right) + \left(I_3 - I_{b3}\right)\right) - \left(\left(I_1 - I_{b1}\right) + \left(I_4 - I_{b4}\right)\right)}{\left(I_1 - I_{b1}\right) + \left(I_2 - I_{b2}\right) + \left(I_3 - I_{b3}\right) + \left(I_4 - I_{b4}\right)}
\end{cases} \tag{3.16}
$$

为此，本书设计了如图 3-15 所示的光斑检测系统。系统由计算机控制，计算机可以是单片机，也可以是 PC 机。计算机的工作流程如图 3-16 所示。

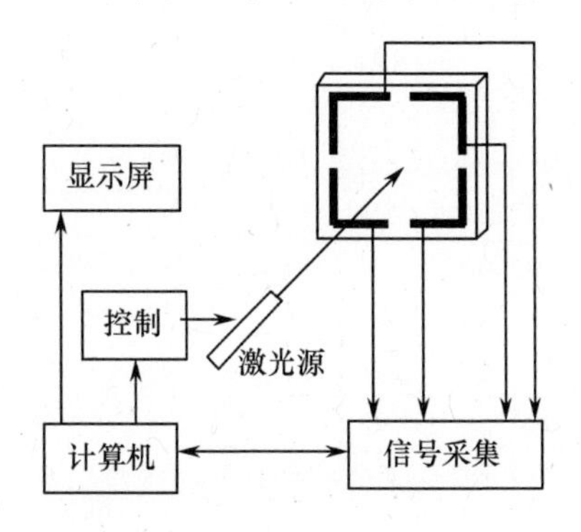

图 3-15　抗干扰光斑检测系统

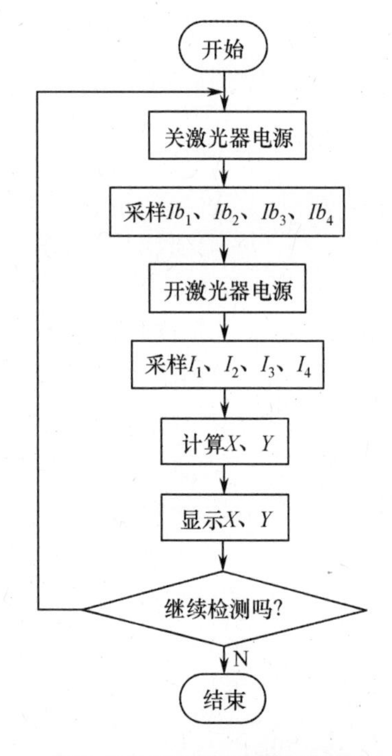

图 3-16　抗干扰检测流程图

3.5.3 试验结果

为了验证，本书进行了如下试验：在实验室全黑条件下测定信号光斑的位置；保持信号光斑位置不变，在有照明环境光条件下，按图 3-15、图 3-16 所示的方法测定信号光斑的位置。试验数据如表 3-3 所列。

表 3-3　消除环境光影响试验数据

全黑条件下信号光斑检测结果						有照明环境光条件下信号光斑检测结果									
4 路电压值（信号光）				坐标值（x，y）		4 路电压值（环境光）				电压值（环境光+信号光）				坐标值（x，y）	
1382	3701	1802	687	4.111	5.442	162	172	240	230	1541	3868	2038	917	4.111	5.441
2721	930	727	2165	1.392	−5.922	169	179	252	240	2880	1104	978	2395	1.390	−5.920
1225	1908	2036	1360	−0.483	2.498	234	253	333	313	1453	2150	2362	1665	−0.490	2.503
1025	457	1485	3371	−6.388	−4.646	236	256	335	315	1264	715	1824	3689	−6.381	−4.686
1030	461	1499	3389	−6.390	−4.626	236	256	335	315	1257	707	1800	3665	−6.380	−4.637
2765	1381	691	1078	5.330	−2.490	270	275	335	329	3019	2090	1025	1402	5.312	−2.498
928	506	1641	3084	−6.412	−3.634	278	283	345	337	1208	789	1974	3402	−6.378	−3.641
426	951	3198	1485	−6.547	4.432	278	283	345	337	700	1232	3513	1813	−6.530	4.427
1506	2421	1470	943	2.866	2.729	281	286	347	339	1778	2696	1812	1278	2.585	2.736
3076	1115	503	1409	4.481	−5.637	277	283	344	336	3331	1389	844	1739	4.475	−5.649
890	1497	2190	818	0.711	5.590	276	281	342	334	1163	2768	2521	1145	0.724	5.596
中误差：m_N=±0.014；m_N=±0.013															
注：表中所列电压值单位为毫伏（mV），坐标值单位为毫米（mm）															

试验共测量了 11 组数据。以全黑条件下测定的信号光斑的位置为真值，计算出图 3-14 所示方法的测量误差为 m_x=±0.014，m_y=±0.013。这与全黑条件下信号光斑的定点重复测量精度（m=±0.015）相当。

在 PSD 实际应用场合中，环境光往往无法回避，传统的办法是着眼于提高信噪比，以图 3-14 为例，就是使 P_a 能量增加，使 P_b 能量减小，从而使 P 尽量靠近 P_a，用 P 点坐标近似代替 P_a 点的坐标。本书提出的方法，是从信号处理的角度，彻底去掉环境光形成的噪声。它基于这样的假设：环境光是缓慢变化的，即在足够短的时间内（毫秒），入射到 PSD 光敏面的环境光能量及其分布保持不变。事实上，这种假设条件在大多数应用场合都能满足。

3.6 用一维 PSD 实现二维检测

3.6.1 扩大 PSD 量程的方法

在有些要求大量程的测量领域，一片 PSD 不能满足要求，这时一般通过光路设计来扩大量程。图 3-17 是一个激光报靶仪的光路图，显然，这种通过光路设计来增大量程的办法不可避免地要以牺牲分辨率为代价。量程和精度成为一对矛盾，那么能否同时满足高精度和大量程的测量要求呢？本书提出的设计方案如下。

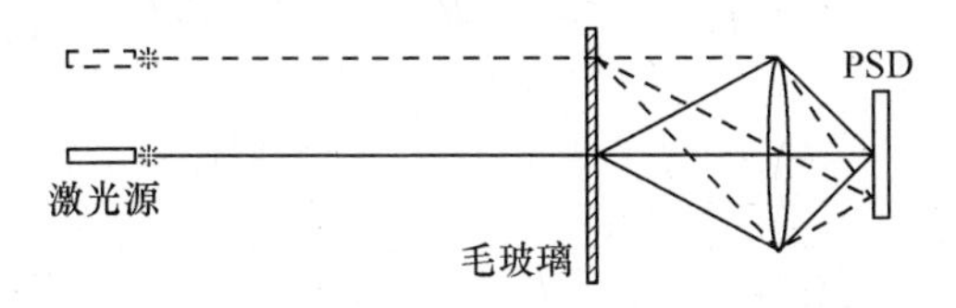

图 3-17　激光报靶仪光路图

对于一维 PSD，可采用两块或多块拼接起来使用。如图 3-18 所示，用 3 块 30mm 量程的一维 PSD 可拼成量程为 80mm 的一维 PSD。此时，将光斑形状调整为与 PSD 垂直的条形光斑。计算光斑位置时，首先判断光斑照在哪一个 PSD 上，判断的方法是将 PSD 输出的总电流（I_A+I_B）与一个门坎值相比较，若大于门坎值，则表明光斑照射到该 PSD 上。在两块 PSD 接头的部位，光斑同时照射到两个 PSD 上，这时比较两个 PSD 的输出电流大小，取较大的计算。

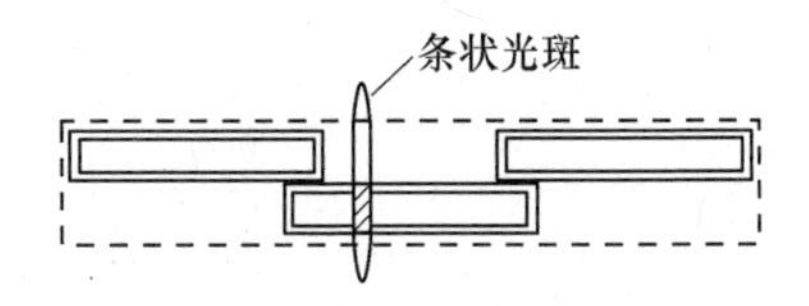

图 3-18　一维 PSD 拼接示意图

3.6.2　用一维 PSD 实现二维检测

目前，PSD 价格昂贵，二维 PSD 的价格又远高于一维 PSD，一维 PSD 的线性较二维 PSD 好，而且一维 PSD 可拼接，二维 PSD 无法采用拼接的办法扩大量程，若从光路设计上考虑增大量程，势必降低测量精度。基于此，可以考虑用一维 PSD 代替二维 PSD 来实现光斑位置的二维检测。

为了实现用一维 PSD 进行二维检测这一目标，可以利用圆柱阵列透镜（由玻璃光纤排列而成）将圆形光斑展成条状光斑。如图 3-19 所示，一维 PSD 顺圆柱方向放置在圆柱阵列透镜后，圆的平行入射光柱经圆柱阵列透镜后展成扇形。当入射光柱在圆柱阵列透镜作用范围内上下移动时，光斑始终与一维 PSD 光敏面保持接触；而当入射光柱左右移动时，一维 PSD 能测量出光斑沿左右方向的位移量，即一维 PSD 能测量出光斑平行于圆柱方向的位移分量而忽略垂直于圆柱方向的位移分量。

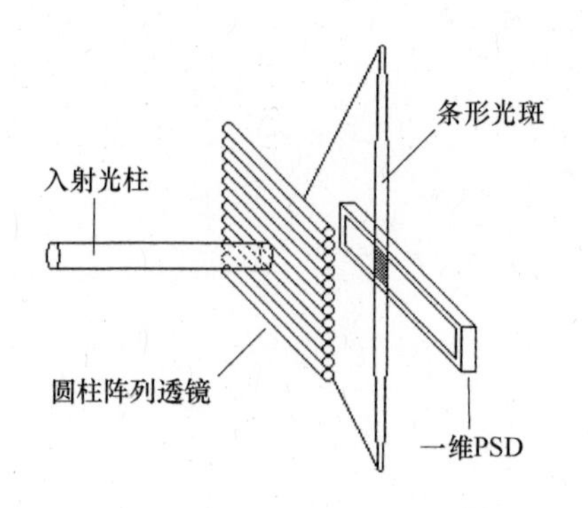

图 3-19　圆柱阵列透镜将圆形光斑展成条形

将两组圆柱阵列透镜和一维 PSD 正交放置（如图 3-20 所示）并固定为一个整体，就成为一个二维位敏探测器。

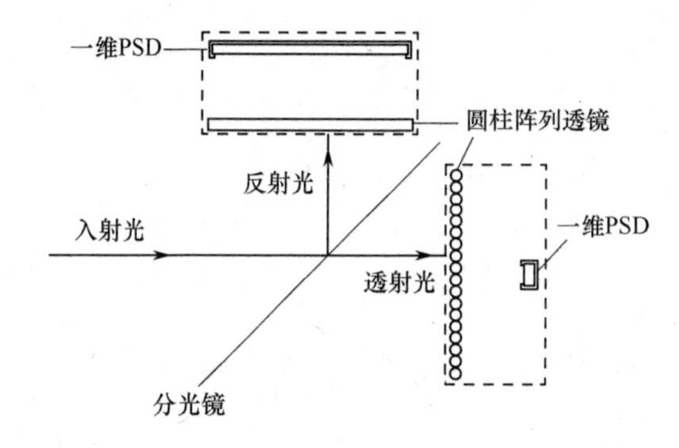

图 3-20　两片一维 PSD 实现二维检测

与直接使用二维 PSD 相比，利用一维 PSD 进行二维检测，不仅可以改善传感器的线性性，而且可突破二维 PSD 量程限制，还可降低成本。缺点是要求信号光具有一定的强度，对于能量较弱的光斑信号检测效果不理想。

3.7　光线定位技术

光斑定位，从几何上来说是平面（光敏面）上点的定位。而确定光束的方向在测量理论和实践上均有十分重要的意义。本书设计了如下的光线定位装置，可以测定激光束所在空间直线的位置。该装置在两轴分离式同轴度测量中得到应用，亦可于航天器自动对接测量。

确定一条空间直线的位置需要两个点。如图 3-21 所示，激光源发出的激光束经分光镜分为两束，分别用两个二维 PSD 检测光斑位置。相当于在 M、N 两个平面上检测出光线的位置。这样，通过两点就唯一确定了空间一条光线的位置。图 3-22 所示的装置可实现双向光线定位。

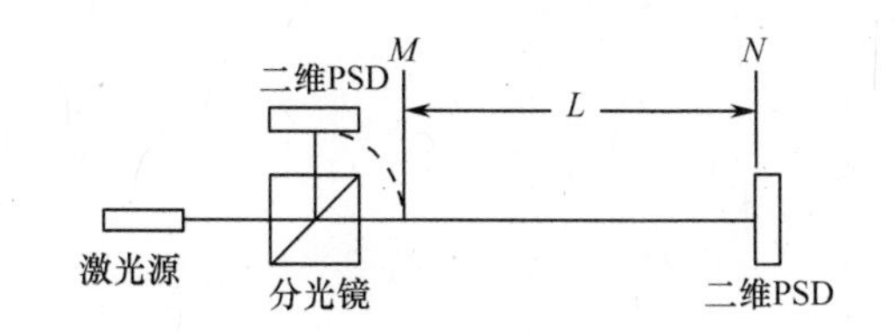

图 3-21　单向光线定位原理示意图

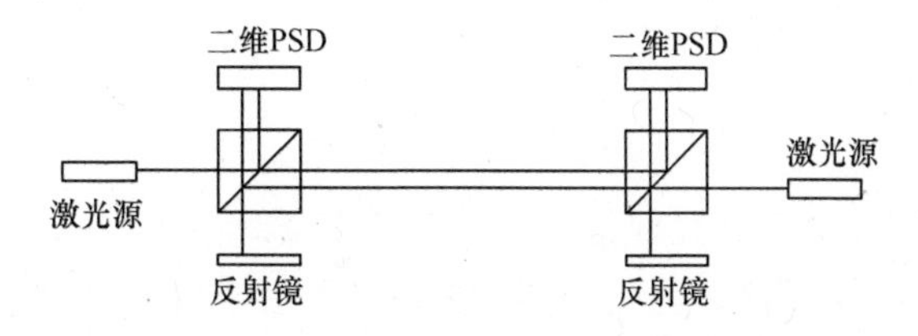

图 3-22　双向光线定位原理示意图

3.8　CMOS 图像传感器用作光斑位置传感器的研究

由于生产数量巨大，CMOS 图像传感器市场价格较低。以用于视频图像采集的 640×480 像素 CMOS 图像传感器为例，目前市场价格在 100 元人民币以下，而面积为 $13\times13\text{mm}^2$ 的二维 PSD 器件国内市场约 1000 元人民币。从经济性考虑，研究用 CMOS 图像传感器代替 PSD 器件用于测量领域，有一定现实意义。

3.8.1　结构形式及物镜几何畸变的校正

用 CMOS 图像传感器作为光斑位置传感器常采用图 3-23 所示的形式。毛玻璃屏、物镜、CMOS 传感器组装在一起。光束先在毛玻璃屏上形成漫射光斑（x_P，y_P），光斑经过物镜在传感器像面上成一像点。CMOS 传感器是离散型器件，可以认为器件自身不存在几何误差。在针孔模型条件下，像点的非畸变坐标是（x_u，y_u），由于物镜存在几何畸变，像点的实际坐标是（x_d，y_d）。光斑坐标（x_P，y_P）、像点的非畸变坐标（x_u，y_u）、像点的实际坐标（x_d，y_d）三者之间关系可表示为

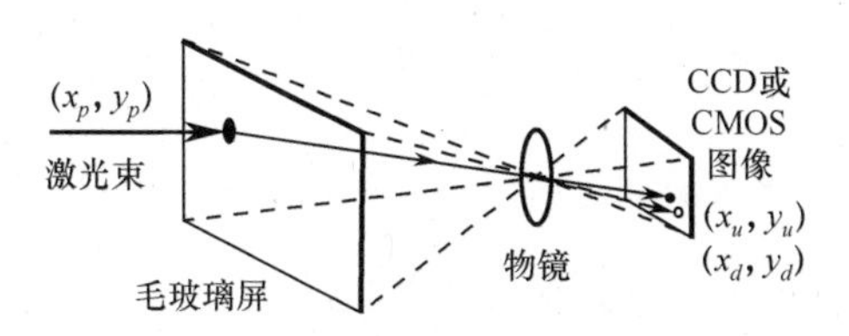

图 3-23　CCD/CMOS 光斑位置传感器

$$
\begin{cases}
x_p = kx_u = k(x_d + \delta x) \\
y_p = ky_u = k(y_d + \delta y)
\end{cases}
\tag{3.17}
$$

$$
\begin{cases}
\delta x = k_1 x_d r^2 + k_2 x_d r^4 + 2p_1 x_d^2 + 2p_2 x_d y_d + y_d a \\
\delta y = k_1 y_d r^2 + k_2 y_d r^4 + 2p_2 y_d^2 + 2p_1 x_d y_d + x_d a \\
r = \sqrt{x_d^2 + y_d^2}
\end{cases}
\tag{3.18}
$$

式中：k 为比例系数；δx 和 δy 为畸变量；k_1 和 k_2 为径向畸变系数；p_1 和 p_2 为离心畸变系数；a 为切向畸变系数。在上述畸变系数和装置结构参数已知时，可用公式修正物镜的几何畸变。当上述参数不易获得时，也可用人工神经网络修正物镜的几何畸变。具体做法是：在毛玻璃屏上设置测量二维坐标系的标准网格图案，得到该图案的像素坐标，用网格交叉点像素坐标和与之对应的真实坐标为人工神经网络的训练矢量对，对网络进行训练，即可建立由像素坐标到真实坐标的影射关系。图 3-24 展示了人工神经网络方法的修正效果。

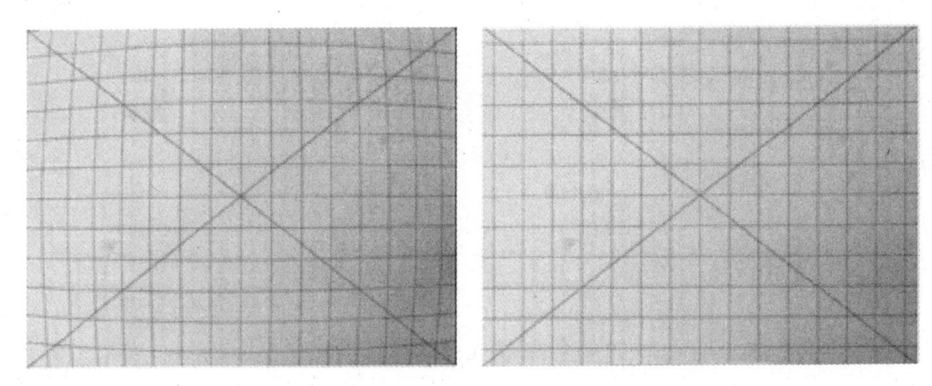

图 3-24　人工神经网络方法修正物镜几何畸变

3.8.2　基于 OV9120 的光斑位置传感器设计

1. OV9120CMOS 图像传感器介绍

1）内部结构

OV9120 是 OmmiVision 公司推出的黑白 CMOS 图像传感器，可广泛应用于数字静止摄像、视频会议、视频电话、计算机视觉、生物测量等领域。芯片内置 1312×1036 分辨率的镜像阵列、10bitA/D 转换器、可调视频窗、SCCB（Serial Camera Control Bus）接口、可编程帧速率控制、可编程 / 自动曝光增益控制、内外帧同步、亮度均衡计数器、数字视频端口、定时产生器、黑电平校准及白平衡控制等电路。内部结构如图 3-25 所示。

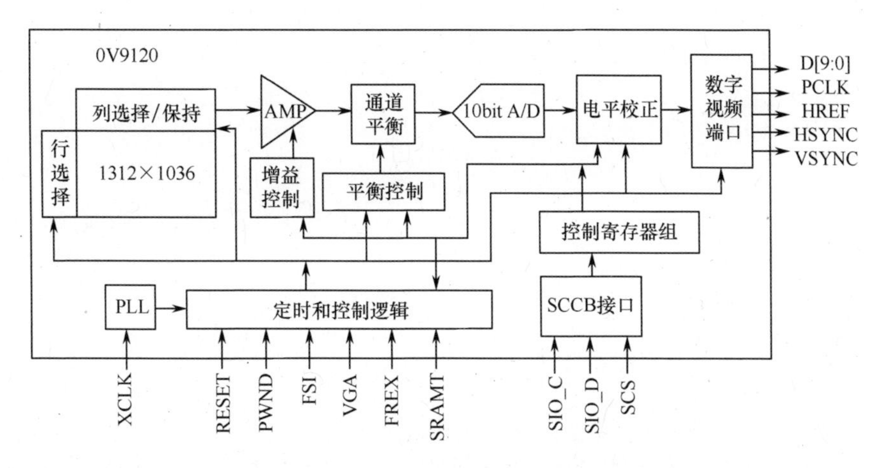

图 3-25　OV9120 黑白 CMOS 图像传感器内部结构

2）性能特点

OV9120 是 135 万像素、1/2inch 的 CMOS 图像传感芯片，它采用 SXGA/VGA 格式，最大帧速率可达到 30f/s（VGA），该芯片将 CMOS 光感应核与外围辅助电路集成在一起，同时具有可编程控制功能。芯片的基本参数如下：

- 图像尺寸为 6.66mm×5.32mm，像素尺寸为 5.2μm×5.2μm；
- 信噪比＞54dB；
- 增益调整范围为 0~24dB；
- SXGA 输出时阵列大小为 1280×1024，VGA 输出时阵列大小为 640×480；
- 供电电源电压为直流 3.3 V 和 2.5 V；
- 暗电流为 28mV/S；
- 动态范围为 60dB。

3）主要功能

对于 SXGA 格式的输出，视窗范围则从 2×4 到 1280×1024，同时可以在内部 1312×1036 边界内的任何地方定位。变动窗口尺寸或位置不会使帧速（或数据速率）发生变化。

OV9120 内部嵌入了一个 10bit A/D 转换器，因而可以同步输出 10bit 的数字视频流 D [9…0]。在输出数字视频流的同时，还可提供像素同步时钟 PLCK、水平参考信号 HREF 以及垂直同步信号 VSYNC，以方便外部电路读取图像。当 OV9120 的 RESET 脚拉高至 VCC 时，全部硬件将复位。同时，OV9120 将清除全部寄存器，并复位到它们的默认值。实际上，也可以通过 SCCB 接口触发来实现复位。

由于 SCCE 端口能够访问内部所有寄存器，OV9120 的内部配置可以通过 SCCE 串行控制端口来进行。SCCB 的接口有 SCCE、SIO-C、SIO-D 三条引线，其中：SCCE 是串行总线使能信号；SIO-C 是串行总线时钟信号；SIO-D 是串行总线数据信号。SCCB 对总线功能的控制完全是依靠上述三条线上电平的状态以及三者之间的相互配合来实现的。控制总线规定的条件如下：当 SCCE 由高电平变为低电平时，数据传输开始。当 SCCE 由低电平转化为高电平时，数据传输结束。为了避免传送无用的信息位，可分别在传输开始之前和传输结束之后将 SIO-D 设置为高电平。在数据传输期间，SCCE 始终保持低电平，此时 SIO-D 上的数据传输由 SIO-C 来控制。当 SIO-C 为低电平时，SIO-D 上的数据有效，处于稳定数据状态。而当 SIO-C 上每出现一正脉冲时，系统都将传送 1bit 数据。

OV9120 有两种工作方式：主模式和从模式。主模式下，OV9120 作为主导设备，此时 XCLK 上的外部晶振输入经过内部分频后可得到 PCLK 信号。当 OV9120 采集到图像后，在 PCLK 的下降沿到来时，系统便可依次将像素值输出，此时外部只是被动地接收信号。而在从模式下，OV9120 则可作为从属设备，此时 XCLK 不能与外部晶振相接，但可以受外部器件（主设备）信号的控制，即由主导设备发送一个 MCLK 时钟信号，并在此信号的同步下依次发送像素值。

2. **OV9120 光斑位置测量**

在光斑位置测量中，整个图像采集系统主要由 OV9120 图像传感芯片、CPLD 控制模块、SRAM 存储器、DSP 信号处理器、晶振电路等几部分组成（图 3-26）。在本系统中，OV9120 作为系统的图像传感器，首先将获取的图像采样量化，然后在外部逻辑的控制下输出数字图像，并存入图像存储器。CPLD 作为采集系统核心控制逻辑的主控模块，可用来协调其他各模块的工作。OV9120 的 SCCB 总线参数配置是整个控制逻辑模块执行的起点，只有利用 CSSB 总线将 OV9120 配置完毕，才能进行图像采集工作。OV9120 采集得到的图像数据可存储到 SRAM 中，以供 DSP 使用。

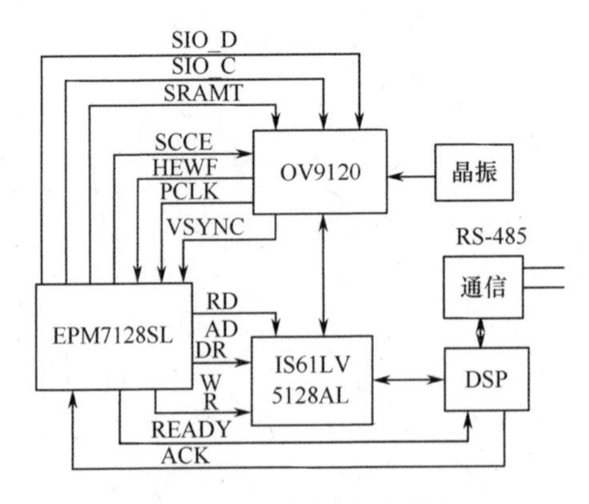

图 3-26　系统原理框图

系统上电后，首先对CMOS图像采集芯片进行初始化，以确定采集图像的开窗位置、窗口大小和黑白工作模式等。这些参数均受OV9120内部相应寄存器值的控制。由于内部寄存器的值可以通过OV9120芯片上提供的SCCB串行控制总线接口来存取，CPLD可以通过控制SCCB总线来完成参数的配置。配置的具体方法可采用三相写数据的方式，首先发送OV9120的ID地址，然后发送写数据的目的寄存器地址，接着发送要写的数据。如果连续给寄存器写数据，那么写完一个寄存器后，OV9120会自动把寄存器地址加1，然后在程序控制下继续向下写，而不需要再次输入地址，这样三相写数据就变成了两相写数据。由于本系统只需对有限个不连续寄存器的数据进行更改，而对全部寄存器都加以配置会浪费很多时间和资源，所以可以只对需要更改数据的寄存器进行写数据。而对于每一个变化的寄存器，则采用三相写数据的方法。

系统配置完毕后，将进行图像数据的采集。在采集图像的过程中，最主要的是判别一帧图像数据的开始和结束时刻。在仔细研究OV9120输出同步信号（VSYNC是垂直同步信号，HREF是水平同步信号，PLCK是输出数据同步信号）的基础上，便可实现采集过程起始点的精确控制。

VSYNC的上升沿表示1f新的图像的到来，下降沿则表示一帧图像数据采集的开始（CMOS图像传感器是按列采集图像的）。HREF上升沿表示一列图像数据的开始，当HREF为高电平即可开始数据采集。PLCK下降沿表示数据的产生，PLCK每出现一个下降沿，系统便传输1bit数据。HREF为高电平期间，系统共传输1280bit数据。也就是说，在一帧图像中，即VSYNC为低电平期间，HREF会出现1个脉冲。而下一个VSYNC信号上升沿的到来，则表明1280×1024像素的图像采集过程的结束。

实现采集的软件设计可在MAX＋plus II环境中实现。软件设计的主要工作是CPLD对OV9120的配置。CPLD的全局时钟可用24MHz的晶振电路产生。配置时首先配置SCCB，配置完毕后将SCCE置1。当接收到DSP的开始采集信号后，根据同步信号的状态来判定是否开始采集数据，采集数据的同时可将数据送往SRAM。当DSP接收到CPLD的读取信号后，即可开始读取数据，并在DSP中完成图像的处理。图像处理的主要任务是提取光斑的像素坐标，并将其转换为实际空间坐标，光斑的光强通常按高斯分布。确定光斑高斯分布的中心有多种算法：极值法、阈值法、重心法、高斯拟合法。为了同时兼顾精度与速度性能，一般采用阈值法与重心法结合来确定高斯光束中心位置。处理过程大体为：①多次采集平均；②确定光斑峰值位置；③确定局部窗口，作二维卷积滤波；④用阈值法与重心法结合来确定高斯光束中心位置。该方法可达到亚像素级位置分辨率，详细过程不再赘述。陕西汉中石门水库的大坝变形激光观测系统就是采用了上述方案，经费预算较采用PSD光斑位置传感器可减少约6万元人民币。

3.9　大相对孔径半导体激光准直镜的设计

光斑位置传感器通常与激光准直光源配合使用，由于半导体激光器具有寿命长、体积小、成本低等优点，在光斑位置测量中获得了广泛应用。在一般的位移测量应用中，对激光的功率无特殊要求，其中：对于 PSD 器件，激光输出功率在 1mW 左右即可满足要求；对于 CMOS 或 CCD 传感器，对激光功率的要求就更低。因此，选择激光器主要考虑的因素是激光准直质量以及成本、体积等，对于某些特殊应用则要考虑光源的光输出功率。在某平台水平度测试装置研究项目中，用激光准直加光斑位置传感器来测量平台基准面与水平面的夹角，如图 3-27（a）所示。测量前仪器进行安装调整，使射向平台基准六面体的光束处于铅直方向时反射光斑在 PSD 光敏面的原点。若平台调平有误差，反射光斑将偏离 PSD 原点，经解算可获得平台水平度误差。由于光路中的能量损失，最终到达 PSD 传感器的光能量不到激光器发出光能量的 1/4。在激光陆地导航与快速定位定向研究项目中，提出了激光无源后向反射信标加激光准直测量的实现方案，如图 3-27（b）所示。

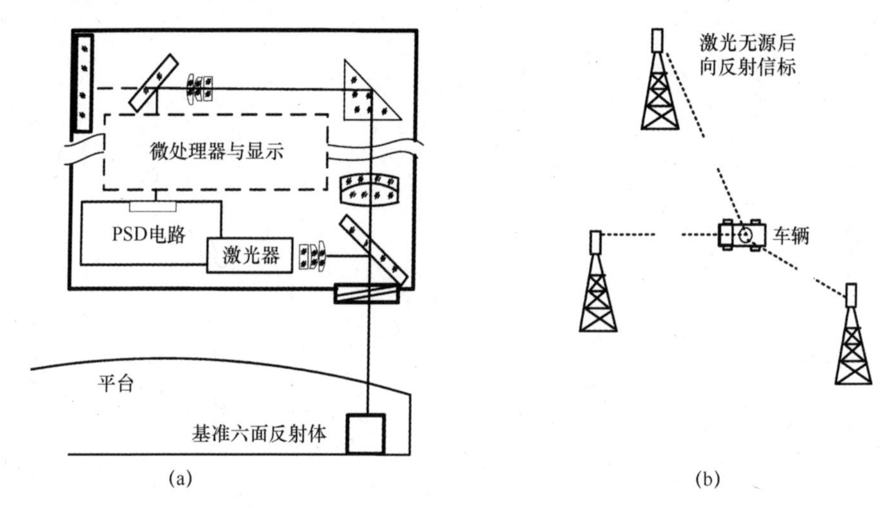

图 3-27　平台水平度测试与激光陆地导航测量示意图

在阵地区域内预设若干后向反射信标，信标的位置、高程等信息储存在车载 GIS 系统中。行进车辆通过对数个信标进行距离、角度的测量，这样就可以确定所处位置，从而实现定位与定向。在能见度等级为 8（白日能间距离为 $v \geqslant 20$km，激光波长为 $\lambda=0.92\mu$M，光束直径 80mm）的，晴朗天气条件下，考虑到大气衰减、反射器衰减、调制器衰减和窄带滤波器衰减，对应用输出功率为 1W 的近红外激光发射器，激光发射角控制在小于 0.5mrad，光电接收原件的响应度在 40A/W 以上，则信标的工作距离可大于 3km。定向和定点精度与观测点和信标的相对位置有关。假设信标距离 2000m，测距误差 0.2m，测角误差±2s，则定向精度为±14s，定位误差与测距误差在同一数量级。激光后向反射调制技术还可用于激光大气接力通信和目标自动识别。在以上两个应用中，都需要设法提高激光准直器的有效输出功率，以满足测量信噪比或增大作用距离的要求。提高激光准直器输出功率的有效途径是在不增加 LD 功耗的条件下，充分利用 LD 输出的光能量，这就需要设计高效率的激光准直镜。

3.9.1 半导体激光束经圆孔的耦合效率

半导体激光器采用非对称激活通道，输出的光束为像散椭圆高斯光束，由端面发射的光束在水平与垂直方向的发散角不等，见图 3-28。因此，在实际应用中光束准直是不可缺少的步骤。准直方法包括：单透镜法；组合透镜法；渐变折射率透镜法；液体透镜法；反射法；衍射法；等等。由半导体激光二极管发出的光束在远场的分布可表示为

$$I = I_0 \exp\left|-2\left|\frac{x^2}{\omega_s^2}+\frac{y^2}{\omega_t^2}\right|\right| \tag{3.19}$$

式中：I_0 为光阑面上光束中心点强度；ω_s,ω_t 分别为水平和垂直方向上光束直径。由式（3.19）可得半导体光束半强度处的全宽度角 $\theta_{1/2}$ 与远场发散角 $\theta_0 = \lambda / \pi\omega_0$ 的关系为

$$\theta_0 = \theta_{1/2} / \sqrt{2\ln 2} \tag{3.20}$$

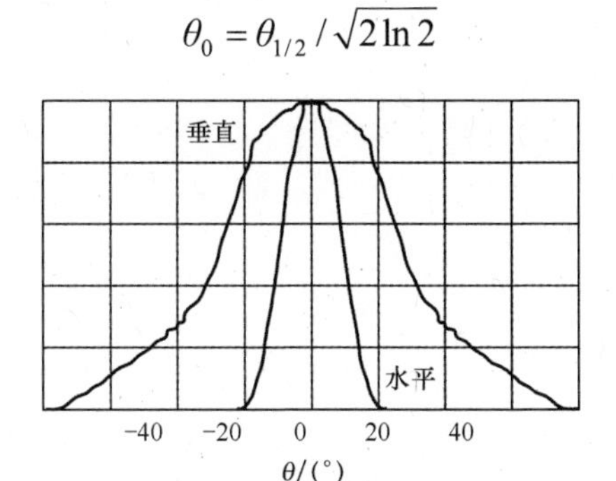

图 3-28　半导体激光束的远场分布

在高斯光束传播过程中，远场区 $\omega = Z\theta_0$，则在垂直和水平方向上光束半径之比 ω_t / ω_s 可由垂直和水平方向上半强度处全宽角度之比 $\theta_{1/2,t} / \theta_{1/2,s} = \omega_t / \omega_s = m$ 来描述。一般光学仪器的通光孔为圆形，在极坐标下有 $x = r\cos\theta, y = r\sin\theta$，则式（3.19）可简化为

$$I = I_0 \exp\left[-2k^2(m\cos^2\theta + \frac{1}{m}\sin^2\theta)\right] \tag{3.21}$$

定义 r_0 为等效光束半径，即 $r_0=\sqrt{\omega_t\omega_s}$，式中：$k$ 为通光孔半径与等效半径之比，即 $k=r/r_0$。由于半导体激光器输出的光功率为 $P=\int_0^{2\pi}\int_0^{r}Ir\mathrm{d}r\mathrm{d}\theta$，则光束经过圆孔时，耦合效率为

$$\eta=P/P_{\text{all}}=\left|1-\frac{2}{\pi}\int_0^{2\pi}\frac{\exp[-2k^2(m\cos^2\theta+\frac{1}{m}\sin^2\theta)}{m\cos^2\theta+\frac{1}{m}\sin^2\theta}\mathrm{d}\theta\right|\times 100\% \qquad (3.22)$$

对于常用小功率半导体激光二极管，例如日立公司的 HL6714G（10Mw，670nm），$\theta_{1/2,t}=10^\circ$，$\theta_{1/2,s}=40^\circ$，即 m=4。由式（3.21）可求出 $\eta-k$ 关系曲线。若取 k=1.5，可得 $\eta=86.06\%$，由 m 的定义及 k 值可得此时的孔径角为 29.98°，物镜的相对孔径为 0.57。小功率半导体激光准直器常用的双胶合物镜的相对孔径只能达到 0.25 左右，要达到更大的相对孔径，必须改变准直镜的结构形式。

3.9.2 三片式大相对孔径激光准直物镜的设计

按现有的常用准直镜结构形式，要实现 0.8 以上的相对孔径，至少需要 4 片透镜进行组合。对激光准直物镜的特点进行分析可知，通过合理简化物镜设计优化指标，例如无须消色差、减小视场角，可以较简单的结构，实现大相对孔镜激光准直镜的设计。

参考对称式照相物镜的结构，本书提出一种三片式结构，并编写了光学设计与优化程序，对参数进行优化。该设计程序有下列功能：定义和修改结构；定义玻璃材料；根据光波波长完成折射率插值；定义入射光矢量；光线追迹；等等。计算结果和结构以图形方式显示，可以交互操作修改结构和参数，根据误差的变化趋势，有针对性地调整设计，可以高效完成设计过程。本书作者利用该软件帮助有关单位完成了多种激光准直物镜的设计，如图 3-29 所示，该物镜的参数如表 3-4 所列。

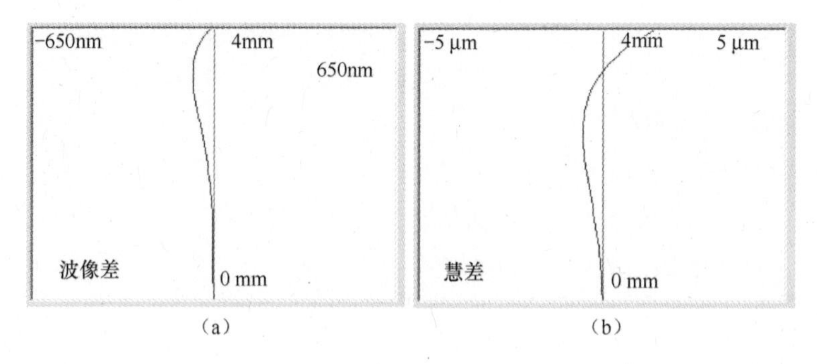

（a） （b）

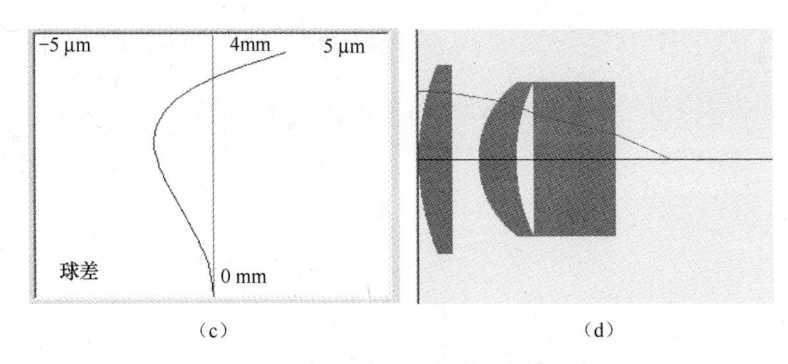

（c）　　　　　（d）

图 3-29　大相对孔径激光准直镜

表 3-4　激光准直物镜结构参数（激光波长 650nm）单位：mm

序号	中心厚度	间隔	玻璃材料（折射率）	R_1	R_2	口径
1	2	1.5	ZF6（1.7307）	14.324	∞	11
2	2.2	1	ZF2（1.6564）	5.649	10.375	9
3	4.8		ZF2（1.6564）	∞	∞	8

该物镜的焦距为 8.2mm，有效口径 8mm，相对孔径大约为 1.0。由图 3-29 可知，各种像差十分理想。用该设计结果加工的透镜实测，激光管实际输出光功率 8mW，准直后输出为 7mW，完全满足了仪器的指标要求。

第二篇

光斑定位技术应用

第4章　PSD同轴度测量

4.1　概述

4.1.1　同轴度测量问题

轴传动是机械传动的一种重要方式。在火电厂，汽轮机与发电机之间就是用传动轴连接的。汽轮机的轴称为主动轴，发电机的轴称为从动轴，主动轴与从动轴通过联轴器联成一个整体。要使机器平稳运转，就必须使主动轴轴心线与从动轴轴心线重合，但完全的重合在实际安装中几乎是不可能的。两轴重合的程度称为同轴度。同轴度的测量问题一直困扰着工程技术人员，目前，电厂设备检修时仍沿用机械百分表或千分表进行人工测量，工程技术人员将这个问题称为"轴对中测量问题"。笔者从1997年首次接触这个课题，在资料检索中，仅查到一篇题为"主从动轴共轴性的光电检测"的论文[41]。该论文对同轴度测量问题做了有益的探索，提出了光电检测这一基本思路，但未能建立起有效的检测模型。文献[3]标题中包含了"同轴性"这一关键词，但实际上只讨论了准直测量，用"同轴度测量"来描述这一问题比较贴切。在由著名科学家王大珩作序，金国藩院士和李景镇教授组织国内十几位知名专家编写的《激光测量学》一书中，将同轴度测量问题描述为"一个有待解决的困难课题[1]"，并第一次提出了"同轴度测量"这一正式名称。因此，本书笔者在专利申请[42]时仍沿用"对中"这一工程技术界惯用的术语，在发布研究成果时则以"同轴度测量研究"为题[43]。

4.1.2　同轴度的表述

定量描述同轴度，实质是描述主动轴轴心线和从动轴轴心线这两条空间直线之间的相互位置关系。描述两条空间直线间的相互位置关系有两个指标：距离与夹角。按约定俗成的称谓就是偏差和开口（偏差是两轴心线之间的距离；开口是两轴心线之间的夹角）。为了便于操作，本书将上述两个物理量沿水平方向和垂直方向分解为4个量（假定轴系水平放置）。

（1）水平偏差：两轴心线之间的距离在水平面上的投影。

（2）垂直偏差：两轴心线之间的距离在铅垂面上的投影。

（3）水平开口：两轴心线的夹角在水平面上的投影。

（4）垂直开口：两轴心线的夹角在包含其中一个轴心线的铅垂面上的投影。

实际测量偏差量时，不一定计算两轴心线之间的最短距离，而往往取一个轴的某一个法平面，计算两轴心线与该法平面交点的距离。

4.1.3 传统的测量方法

传统的测量方法是用机械百分表或千分表进行人工测量，如图 4-1 所示，两轴近端各有一个轮——靠背轮，使用两块表，都固定在一个靠背轮上。一个表的指针与另一靠背轮的外沿接触，用来检测两轴的偏差；另一个表的指针与另一靠背轮的端面外沿接触，用来检测两轴的开口。同步转动两轴，并根据转动过程中百分表读数的变化来计算偏差量和开口量。具体操作是测量 4 个点：顺轴方向观察，当百分表位于轴的正上、下、左、右 4 个位置时，分别读取百分表的读数。若用 P 表示偏差测量百分表的读数，用 K 表示开口测量百分表的读数，用 R 表示靠背轮半径，则有

垂直偏差为 $\frac{1}{2}(P_{上}-P_{下})$

水平偏差为 $\frac{1}{2}(P_{右}-P_{左})$

垂直开口为 $\frac{1}{2\cdot R}(K_{上}-K_{下})$

水平开口为 $\frac{1}{2\cdot R}(K_{右}-K_{左})$

当两靠背轮间缝隙较小时，开口量用塞尺来测量，测量方法与百分表测量方法相同。

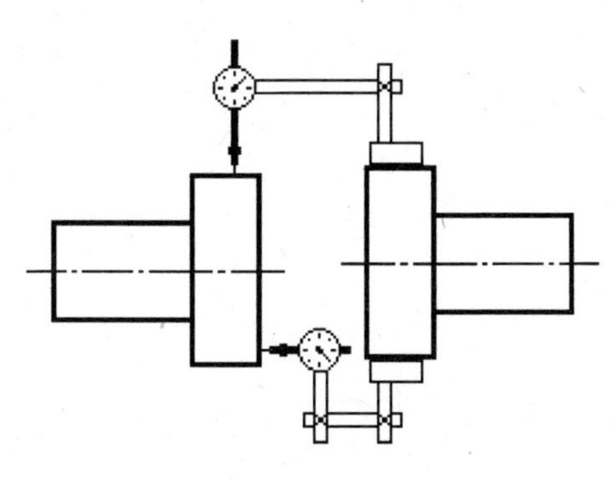

图 4-1　百分表测量同轴度示意图

传统的测量方法不仅费时费力，而且测量精度较差，往往要经过多次反复调整才能达到要求的精度，工作量很大，特别在火电厂机组检修这样有严格时限要求的场合，人工测量方法已远远落后。经仔细研究，笔者设计了两种同轴度测量仪，并建立了相应的数学模型，实现了由计算机控制的自动检测。

4.2 同轴度测量系统

4.2.1 单光源同轴度测量仪

如图 4-2 所示，单光源同轴度测量仪使用一个激光源和一个二维 PSD。将一个激光源、一个二维 PSD 和一个量程为-180°~+180°的倾角传感器固定在一起组成测盒 A；由带支架固定的直角三棱镜组成测盒 B。

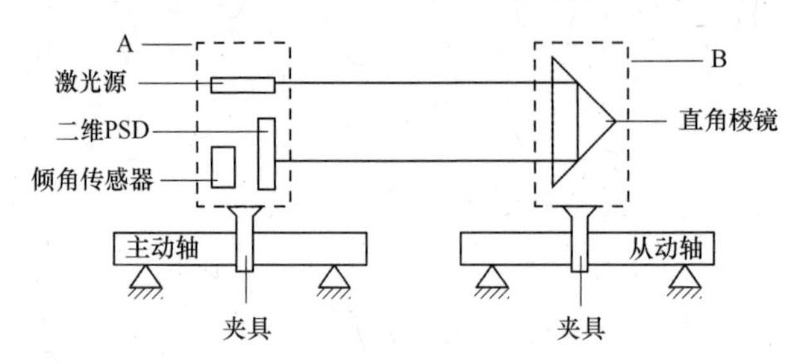

图 4-2 单光源同轴度测量仪示意图

4.2.2 双光源同轴度测量仪

如图 4-3 所示，双光源同轴度测量仪使用两个激光源和两个一维 PSD。将一个激光源、一个平面反射镜和一个量程为-180°~ +180°的倾角传感器固定在一起组成测盒 A；将两个一维 PSD 和一个激光源固定在一起组成测盒 B。其中：A 盒中的激光源与 B 盒上部的 PSD 用于测量两轴的平行偏差；B 盒中部的激光源、下部的 PSD 与 A 盒中的平面反射镜组成的激光回路用来测量两轴间的开口。

在实际的同轴度测量仪的研制中，对上述设计进行了修改，使用分光镜将激光束一分为二，从而减少一个激光源。图 4-4 所示为单光源双探测器，原理分析仍以图 4-3 为基础。

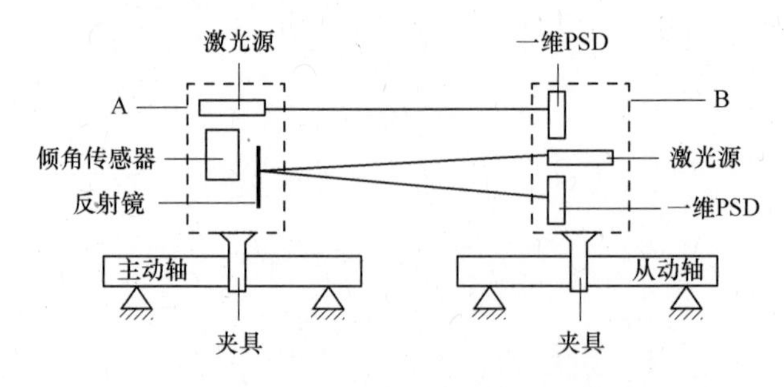

图 4-3 双光源同轴度测量仪示意图

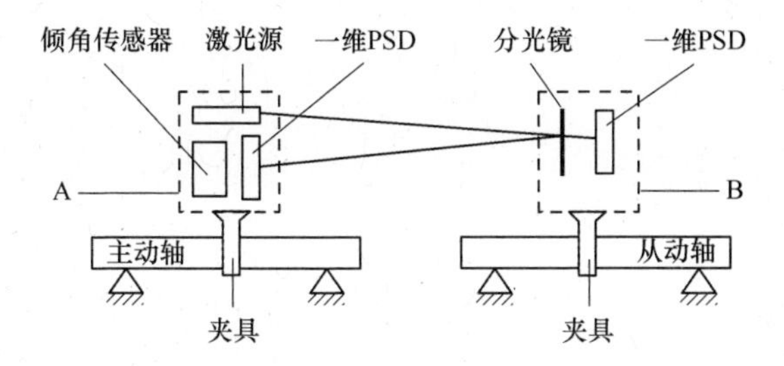

图 4-4　改进的双光源同轴度测量仪示意图

测量过程中，光斑在 PSD 所在平面上做二维运动，用一维 PSD 可检测出沿 PSD 方向的位置，即使光斑偏离 PSD 光敏面中心线，可正确检测出光斑沿 PSD 方向的位置，如图 4-5 所示。

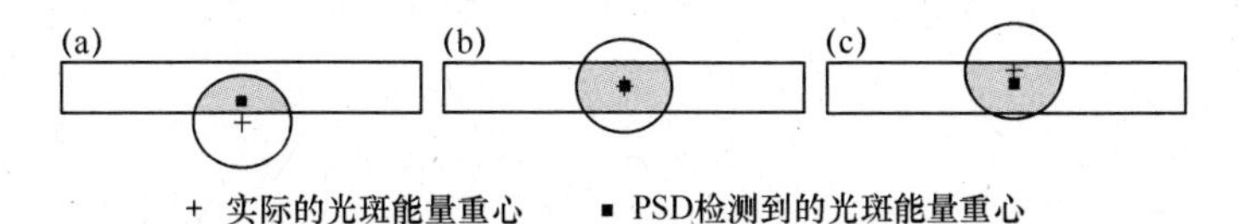

图 4-5　实际的光斑能量重心与一维 PSD 检测到的能量重心示意图

4.2.3　同轴度测量系统组成

整个同轴度测量系统由测盒 A、测盒 B、数据采集、控制部件和计算机组成（图 4-6）。无论是单光源还是双光源，同轴度测量仪的测盒都与带 V 形槽的卡具固定在一起（图 4-7）。当然相应的测量软件承担控制采样与计算功能，是系统必不可少的组成部分。

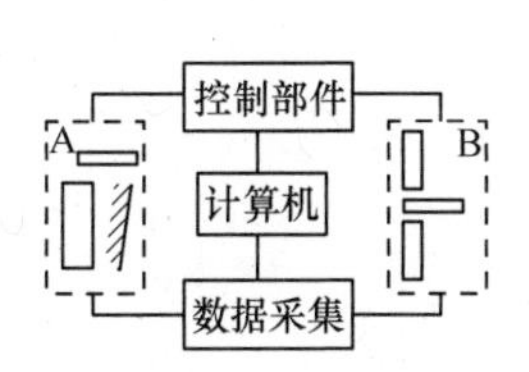

图 4-6　同轴度测量系统组成框图

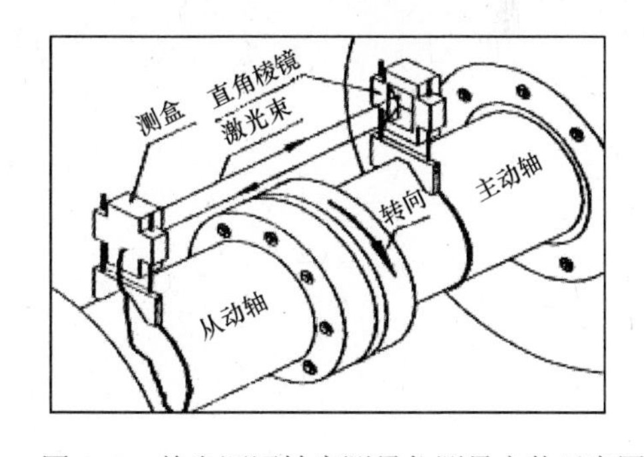

图 4-7　单光源同轴度测量仪测量安装示意图

4.3　测量原理

本节主要以双光源同轴度测量仪为例，阐述偏差量和开口量测量原理。单光源同轴度测量仪的测量原理基本类似，将在 4.4 节中做简要提示。

双光源同轴度测量仪在测量时两轴同步转动，在转动过程中 PSD 进行连续采样，记录下 PSD 上光点位置变化轨迹。根据合适的数学模型，通过记录的轨迹曲线即可计算出偏差量和开口量。双光源同轴度测量仪采用两条独立的光路测量偏差和开口，分析其测量原理时，将偏差测量与开口测量分开考虑。

4.3.1 数学模型

为了得到一个抽象的数学模型，必须做一些合理的假设，具体如下：①激光束抽象为一条直线，光斑抽象为一个点；②测盒固定后，PSD 光敏面垂直于所固定轴的轴心线，并且 PSD 光敏面的 Y 轴反向延长线过轴心线；③A 盒激光源发出的激光束平行于 AB 轴；④反射镜垂直于 AB 轴；⑤CD 轴在水平面内，安装初始位置两测盒中轴线均在铅垂面内；⑥测量时两轴同步旋转，即两轴具有相同的角速度，但不要求匀速。

1. **偏差量测量**

如图 4-8 所示，以 CD 轴的轴心线为 Z 轴、PSD 光敏面竖轴为 Y 轴，测盒安装点为原点，建立右手直角坐标系。在此坐标系中，设 PSD 光敏面中心坐标为（0，r，0）。AB 轴轴心线的方向矢量为（a，b，c），该轴上测盒安装点为 O_2（x_0，y_0，z_0）。过 O_2 点向激光束作垂线交激光束线于 L_1 点，则由假设③可知，O_2L_1 也垂直于 CD 轴，设 $O_2L_1=r$；L_1 点坐标为（x_1，y_1，z_1）；O_2L_1 绕 AB 轴旋转 θ 角，L_1 点变为 L_2（x_2，y_2，z_2）；激光束与 XOY 面的交点（光斑位置）为 G（x_g，y_g，z_g）；以 PSD 光敏面中心点为原点，中心线为 YP 轴，建立平面直角坐标系 $X_PO_PY_P$，在该坐标系中 G 点坐标为（x_P，y_P）。下面按 L_1（x_1，y_1，z_1）$\rightarrow L_2$（x_2，y_2，z_2）$\rightarrow G$（x_g，y_g，z_g）$\rightarrow G$（x_P，y_P）的次序求（x_P，y_P）的解析表达式。

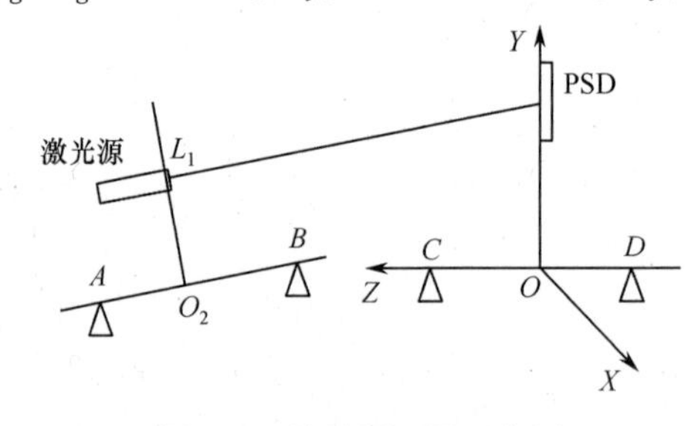

图 4-8 偏差量测量示意图

（1）求 L_1（x_1，y_1，z_1）。由假设⑤可知，O_2L_1 是 AB 轴法平面与铅垂面 $X=X_0$ 的交线。由

$$\begin{cases} a(x-x_0)+b(y-y_0)+c(z-z_0)=0 \\ x=x_0 \\ (x-x_0)^2+(y-y_0)^2+(z-z_0)^2=r^2 \end{cases} \Rightarrow$$

$$
\begin{cases}
x = x_0 \\
y = y_0 + \dfrac{c \cdot r}{\sqrt{b^2 + c^2}} \\
z = z_0 + \dfrac{b \cdot r}{\sqrt{b^2 + c^2}}
\end{cases}
$$

即
$$
L_1\left(x_0,\ y_0 + \frac{c \cdot r}{\sqrt{b^2 + c^2}},\ z_0 + \frac{b \cdot r}{\sqrt{b^2 + c^2}}\right)
$$

（2）求 L_2（x_2，y_2，z_2）。考虑矢量 $\boldsymbol{O_2L_1}$ 与 $\boldsymbol{O_2L_2}$，根据矢量点积和叉积的性质可知

$$
\boldsymbol{O_2L_1} \cdot \boldsymbol{O_2L_2} = r^2 \cos\theta \tag{4.1}
$$

$$
\boldsymbol{O_2L_1} \times \boldsymbol{O_2L_2} = r^2 \sin\theta(a\boldsymbol{i} + b\boldsymbol{j} + c\boldsymbol{k}) \tag{4.2}
$$

由式（4.1）和式（4.2）展开得

$$
\frac{c \cdot r}{\sqrt{b^2 + c^2}} \cdot (y_2 - y_0) + \frac{b \cdot r}{\sqrt{b^2 + c^2}} \cdot (z_2 - z_0) = r^2 \cos\theta \tag{4.3}
$$

$$
\begin{vmatrix}
\boldsymbol{i} & \boldsymbol{j} & \boldsymbol{k} \\
0 & \dfrac{c \cdot r}{\sqrt{b^2 + c^2}} & \dfrac{b \cdot r}{\sqrt{b^2 + c^2}} \\
x_2 - x_0 & y_2 - y_0 & z_2 - z_0
\end{vmatrix} = r^2 \sin\theta(a\boldsymbol{i} + b\boldsymbol{j} + c\boldsymbol{k}) \tag{4.4}
$$

由式（4.3）和式（4.4）可得

$$
\begin{cases}
x_2 = x_0 - \sqrt{b^2 + c^2} \cdot r \cdot \sin\theta \\
y_2 = y_0 + \dfrac{r}{\sqrt{b^2 + c^2}} \cdot (c \cdot \cos\theta - a \cdot b \cdot \sin\theta) \\
z_2 = z_0 + \dfrac{r}{\sqrt{b^2 + c^2}} \cdot (b \cdot \cos\theta - a \cdot c \cdot \sin\theta)
\end{cases} \tag{4.5}
$$

（3）求 G（x_g，y_g，z_g）。由式（4.5）和假设③可得激光束直线方程为

$$
\begin{pmatrix} x \\ y \\ z \end{pmatrix} = \begin{pmatrix} x_2 \\ y_2 \\ z_2 \end{pmatrix} + t \cdot \begin{pmatrix} a \\ b \\ c \end{pmatrix} \tag{4.6}
$$

由式（4.5）、式（4.6）和 z=0 即可求出激光束与 XOY 平面的交点 G（x_g，y_g，0）为

$$\begin{cases} x_g = \left(x_0 - \dfrac{a \cdot z_0}{c}\right) - \dfrac{r \cdot (c \cdot \sin\theta - a \cdot b \cdot \cos\theta)}{c \cdot \sqrt{b^2 + c^2}} \\ y_g = \left(y_0 - \dfrac{b \cdot z_0}{c}\right) + \dfrac{r \cdot \left(\left(c^2 - b^2\right) \cdot \cos\theta - 2 \cdot a \cdot b \cdot c \cdot \sin\theta\right)}{c \cdot \sqrt{b^2 + c^2}} \end{cases} \tag{4.7}$$

（4）求 G（x_P，y_P）。容易证明，由平面直角坐标系 XOY 到坐标系 $X_PO_PY_P$ 的变换公式为

$$\begin{cases} x^{'} = x \cdot \cos\theta + y \cdot \sin\theta \\ y^{'} = -x \cdot \sin\theta + y \cdot \cos\theta - r \end{cases} \tag{4.8}$$

于是可求得

$$\begin{cases} x_p = -\dfrac{2 \cdot a \cdot b \cdot r \cdot \sin^2\theta}{\sqrt{b^2 + c^2}} + \dfrac{c^2 - b^2 - a \cdot b}{c \cdot \sqrt{b^2 + c^2}} \cdot r \cdot \sin\theta \cdot \cos\theta + \dfrac{r \cdot \cos^2\theta}{\sqrt{b^2 + c^2}} + \\ \quad \left(y_0 - \dfrac{b \cdot z_0}{c}\right) \cdot \sin\theta + \left(x_0 - \dfrac{a \cdot z_0}{c}\right) \cdot \cos\theta \\ y_p = \dfrac{r \cdot \sin^2\theta}{\sqrt{b^2 + c^2}} + \dfrac{(1 - 2 \cdot c) \cdot a \cdot b \cdot r}{c \cdot \sqrt{b^2 + c^2}} \cdot \sin\theta \cdot \cos\theta + \dfrac{c^2 - b^2}{c \cdot \sqrt{b^2 + c^2}} \cdot r \cdot \cos^2\theta - \\ \quad \left(x_0 - \dfrac{a \cdot z_0}{c}\right) \cdot \sin\theta + \left(y_0 - \dfrac{b \cdot z_0}{c}\right) \cdot \cos\theta - r \end{cases} \tag{4.9}$$

2. 开口量测量

如图 4-9 所示，坐标系的建立与图 4-8 相同，即以 CD 轴的轴心线为 Z 轴、PSD 光敏面竖轴为 Y 轴、测盒安装点为原点，建立右手直角坐标系。AB 轴轴心线的方向矢量为（a，b，c），该轴上测盒安装点为 O_2（x_0，y_0，z_0）。此时，激光束从 Y 轴上发出，设激光束与 Y 轴的交点坐标为 L（0，r，0），PSD 光敏面中心点的坐标为（0，r−2h，0）。假定当反射镜位于通过 O_2（x_0，y_0，z_0）点的 Z 轴的法平面时，反射回来的光点正好位于 PSD 光敏面的中心点上。在激光束上另取一点 M，使 LM=1，则可用 LM 来表示激光束的方向矢量。在安装初始时 L、M 点的位置分别用 L_1（x_1，y_1，z_1）和 M_1（x_{M1}，y_{M1}，z_{M1}）表示；坐标轴保持不动，激光束绕 Z 轴旋转 θ 角时，L、M 点的位置分别用 L_2（x_2，y_2，z_2）和 M_2（x_{M2}，y_{M2}，z_{M2}）表示；用 F（x_f，y_f，z_f）和 G（x_g，y_g，z_g）分别表示激光在反射镜和 PSD 光敏面上的光点位置；同样用 G （x_P，y_P）点在以 PSD 光敏面中心点为原点，中心线为 Y_P 轴建立的平面直角坐标系 $X_PO_PY_P$ 中的坐标。下面从 L 点出发顺光路求各点坐标。

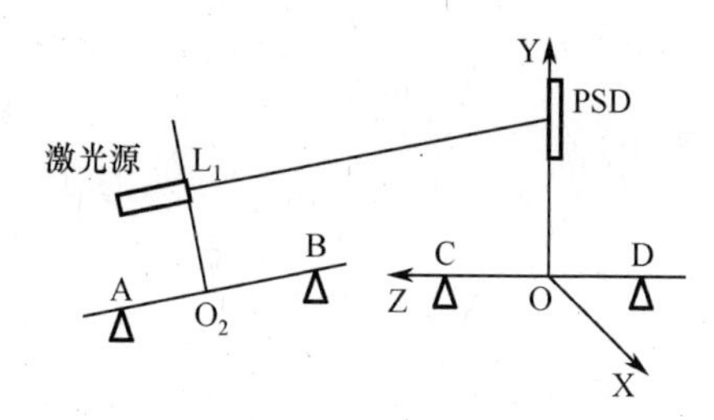

图 4-9　开口量测量示意图

已知 L_1（0，r，0），根据假设条件可求出 M_1、L_2、M_2 点坐标为

$$M_1\left(0,\ r-\frac{h}{\sqrt{h^2+z_0^2}},\ \frac{z_0}{\sqrt{h^2+z_0^2}}\right) \tag{4.10}$$

$$L_2\left(-r\cdot\sin\theta,\quad r\cdot\cos\theta,\quad 0\right) \tag{4.11}$$

$$M_2\left(-r\cdot\sin\theta+\frac{h\cdot\sin\theta}{\sqrt{h^2+z_0^2}},\ \left(r-\frac{h}{\sqrt{h^2+z_0^2}}\right)\cdot\cos\theta,\ \frac{z_0}{\sqrt{h^2+z_0^2}}\right) \tag{4.12}$$

激光束方向矢量 L_2M_2 为

$$\boldsymbol{L}_2\boldsymbol{M}_2=\frac{h\cdot\sin\theta}{\sqrt{h^2+z_0^2}}\cdot\boldsymbol{i}-\frac{h\cdot\cos\theta}{\sqrt{h^2+z_0^2}}\cdot\boldsymbol{j}+\frac{z_0}{\sqrt{h^2+z_0^2}}\cdot\boldsymbol{k} \tag{4.13}$$

激光束方程为

$$\begin{pmatrix}x\\y\\z\end{pmatrix}=\begin{pmatrix}-r\cdot\sin\theta\\r\cdot\cos\theta\\0\end{pmatrix}+\frac{t}{\sqrt{h^2+z_0^2}}\cdot\begin{pmatrix}h\cdot\sin\theta\\-h\cdot\cos\theta\\z_0\end{pmatrix} \tag{4.14}$$

反射镜平面方程为

$$a\cdot(x-x_0)+b\cdot(y-y_0)+c\cdot(z-z_0)=0 \tag{4.15}$$

由式（4.14）和式（4.15）可计算出 F（x_f，y_f，z_f）点的坐标为

$$\begin{cases}x_f=-r\cdot\sin\theta+\dfrac{a\cdot r\cdot\sin\theta-b\cdot r\cdot\cos\theta+a\cdot x_0+b\cdot y_0+c\cdot z_0}{a\cdot h\cdot\sin\theta-b\cdot h\cdot\cos\theta+c\cdot z_0}\cdot h\cdot\sin\theta\\ y_f=r\cdot\cos\theta-\dfrac{a\cdot r\cdot\sin\theta-b\cdot r\cdot\cos\theta+a\cdot x_0+b\cdot y_0+c\cdot z_0}{a\cdot h\cdot\sin\theta-b\cdot h\cdot\cos\theta+c\cdot z_0}\cdot h\cdot\cos\theta\\ z_f=\dfrac{a\cdot r\cdot\sin\theta-b\cdot r\cdot\cos\theta+a\cdot x_0+b\cdot y_0+c\cdot z_0}{a\cdot h\cdot\sin\theta-b\cdot h\cdot\cos\theta+c\cdot z_0}\cdot z_0\end{cases} \tag{4.16}$$

用 $x_r\cdot\mathrm{i}+y_r\cdot\mathrm{j}+x_r\cdot\mathrm{k}$ 来表示反射光线方向矢量，则由光线反射性质可求得

$$
\begin{cases}
x_r = \dfrac{h \cdot \sin\theta - 2 \cdot a \cdot \left(a \cdot h \cdot \sin\theta - b \cdot h \cdot \cos\theta + c \cdot z_0\right)}{\sqrt{h^2 + z_0^2}} \\
y_r = \dfrac{-h \cdot \cos\theta - 2 \cdot b \cdot \left(a \cdot h \cdot \sin\theta - b \cdot h \cdot \cos\theta + c \cdot z_0\right)}{\sqrt{h^2 + z_0^2}} \\
z_r = \dfrac{z_0 - 2 \cdot c \cdot \left(a \cdot h \cdot \sin\theta - b \cdot h \cdot \cos\theta + c \cdot z_0\right)}{\sqrt{h^2 + z_0^2}}
\end{cases}
\tag{4.17}
$$

反射光线方程为

$$
\begin{pmatrix} x \\ y \\ z \end{pmatrix} = \begin{pmatrix} x_f \\ y_f \\ z_f \end{pmatrix} + t \cdot \begin{pmatrix} x_r \\ y_r \\ z_r \end{pmatrix}
\tag{4.18}
$$

并由此计算出 G（x_g，y_g，z_g）点坐标为（$z_g=0$）

$$
\begin{cases}
x_g = -r \cdot \sin\theta + \dfrac{a \cdot r \cdot \sin\theta - b \cdot r \cdot \cos\theta + a \cdot x_0 + b \cdot y_0 + c \cdot z_0}{a \cdot h \cdot \sin\theta - b \cdot h \cdot \cos\theta + c \cdot z_0} \\
\qquad \cdot \left(h \cdot \sin\theta - \dfrac{h \cdot \sin\theta - 2 \cdot a \cdot \left(a \cdot h \cdot \sin\theta - b \cdot h \cdot \cos\theta + c \cdot z_0\right)}{z_0 - 2 \cdot c \cdot \left(a \cdot h \cdot \sin\theta - b \cdot h \cdot \cos\theta + c \cdot z_0\right)} \cdot z_0 \right) \\
y_g = r \cdot \cos\theta - \dfrac{a \cdot r \cdot \sin\theta - b \cdot r \cdot \cos\theta + a \cdot x_0 + b \cdot y_0 + c \cdot z_0}{a \cdot h \cdot \sin\theta - b \cdot h \cdot \cos\theta + c \cdot z_0} \\
\qquad \cdot \left(h \cdot \cos\theta - \dfrac{h \cdot \cos\theta + 2 \cdot b \cdot \left(a \cdot h \cdot \sin\theta - b \cdot h \cdot \cos\theta + c \cdot z_0\right)}{z_0 - 2 \cdot c \cdot \left(a \cdot h \cdot \sin\theta - b \cdot h \cdot \cos\theta + c \cdot z_0\right)} \cdot z_0 \right)
\end{cases}
\tag{4.19}
$$

同样，经式（4.8）所代表的坐标变换可得

$$
\begin{cases}
x_p = \dfrac{a \cdot r \cdot \sin\theta - b \cdot r \cdot \cos\theta + a \cdot x_0 + b \cdot y_0 + c \cdot z_0}{a \cdot h \cdot \sin\theta - b \cdot h \cdot \cos\theta + c \cdot z_0} \\
\qquad \cdot \dfrac{2 \cdot z_0 \cdot \left(a \cdot h \cdot \sin\theta - b \cdot h \cdot \cos\theta + c \cdot z_0\right) \cdot \left(a \cdot \cos\theta + b \cdot \sin\theta\right)}{z_0 - 2 \cdot c \cdot \left(a \cdot h \cdot \sin\theta - b \cdot h \cdot \cos\theta + c \cdot z_0\right)} \\
y_p = 2 \cdot h + \dfrac{a \cdot r \cdot \sin\theta - b \cdot r \cdot \cos\theta + a \cdot x_0 + b \cdot y_0 + c \cdot z_0}{a \cdot h \cdot \sin\theta - b \cdot h \cdot \cos\theta + c \cdot z_0} \\
\qquad \cdot \left(\dfrac{h \cdot z_0 - 2 \cdot z_0 \cdot \left(a \cdot h \cdot \sin\theta - b \cdot h \cdot \cos\theta + c \cdot z_0\right) \cdot \left(a \cdot \sin\theta - b \cdot \cos\theta\right)}{z_0 - 2 \cdot c \cdot \left(a \cdot h \cdot \sin\theta - b \cdot h \cdot \cos\theta + c \cdot z_0\right)} - h \right)
\end{cases}
\tag{4.20}
$$

式（4.19）和式（4.20）描述了两轴线的相互位置与 PSD 检测到的光斑位置之间的关系，而同轴度测量的任务则是要通过检测光斑位置，计算出两轴线的相互位置关系。具体地说，就是要通过测量若干组（x_P，y_P，θ）值，计算出

（a，b，c）和（x_0，y_0，z_0）。计算出（a，b，c）和（x_0，y_0，z_0）后，就可得到偏差量和开口量（分别用 d、φ表示），即

$$\begin{cases}\cos\varphi=\dfrac{c}{\sqrt{a^2+b^2+c^2}}\\ d=\dfrac{|a\cdot y_0-b\cdot x_0|}{\sqrt{a^2+b^2}}\end{cases} \tag{4.21}$$

从式（4.19）和式（4.20）可看出，要从若干组（x_P，y_P，θ）值计算出（a，b，c）和（x_0，y_0，z_0）并不是一件简便的事。事实上，由于使用的是一维 PSD，只能检测出 y_P 值，因此只能通过若干组（y_P，θ）值来计算。在每一次实际的测量中都不可避免地存在误差，这必然使方程解算变得更加复杂。显然，该模型缺乏可操作性，有必要对它进行改进，以便能方便地应用于实际测量中。

4.3.2 测量模型

1. 偏差量测量

当主从动轴一起转动时，PSD 中心运动轨迹是一个圆 O_1，半径为 r_1，而激光光线运动轨迹为一个近似圆柱的圆锥（注：当激光平行于安装轴时为圆柱；不平行时为圆锥），圆锥与圆 O_1 所在平面相交，截交线为近似圆的椭圆 O_2（注：当两轴互相平行时，截交线为圆；不平行时，截交线为椭圆），半径为 r_2，见图 4-10。设 O_1、O_2 之间的距离为 d。PSD 与倾角仪同步采样，δ 为 PSD 的 Y 轴采样结果，θ 为倾角仪采样结果，则有

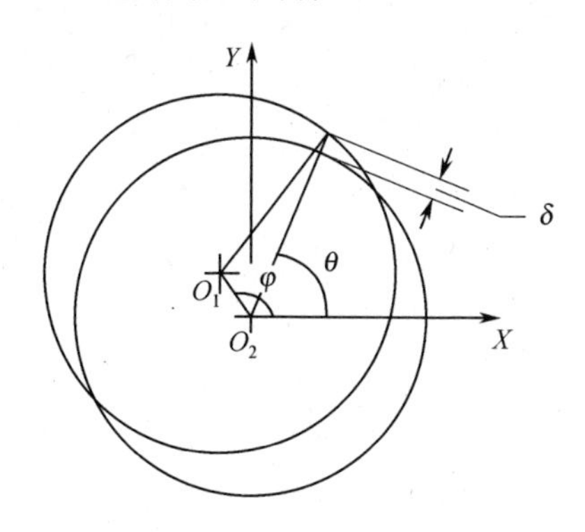

图 4-10　偏差测量原理图

$$r_1^2=d^2+(r_2+\delta)^2-2d(r_2+\delta)\cos(\varphi-\theta) \tag{4.22}$$

因实际测量中有 $r_1\approx r_2$，$d\ll r_1$，$\delta\ll r_1$，略去二次项 d^2,δ^2 和 $-2d\delta\cos(\varphi-\theta)$，得

$$\delta = \frac{r_1^2 - r_2^2}{2 \cdot r_2} + d \cdot \cos(\varphi - \theta) \tag{4.23}$$

这是一条典型的余弦曲线，与式（4.9）相比，方程的解算变得十分简单。式（4.23）中，d 为偏差量在 XOY 平面内的反映（即两轴心线与 XOY 平面的交点的距离），φ为偏差方位角。当测量采样范围小于 180°时，φ值可按以下方法确定：去掉式（4.23）中的直流分量，考虑曲线 $\delta = d \cdot \cos(\varphi - \theta)$ 与 θ 轴的位置关系，会有 4 种情况，如图 4-11 所示。根据计算出的φ值，对照图 4-11 中 4 种情况即可确定正确的偏差方位角。

2. **开口量测量**

开口量的测量，情形与偏差量测量相似。当主从动轴一起转动时，PSD 中心运动轨迹是一个圆 O_1，半径为 r_1，而激光光线运动轨迹为圆锥，假定平面反射镜垂直于安装轴，轴旋转过程中反射镜在一个平面内运动，反射光线的轨迹仍为圆锥，圆锥与圆 O_1 所在平面相交，截交线为近似圆的椭圆 O_2（注：当两轴互相平行时，截交线为圆；不平行时，截交线为椭圆），因而可得到与图 4-10 和式（4.23）相同的结果。只是此时的 $d/2$ 代表因开口而造成的两轴心线与 PSD 所在平面的交点的距离，φ代表开口方位角。

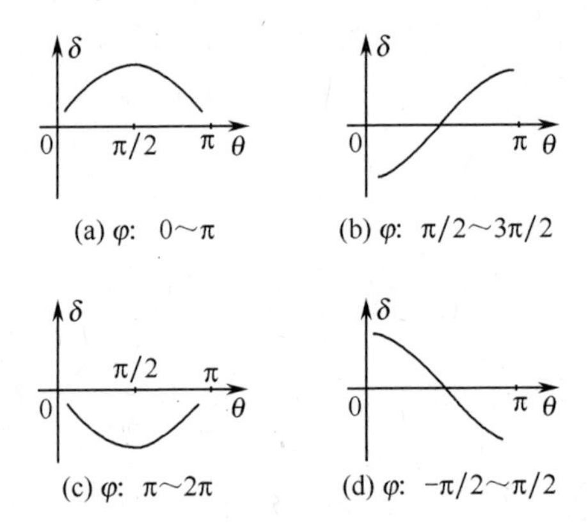

图 4-11　采样曲线与偏差方位角的关系示意图

4.3.3　计算机仿真试验

为了验证简化模型的正确性与可行性，对前面设计的双光源同轴度测量仪采用计算机模拟测量过程进行仿真计算。图 4-12 是偏差量测量方案的仿真计算的结果，图 4-13 是开口量测量方案的仿真计算的结果。从仿真计算结果来看，简化模型能较好地描述测量过程，可以作为同轴度测量的数学模型。

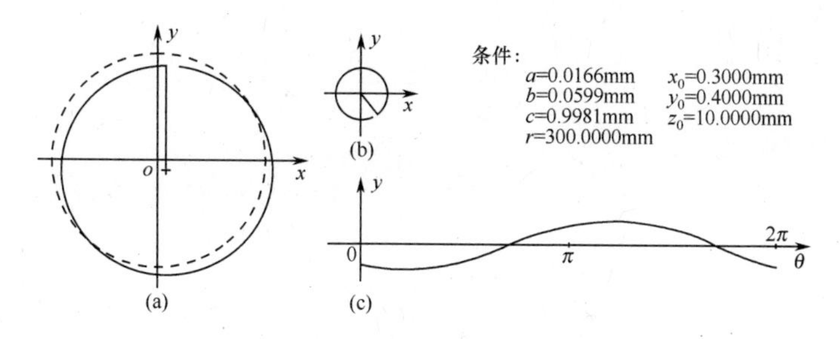

图 4-12　偏差量测量方案仿真曲线

（a）光点在惯性坐标系中的轨迹（按比例缩小）；（b）光点在 PSD 平面坐标系中的轨迹；（c）仿真（y，θ）曲线。

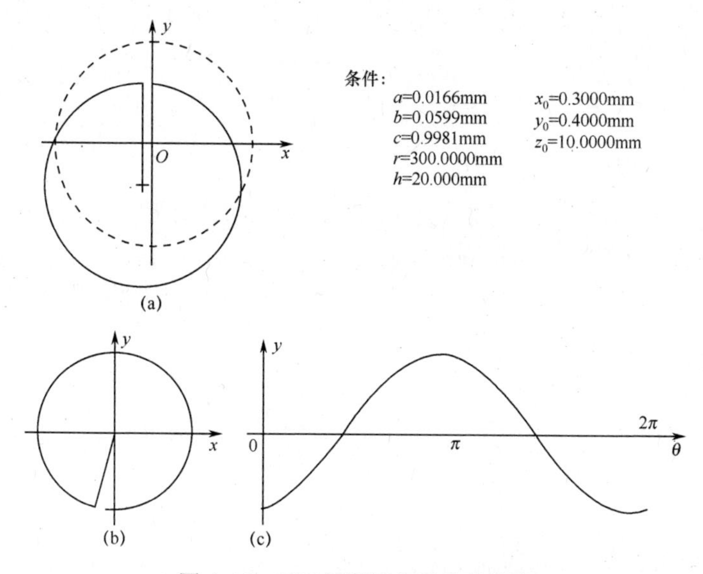

图 4-13　开口量测量方案仿真曲线

（a）光点在惯性坐标系中的轨迹（按比例缩小）；（b）光点在 PSD 平面坐标系中的轨迹；（c）仿真（y，θ）曲线。

4.4　测量方法

4.4.1　四点测量法

四点测量法是一种非常简明的测量方法，与传统的百分表测量方法具有相同的思路。将测盒想象成钟表的时针，在测盒分别处于 12 点、3 点、6 点、9 点时，对 PSD 上光斑位置进行采样，光斑位置用 Y_{Pi}（偏差测量系统的 PSD 检测结果）和 Y_{Ki}（开口测量系统的 PSD 检测结果）表示，两测盒之间的距离用 L 表示，两轴心线在 PSD 平面上的交点之间的水平偏差用 D_x 表示，垂直偏差用 D_y 表示，两轴之间的水平开口用 φ_x 表示，垂直开口用 φ_y 表示，则有

$$\begin{cases} D_X = \dfrac{Y_{P3} - Y_{P9}}{2} \\ D_Y = \dfrac{Y_{P12} - Y_{P6}}{2} \end{cases} \tag{4.24}$$

$$\begin{cases} \varphi_X = \arctan\left(\dfrac{Y_{K3} - Y_{K9}}{4 \cdot L}\right) \\ \varphi_Y = \arctan\left(\dfrac{Y_{K12} - Y_{K6}}{4 \cdot L}\right) \end{cases} \tag{4.25}$$

式（4.24）可按以下方法证明：首先，由图 4-9 及相关假设可得

$$\begin{cases} D_X = x_0 - \dfrac{a \cdot z_0}{c} \\ D_Y = y_0 - \dfrac{b \cdot z_0}{c} \end{cases} \tag{4.26}$$

将θ=0、π/2、π、3π/2 分别代入式（4.9），可依次得到 Y_{P12}、Y_{P9}、Y_{P6}和 Y_{P3}，将它们代入式（4.24）亦可得到式（4.26）。

式（4.25）是一个近似的计算公式。图 4-14 表示测盒位于 12 点和 6 点位置时的光路。其中：ZOY 为与图 4-9 相同的惯性坐标系；O_PY_P 为 PSD 坐标系。点划线表示平面反射镜的法线，虚线表示当平面反射镜垂直于 Z轴时反射光线的位置。垂直偏差可表示为

$$\varphi_Y = \arctan\left(\frac{Y_K}{L}\right) \tag{4.27}$$

用 $\dfrac{Y_{K12} - Y_{K6}}{4}$ 近似地估计 Y_K 的值。

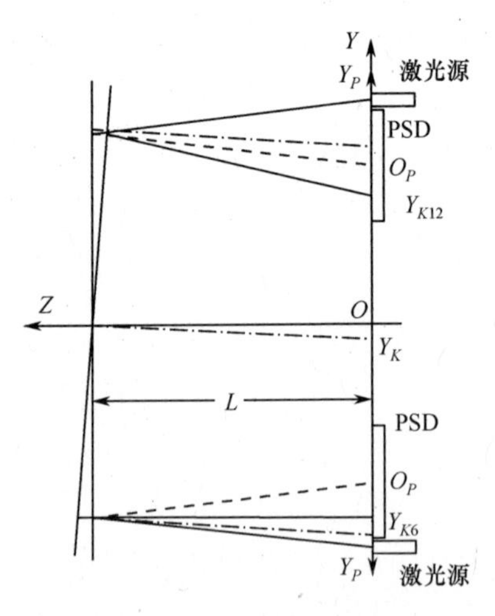

图 4-14　四点法偏差测量原理示意图

4.4.2 任意角度测量法

四点法测量要求测盒能随轴旋转 360°（至少 270°），这在实际应用中受到一定的限制。下面介绍的任意角度测量法只需测盒在任意方位随轴作一个小角度的转动，即可精确测量出两轴的偏差量和开口量。

1. **偏差量测量**

对于式（4-23），令 $Z_0 = \dfrac{R_1^2 - R_2^2}{2R_2}, X_0 = d\cos\varphi, Y_0 = d\sin\varphi$，则有

$$\delta = Z_0 + X_0\cos\theta + Y_0\sin\theta \tag{4.28}$$

对样本集合 $\{(\delta_i, \theta_i)\}$ $(i=1,2,3,\cdots,n)$，令 $M = \sum_{i=1}^{n}[\delta_i - (Z_0 + X_0\cos\theta_i + Y_0\sin\theta_i)]^2$，由 $\dfrac{\partial M}{\partial Z_0}=0$，$\dfrac{\partial M}{\partial X_0}=0$，$\dfrac{\partial M}{\partial Y_0}=0$ 可得

$$\begin{cases}\sum_{i=1}^{n}\left(X_0\cos\theta_i + Y_0\sin\theta_i + Z_0 - \delta_i\right)=0\\ \sum_{i=1}^{n}\left(X_0\cos\theta_i\sin\theta_i + Y_0\sin^2\theta_i + Z_0\sin\theta_i - \delta_i\sin\theta_i\right)=0\\ \sum_{i=1}^{n}\left(X_0\cos^2\theta_i + Y_0\cos\theta_i\sin\theta_i + Z_0\cos\theta_i - \delta_i\cos\theta_i\right)=0\end{cases} \tag{4.29}$$

整理，得

$$\begin{cases}X_0\sum_{i=1}^{n}\cos\theta_i + Y_0\sum_{i=1}^{n}\sin\theta_i + Z_0 n = \sum_{i=1}^{n}\delta_i\\ X_0\sum_{i=1}^{n}\cos\theta_i\sin\theta_i + Y_0\sum_{i=1}^{n}\sin^2\theta_i + Z_0\sum_{i=1}^{n}\sin\theta_i = \sum_{i=1}^{n}\delta_i\sin\theta_i\\ X_0\sum_{i=1}^{n}\cos^2\theta_i + Y_0\sum_{i=1}^{n}\sin\theta_i\cos\theta_i + Z_0\sum_{i=1}^{n}\cos\theta_i = \sum_{i=1}^{n}\delta_i\cos\theta_i\end{cases} \tag{4.30}$$

解方程组得

$$
\begin{cases}
X_0 = \dfrac{\begin{vmatrix} \sum_{i=1}^{n}\delta_i & \sum_{i=1}^{n}\sin\theta_i & n \\ \sum_{i=1}^{n}\delta_i\sin\theta_i & \sum_{i=1}^{n}\sin^2\theta_i & \sum_{i=1}^{n}\sin\theta_i \\ \sum_{i=1}^{n}\delta_i\cos\theta_i & \sum_{i=1}^{n}\sin\theta_i\cos\theta_i & \sum_{i=1}^{n}\cos\theta_i \end{vmatrix}}{\begin{vmatrix} \sum_{i=1}^{n}\cos\theta_i & \sum_{i=1}^{n}\sin\theta_i & n \\ \sum_{i=1}^{n}\cos\theta_i\sin\theta_i & \sum_{i=1}^{n}\sin^2\theta_i & \sum_{i=1}^{n}\sin\theta_i \\ \sum_{i=1}^{n}\cos^2\theta_i & \sum_{i=1}^{n}\sin\theta_i\cos\theta_i & \sum_{i=1}^{n}\cos\theta_i \end{vmatrix}} \\
Y_0 = \dfrac{\begin{vmatrix} \sum_{i=1}^{n}\cos\theta_i & \sum_{i=1}^{n}\delta_i & n \\ \sum_{i=1}^{n}\cos\theta_i\sin\theta_i & \sum_{i=1}^{n}\delta_i\sin\theta_i & \sum_{i=1}^{n}\sin\theta_i \\ \sum_{i=1}^{n}\cos^2\theta_i & \sum_{i=1}^{n}\delta_i\cos\theta_i & \sum_{i=1}^{n}\cos\theta_i \end{vmatrix}}{\begin{vmatrix} \sum_{i=1}^{n}\cos\theta_i & \sum_{i=1}^{n}\sin\theta_i & n \\ \sum_{i=1}^{n}\cos\theta_i\sin\theta_i & \sum_{i=1}^{n}\sin^2\theta_i & \sum_{i=1}^{n}\sin\theta_i \\ \sum_{i=1}^{n}\cos^2\theta_i & \sum_{i=1}^{n}\sin\theta_i\cos\theta_i & \sum_{i=1}^{n}\cos\theta_i \end{vmatrix}} \\
Z_0 = \dfrac{\begin{vmatrix} \sum_{i=1}^{n}\cos\theta_i & \sum_{i=1}^{n}\sin\theta_i & \sum_{i=1}^{n}\delta_i \\ \sum_{i=1}^{n}\cos\theta_i\sin\theta_i & \sum_{i=1}^{n}\sin^2\theta_i & \sum_{i=1}^{n}\delta_i\sin\theta_i \\ \sum_{i=1}^{n}\cos^2\theta_i & \sum_{i=1}^{n}\sin\theta_i\cos\theta_i & \sum_{i=1}^{n}\delta_i\cos\theta_i \end{vmatrix}}{\begin{vmatrix} \sum_{i=1}^{n}\cos\theta_i & \sum_{i=1}^{n}\sin\theta_i & n \\ \sum_{i=1}^{n}\cos\theta_i\sin\theta_i & \sum_{i=1}^{n}\sin^2\theta_i & \sum_{i=1}^{n}\sin\theta_i \\ \sum_{i=1}^{n}\cos^2\theta_i & \sum_{i=1}^{n}\sin\theta_i\cos\theta_i & \sum_{i=1}^{n}\cos\theta_i \end{vmatrix}}
\end{cases} \tag{4.31}
$$

$$
\begin{cases} D_X = X_0 \\ D_Y = Y_0 \end{cases} \tag{4.32}
$$

2. **开口量测量**

开口量的测量原理与偏差量测量原理基本类似，取 δ 为 PSD 的采样结果，θ 仍为倾角仪采样结果，同样可计算出 X_0、Y_0、Z_0。此时，有

$$\begin{cases} \varphi_X = \arctan\left(\dfrac{X_0}{2 \cdot L}\right) \\ \varphi_Y = \arctan\left(\dfrac{Y_0}{2 \cdot L}\right) \end{cases} \tag{4.33}$$

4.5 单光源同轴度测量仪原理

在考虑一个比较复杂的问题时，往往希望能将它分解成相对独立的几个简单问题，如果能做到这一点，复杂的问题就变得简单了，问题的解决往往变得比较明朗。在设计同轴度测量仪时，正是循着这样一条思路。将同轴度中的开口和偏差这两个量分离出来，使得问题得到简化。通过对双光源同轴度测量仪的分析可以看出，在由激光源、反射镜、PSD 组成的开口量测量光路中，利用反射镜的作用巧妙地滤除了偏差量因素。而在单光源同轴度测量仪的设计中，同样遵循了两个量分离的原则。在这里，起作用的是直角棱镜。

如图 4-2 所示，将测盒用卡具固定在主动轴上。定义 PSD 光敏面两条中心轴中垂直于主动轴的为 X 轴，穿过主动轴的为 Y 轴。在从动轴上相应地固定一个直角三棱镜，用来将激光反射到 PSD 接收表面。在测盒与棱镜组成的测量系统中，当棱镜相对于测盒上下移动时，PSD 上的光斑将相应地下上移动，且光斑位移量是棱镜位移量的两倍；当棱镜相对于测盒水平移动时，PSD 上光斑位置不会改变。当棱镜以铅垂线为轴左右转动时，PSD 上光斑会相应地左右移动，且光斑位移量是转角正弦量的两倍。同步转动两轴，若两轴心线重合，则转动过程中 PSD 上的光斑位置将保持不变；若只存在偏差，则转动过程中 PSD 上的光斑将沿 Y 轴方向上下移动；若只存在开口，则转动过程中 PSD 上的光斑将沿 X 轴方向左右移动；若同时存在偏差和开口，则转动过程中 PSD 上的光斑移动轨迹将是一个椭圆。由于直角棱镜的作用，使得偏差量和开口量在测量时相互独立，其中：PSD 的 X 轴方向采样结果只与开口量有关；而 Y 轴方向采样结果只与偏差量有关。测量原理与双光源同轴度测量仪基本类同，不一一细述。单光源同轴度测量仪同样可以采用四点测量法和任意角度测量法，两种测量方法的计算公式亦与双光源同轴度测量仪基本类同。下面给出单光源同轴度测量仪的四点法测量公式，即

$$\begin{cases} D_X = \dfrac{Y_{P3} - Y_{P9}}{4} \\ D_Y = \dfrac{Y_{P12} - Y_{P6}}{4} \end{cases} \tag{4.34}$$

$$\begin{cases} \varphi_X = \arctan\left(\dfrac{X_{K3} - X_{K9}}{4 \cdot L}\right) \\ \varphi_Y = \arctan\left(\dfrac{X_{K12} - X_{K6}}{4 \cdot L}\right) \end{cases} \tag{4.35}$$

4.6 测量结果

按测量模型编制测量计算程序，操作界面如图 4-15 所示。

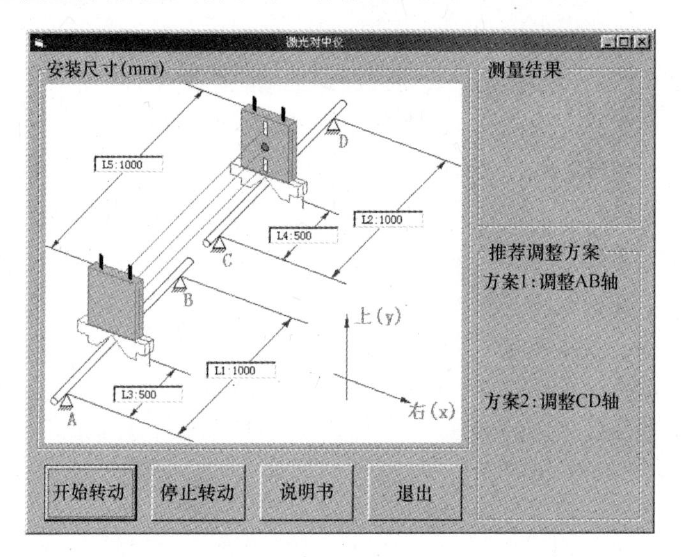

图 4-15　双光源同轴度测量仪测量软件操作界面

表 4-1 和图 4-16 描述了一次测量结果。图 4-16 中的两条曲线是分别根据偏差测量和开口测量的采样结果拟合出来的余弦曲线（图中的采样结果及拟合曲线均不含直流分量）。

表 4-1　同轴度测量结果

采样结果			仪器安装尺寸/mm	L_1	
PSD/mm		倾角仪/rad		L_2	
偏差	开口			L_3	
−2.217	2.697	0.546		L_4	
−2.246	2.646	0.606		L_5	

（续表）

采样结果						
PSD/mm		倾角仪/rad				
偏差	开口					
−2.259	2.616	0.650				
−2.302	2.565	0.712				
−2.341	2.495	0.801				
−2.391	2.435	0.868				
−2.429	2.376	0.949				
−2.465	2.318	0.998				
−2.502	2.237	1.061	计算结果	偏差量	D_x/mm	0.473
−2.552	2.163	1.133			D_y/mm	−0.435
−2.592	2.094	1.225			D_z/mm	−2.370
−2.656	2.014	1.289		开口量	D_x/mm	0.847
−2.699	1.945	1.373			D_y/mm	−0.485
−2.758	1.860	1.447			D_z/mm	2.245
−2.784	1.808	1.519			φ_x/arcsec	
−2.826	1.723	1.604			φ_y/arcsec	
−2.848	1.679	1.644				
−2.878	1.602	1.743				
−2.921	1.577	1.796				
−2.939	1.531	1.856				
−2.945	1.501	1.912				
−2.957	1.475	1.960				
−2.963	1.456	1.994	推荐调整方案	方案 1：调整 *AB* 轴	*A*	
−2.983	1.424	2.032			*B*	
−3.002	1.396	2.115		注：两种方案只能选一种，或自行设计另外的方案，但不能同时实施两个推荐方案		
−2.980	1.357	2.177				
−2.985	1.349	2.243				
−2.998	1.313	2.329		方案 2：调整 *CD* 轴	*C*	
−3.003	1.309	2.417			*D*	

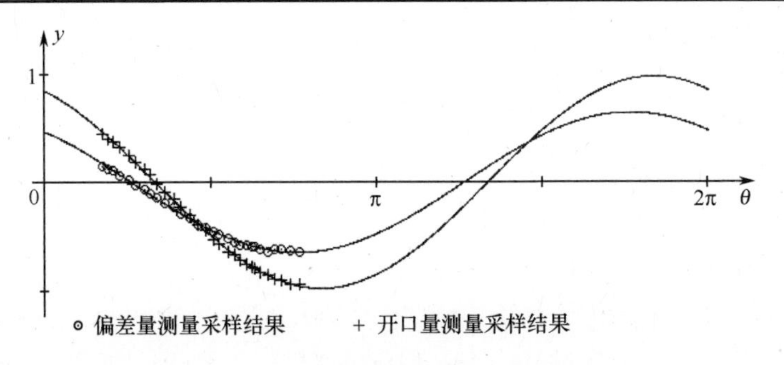

图 4-16　同轴度测量采样结果与拟合曲线图

表 4-2 是测量结果对照表。如表 4-2 所列，同轴度测量仪测量的结果与传统方法测量的结果具有良好的一致性。在测量精度上，对于偏差量的测量，同轴度测量仪与百分表测量精度相当；而开口量的测量精度大大优于塞尺测量。由于测量出的偏差量并非两轴心线之间的距离，而是两轴心线在测量点位置的偏差，若要计算出两轴的偏差，必须使用开口量作为计算依据，因而同轴度的测量精度主要取决于开口量的测量精度。

表 4-2　偏差量和开口量测量结果对照表

	同轴度测量仪测量结果				塞尺测量结果		百分表测量结果	
	φ_x/s	φ_y/s	D_x/mm	D_y/mm	φ_x/s	φ_y/s	D_x/mm	D_y/mm
第一组	−854	−66	−0.326	0.187	−1014	−68	−0.33	0.18
	−860	−45	−0.331	0.182	−768	−80	−0.35	0.18
	−863	−44	−0.338	0.183	−687	−32	−0.32	0.19
	−861	−54	−0.346	0.187	−682	−28	−0.30	0.17
	−858	−47	−0.341	0.181	−930	−35	−0.31	0.19
	−852	−48	−0.351	0.193	−858	−77	−0.29	0.18
	−869	−58	−0.357	0.177	−913	−59	−0.37	0.19
	−856	−42	−0.363	0.180	−798	−45	−0.34	0.18
平均值	−859.1	−50.5	−0.344	0.184	−831.3	−53.0	−0.326	0.183
中误差	5.1	7.7	0.012	0.005	111.1	19.4	0.025	0.007
第二组	402	−315	0.797	−0.108	429	−257	0.80	0.10
	397	−321	0.803	−0.090	335	−206	0.82	0.09
	395	−324	0.789	−0.089	440	−355	0.77	0.09
	397	−316	0.795	−0.101	399	−302	0.79	0.07
	395	−325	0.797	−0.081	413	−360	0.81	0.11
	399	−304	0.798	−0.102	368	−329	0.78	0.08
	401	−304	0.788	−0.083	421	−345	0.79	0.08
	396	−309	0.807	−0.101	390	−298	0.76	0.06
平均值	397.8	−314.8	0.797	−0.094	399.4	−306.5	0.790	0.085
中误差	2.5	7.9	0.006	0.009	32.4	49.8	0.019	0.015

4.7　两轴分离式同轴度测量方法

在解决了上述同轴度测量问题后，新的挑战出现了：某些特大型轴系在安装调试过程中不能联轴转动或根本不能转动！对于不能联轴转动，但主、从动轴能够分别独立转动的情形，可以采取两轴分离式同轴度测量方法。

测量点选在两轴的中间（如图 4-17 所示，此时要求两轴之间能留出测量间隙）或两轴的一端（如图 4-18 所示，此时要求两轴分别安装，先安装远端的轴，测量完后再安装测量近端的轴）。

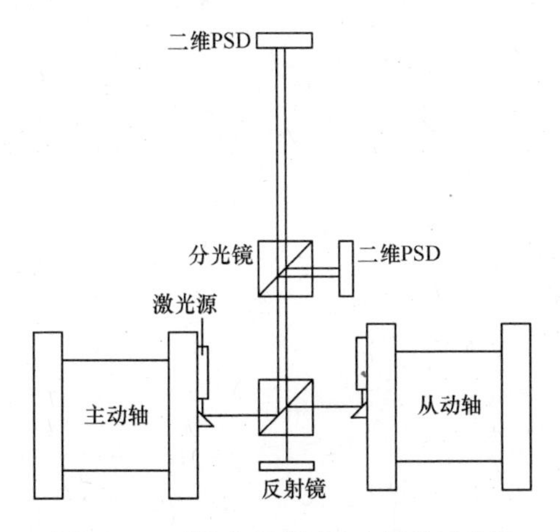

图 4-17　两轴分离式同轴度测量示意图

两轴分离式同轴度测量原理是两点光线定位。具体测量方法是：测量一个轴（如主动轴），将激光源安装在待测轴的端面上，使激光束与轴心线大致重合；转动待测轴，同时通过两个 PSD 检测光斑位置；转动一周，光斑在 PSD 上的轨迹为一个近似圆，经拟合计算出圆心位置即轴心线位置。保持测量仪器位置不变，用同样的办法测量出另一个轴的轴心线位置，就可求出两轴轴心线的相互位置关系。

对于安装测量过程中无法转动的轴系，目前尚未找到优于现有测量方法的方法。前面的设计方案均属旋转式测量方案，即依靠轴的旋转来确定轴心线的相互位置关系。非旋转式测量对于轴本身的几何形状有非常严格的要求。轴的几何形状误差直接影响同轴度测量精度。可以考虑设计一种特殊的扫描装置，借鉴现有的圆度检测技术，实现自动扫描测量，但目前仅仅是一种设想。

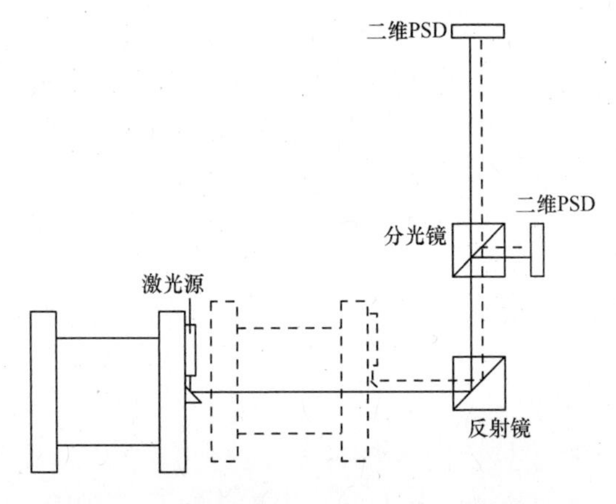

图 4-18　两轴分离式同轴度测量示意图

第5章　激光倾角测量与自动水准、垂线仪

5.1　概述

倾角仪、水准仪、垂线仪都是测量或指示重力方向的仪器，广泛应用于建筑、地质、航空、石油等诸多领域的科研与生产活动。现有的仪器种类繁多，测量原理都是基于对重力方向的敏感。不同仪器的测量范围和测量精度相差甚远。本章重点介绍光电式二维数字倾角仪，对于采用相似的原理设计的自动安平的激光水准仪和自动铅垂的激光垂线仪，则只简要介绍基本原理。

倾角仪是通过对重力方向的敏感来实现倾斜角度的测量。一般地，可将倾角仪划分为两个功能部分：敏感媒介和读数系统。最简单的情形是由一个悬挂的重锤和一个带刻度盘的指针构成一个倾角仪。其中，悬挂的重锤为敏感元件，指针与刻度盘构成读数系统。悬挂的重锤通常称为摆，以固体作为敏感媒介的水平仪统称为固体摆。文献[44]介绍的二维数字水平仪，就是一个典型的固体摆，可惜离应用尚有距离（精度分析方法和结论均有错误）。固体摆式倾角仪一般精度较低[45]，分辨率在 0.01°。另一类倾角仪是用液体作为敏感媒介的，如工程上常用的水平尺、电子水泡等，称为液体摆。液体摆式倾角传感器一般具有较高的精度，分辨率可达秒级[46]。水平仪的精度取决于敏感媒介的敏感效率和读数系统的精密度。从敏感媒介来看，液体摆精度优于固体摆。对固体摆来说，摆长愈长，摆阻（摆轴摩擦）愈小，敏感效率愈高。而液体摆摆长可视为地球半径，而摆阻极小，因此精度要求较高的水平仪都采用液体摆方式。

固体摆和液体摆是目前普遍采用的倾角敏感方式，而气体摆[47]是长期从事传感器研究的张福学教授提出的[48, 49]，它巧妙地利用热气流垂直水平面向上的特性，敏感元件采用置于密封气体腔内的热敏丝。当传感器相对于铅垂方向有倾斜时，通电加热的热敏丝因密封腔内气体对流的变化，使热敏丝电阻值改变。利用这一特性，通过信号处理电路，输出正比于倾角大小的电压信号。气体摆测量精度较低，分辨率为 0.01°，与固体摆相当。但与固体摆相比，气体摆具有结构简单、无机械运动部件、可靠性高、抗震性好等优点。

水平仪的读数系统是仪器设计的主要方面，目前大多采用由液位变化而引起的电感、电容、阻抗的变化作为敏感参数，经电路运算后作为水平仪的读数。这种方式能达到很高的精度，但温漂和时漂大是无法克服的缺点，只能在温度

环境好的情况下用于短时间测量。对于温度变化大或需要长期监测的场合，这种水平仪无法实现高精度测量。下面将要介绍的水平仪采用独特的光电式二维读数系统，较好地解决了温漂与时漂问题，并且能实现二维高精度倾角测量。

5.2 平面倾斜的表述

定量描述一个平面的倾斜，有两种方式：一种是最大倾斜角和倾斜方位角来描述，如图 5-1（a）所示，平面 P 与水平面 XOZ 的交线为 AB，倾斜角为θ，倾斜方位角为δ；另一种是用沿相互正交的两个方向的倾斜角来描述。如图 5-1（b）所示，平面 P 与 XOY 面的交线为 OC，与 YOZ 面的交线为 OD，平面 P 沿 X 方向的倾斜角为 α，沿 Y 方向的倾斜角为 β。两种描述方式间的转换关系为

$$\begin{cases}\alpha = \arctan(\tan\theta \cdot \cos\delta) \\ \beta = \arctan(\tan\theta \cdot \sin\delta)\end{cases} \tag{5.1}$$

$$\begin{cases}\theta = \arctan(\tan\beta / \tan\alpha) \\ \delta = \arctan(\sqrt{\tan^2\alpha + \tan^2\beta})\end{cases} \tag{5.2}$$

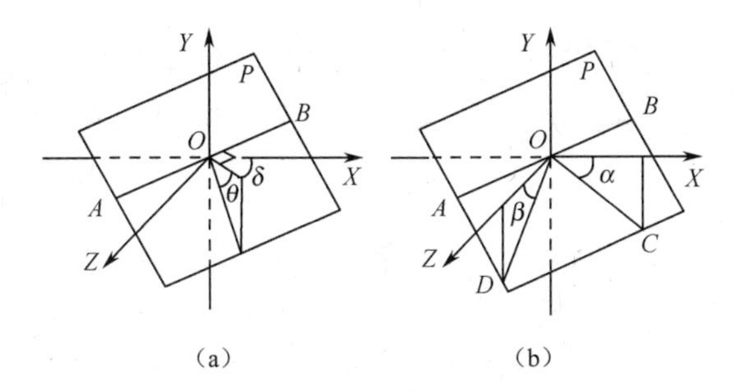

图 5-1 定量描述平面倾斜的两种方式

5.3 二维数字水平仪的组成与工作原理

如图 5-2 所示，二维数字水平仪由激光源、敏感液容器、敏感液、屋脊反射镜、望远镜、二维 PSD 组成。经过二维 PSD 采集后的数据送到计算机再进行结果显示。激光束从激光源发出，经敏感液容器的入射窗口进入敏感液中；经屋脊反射镜的一侧反射到敏感液的敏感面——液体的自由表面；在液体内表面发生全反射；再经屋脊反射镜的另一侧反射后，从出射窗口射出；经望远镜系统进行角度放大后，照射到二维 PSD 表面。从 PSD 可读出光斑能量重心的二维坐标，经计算可得二维倾角读数。仪器倾角的变化是由液面来感知，经光路放大，由 PSD 读取。下面具体分析这一过程。

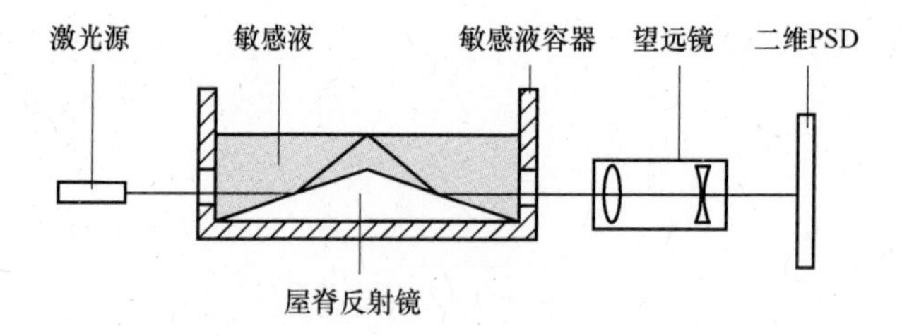

图 5-2　光电式二维水平仪组成原理图

1. **光线在媒质界面的反射**

如图 5-3（a）所示，矢量 $\boldsymbol{I}$（x_i，y_i，z_i）表示入射光线，矢量 $\boldsymbol{R}$（x_r，y_r，z_r）表示反射光线，$\boldsymbol{N}$（x_n，y_n，z_n）表示反射面法矢量，$\boldsymbol{I}$，$\boldsymbol{R}$，$\boldsymbol{N}$ 均为单位矢量。入射角等于反射角，因而有

$$-\boldsymbol{I}\cdot\boldsymbol{N}=\boldsymbol{R}\cdot\boldsymbol{N} \tag{5.3}$$

将矢量 $\boldsymbol{I}$ 平移至如图 5-3（b）所示的位置，显然有

$$\boldsymbol{R}=\boldsymbol{I}+g\cdot\boldsymbol{N} \tag{5.4}$$

式中：g 为矢量 $\boldsymbol{N}$ 的伸长量系数。由式（5.3）、式（5.4）可得

$$g=-2\boldsymbol{I}\cdot\boldsymbol{N} \tag{5.5}$$

式（5.4）、式（5.5）可表示为

$$\begin{pmatrix} x_r \\ y_r \\ z_r \end{pmatrix}=\begin{pmatrix} x_i \\ y_i \\ z_i \end{pmatrix}+g\cdot\begin{pmatrix} x_n \\ y_n \\ z_n \end{pmatrix} \qquad g=-2\cdot(x_i,y_i,z_i)\cdot\begin{pmatrix} x_n \\ y_n \\ z_n \end{pmatrix} \tag{5.6}$$

2. **光线在媒质界面的折射**

如图 5-4（a）所示，矢量 $\boldsymbol{I}$（x_i，y_i，z_i）表示入射光线，矢量 $\boldsymbol{R}$（x_r，y_r，z_r）表示折射光线，$\boldsymbol{N}$（x_n，y_n，z_n）表示折射面法矢量，$\boldsymbol{I}$，$\boldsymbol{R}$，$\boldsymbol{N}$ 均为单位矢量。入射角为 α，折射角为 β，两种媒介间的折射率为 k，则有

$$\boldsymbol{I}\cdot\boldsymbol{N}=\cos(\pi-\alpha) \tag{5.7}$$

$$\boldsymbol{R}\cdot\boldsymbol{N}=\cos(\pi-\beta) \tag{5.8}$$

$$\boldsymbol{k}=\sin\beta/\sin\alpha \tag{5.9}$$

将矢量 $\boldsymbol{I}$ 平移至如图 5-4（b）所示的位置，显然有

$$\boldsymbol{R}=g_1\boldsymbol{N}+g_2\cdot\boldsymbol{I} \tag{5.10}$$

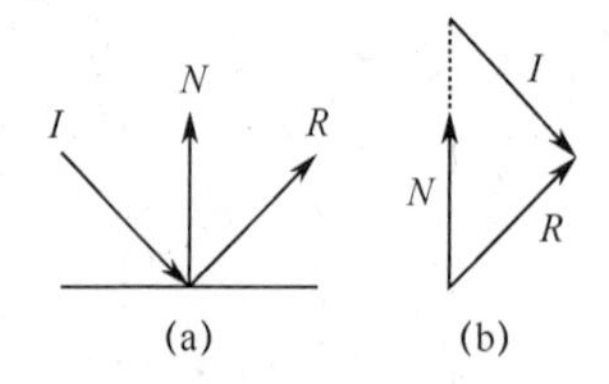

图 5-3　入射、反射与法矢量关系

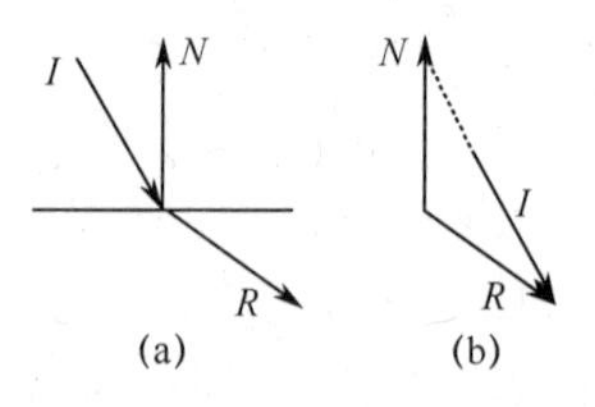

图 5-4　入射、折射与法矢量关系

式中：g_1，g_2为矢量$\boldsymbol{N}$，$\boldsymbol{I}$的伸缩量系数。考虑界面垂直$\boldsymbol{X}$轴的情形，此时$\boldsymbol{N}$=（-1，0，0）。由式（5.7）、式（5.8）、式（5.9）、式（5.10）可得

$$\left.\begin{aligned} g_1 &= \sqrt{1-k^2+k^2\cdot(\boldsymbol{I}\cdot\boldsymbol{N})^2} - k\cdot\boldsymbol{I}\cdot\boldsymbol{N} \\ g_2 &= k \end{aligned}\right\} \tag{5.11}$$

于是，式（5.10）可表示为

$$\begin{pmatrix} x_r \\ y_r \\ z_r \end{pmatrix} = \left(\sqrt{1-k^2+k^2(x_i,y_i,z_i)\begin{pmatrix} x_n \\ y_n \\ z_n \end{pmatrix}} - k(x_i,y_i,z_i)\begin{pmatrix} x_n \\ y_n \\ z_n \end{pmatrix}\right)\cdot\begin{pmatrix} x_n \\ y_n \\ z_n \end{pmatrix} - k\cdot\begin{pmatrix} x_i \\ y_i \\ z_i \end{pmatrix} \tag{5.12}$$

3. 直线与平面交点

经过点（x_0，y_0，z_0），平行于向量$\boldsymbol{I}$（x_i，y_i，z_i）的直线方程为

$$\begin{pmatrix} x \\ y \\ z \end{pmatrix} = \begin{pmatrix} x_0 \\ y_0 \\ z_0 \end{pmatrix} + t\cdot\begin{pmatrix} x_i \\ y_i \\ z_i \end{pmatrix} \tag{5.13}$$

经过点（x_P，y_P，z_P），法向量为$\boldsymbol{N}$（x_n，y_n，z_n）的平面方程为

$$\left((x,y,z)-(x_p,y_p,z_p)\right)\begin{pmatrix} x_n \\ y_n \\ z_n \end{pmatrix} = 0 \tag{5.14}$$

直线与平面的交点为：

$$\begin{pmatrix} x \\ y \\ z \end{pmatrix} = \begin{pmatrix} x_0 \\ y_0 \\ z_0 \end{pmatrix} + \frac{\left((x_p,y_p,z_p)-(x_0,y_0,z_0)\right)\cdot(x_n,y_n,z_n)^{\mathrm{T}}}{(x_i,y_i,z_i)\cdot(x_n,y_n,z_n)^{\mathrm{T}}}\cdot\begin{pmatrix} x_i \\ y_i \\ z_i \end{pmatrix} \tag{5.15}$$

调整液面高度，使得光线在液面的全反射点正好位于屋脊反射镜的脊顶上方。这样，当仪器处于水平状态时，屋脊反射镜两侧的光线位于同一水平线上。以光线在屋脊反射镜左侧的入射点为原点，入射光线方向为X轴方向，Y轴垂直向上，建立右手直角坐标系如图5-5所示。激光束从激光源发出，经液面反射前，光路是固定的，经液面反射后的光路随液面变化而变化。在计算光路时，从坐标原点起算，将液面反射称为第一次反射。当仪器倾斜α角时，以仪器本身为参照系，相当于液面倾斜-α角。为便于描述，在以后的叙述中将以“液面倾斜α角”来代表“仪器倾斜-α角”。

设屋脊反射镜的镜面倾角为ε，液面高度为h，则光线OA所在的直线方程为

$$\begin{pmatrix} x \\ y \\ z \end{pmatrix} = t\cdot\begin{pmatrix} \cos 2\varepsilon \\ \sin 2\varepsilon \\ 0 \end{pmatrix} \tag{5.16}$$

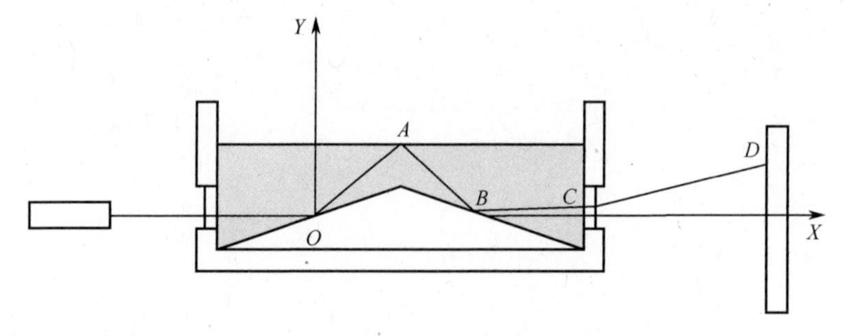

图 5-5　二维水平仪简化光路图

当液面最大倾斜角为 θ，倾斜方位角为 δ 时，液平面方程为

$$(\sin\theta\cdot\cos\delta,\ \sin\theta\cdot\sin\delta,\ \cos\theta)\cdot\begin{pmatrix}x-h\cdot \mathrm{coe}2\varepsilon\\ y-h\\ z-0\end{pmatrix}=0 \tag{5.17}$$

反射光线 AB 的直线方程为

$$\begin{cases}\begin{pmatrix}x\\ y\\ z\end{pmatrix}=\begin{pmatrix}h\cdot\cot 2\varepsilon\\ h\\ 0\end{pmatrix}+t\cdot\begin{pmatrix}\cos 2\varepsilon\\ \sin 2\varepsilon\\ 0\end{pmatrix}+t\cdot g\cdot\begin{pmatrix}\sin\theta\cdot\cos\delta\\ \sin\theta\cdot\sin\delta\\ \cos\theta\end{pmatrix}\\ g=-2\cdot(\cos 2\varepsilon,\ \sin 2\varepsilon,\ 0)\cdot\begin{pmatrix}\sin\theta\cdot\cos\delta\\ \sin\theta\cdot\sin\delta\\ \cos\theta\end{pmatrix}\end{cases} \tag{5.18}$$

屋脊反射镜右侧反射面平面方程为

$$\big((x,y,z)-(2h\cdot\cot 2q,0,0)\big)\begin{pmatrix}\sin\varepsilon\\ \cos\varepsilon\\ 0\end{pmatrix}=0 \tag{5.19}$$

由式（5.15）可知，B 点位置矢量（x_B，y_B，z_B）为：

$$\begin{pmatrix}x_B\\ y_B\\ z_B\end{pmatrix}=\begin{pmatrix}h\cdot\cot 2\varepsilon\\ h\\ 0\end{pmatrix}+t\cdot\begin{pmatrix}\cos 2\varepsilon\\ \sin 2\varepsilon\\ 0\end{pmatrix}+t\cdot g\cdot\begin{pmatrix}\sin\theta\cdot\cos\delta\\ \sin\theta\cdot\sin\delta\\ \cos\theta\end{pmatrix}$$

$$g=-2\cdot(\cos 2\varepsilon,\ \sin 2\varepsilon,\ 0)\cdot\begin{pmatrix}\sin\theta\cdot\cos\delta\\ \sin\theta\cdot\sin\delta\\ \cos\theta\end{pmatrix} \tag{5.20}$$

$$t=\frac{\big((2h\cdot\cot 2\varepsilon,0,0)-(h\cdot\cot 2\varepsilon,h,0)\big)\cdot(\sin\varepsilon,\cos\varepsilon,0)^{\mathrm{T}}}{\big((\cos 2\varepsilon,\ \sin 2\varepsilon,\ 0)+g\cdot(\sin\theta\cdot\cos\delta,\sin\theta\cdot\sin\delta,\cos\theta)\big)\cdot(\sin\varepsilon,\cos\varepsilon,0)^{\mathrm{T}}}$$

又由式（5.6）可得光线 BC 的单位矢量为

$$
\begin{cases}
\begin{pmatrix} x_{BC} \\ y_{BC} \\ z_{BC} \end{pmatrix} = \begin{pmatrix} \cos 2\varepsilon \\ \sin 2\varepsilon \\ 0 \end{pmatrix} + g \cdot \begin{pmatrix} \sin\theta \cdot \cos\delta \\ \sin\theta \cdot \sin\delta \\ \cos\theta \end{pmatrix} + w \cdot \begin{pmatrix} \cos 2\varepsilon \\ \sin 2\varepsilon \\ 0 \end{pmatrix} \\
g = -2 \cdot (\cos 2\varepsilon,\ \sin 2\varepsilon,\ 0) \cdot \begin{pmatrix} \sin\theta \cdot \cos\delta \\ \sin\theta \cdot \sin\delta \\ \cos\theta \end{pmatrix} \\
w = -2 \cdot (\cos 2\varepsilon, \sin 2\varepsilon, 0) \cdot \left(\begin{pmatrix} \cos 2\varepsilon \\ \sin 2\varepsilon \\ 0 \end{pmatrix} + g \cdot \begin{pmatrix} \sin\theta \cdot \cos\delta \\ \sin\theta \cdot \sin\delta \\ \cos\theta \end{pmatrix} \right)
\end{cases}
\tag{5.21}
$$

光线 BC 所在的直线方程为

$$
\begin{pmatrix} x \\ y \\ z \end{pmatrix} = \begin{pmatrix} x_B \\ y_B \\ z_B \end{pmatrix} + t \cdot \begin{pmatrix} x_{BC} \\ y_{BC} \\ z_{BC} \end{pmatrix} \tag{5.22}
$$

假定敏感液容器出射窗玻璃厚度为零（选用与敏感液有相同折射率的玻璃即可），与原点的距离为 d，平面方程为

$$
\left((x, y, z) - (d, 0, 0) \right) \cdot \begin{pmatrix} -1 \\ 0 \\ 0 \end{pmatrix} = 0 \tag{5.23}
$$

由式（5.15）可知，C 点位置矢量（x_C，y_C，z_C）为

$$
\begin{cases}
\begin{pmatrix} x_C \\ y_C \\ z_C \end{pmatrix} = \begin{pmatrix} x_B \\ y_B \\ z_B \end{pmatrix} + t \cdot \begin{pmatrix} x_{BC} \\ y_{BC} \\ z_{BC} \end{pmatrix} \\
t = \dfrac{\left((d,\ 0,\ 0) - (x_B, y_B, z_B) \right) \cdot (-1,\ 0,\ 0)^{\mathrm{T}}}{(x_B, y_B, z_B) \cdot (-1,\ 0,\ 0)^{\mathrm{T}}}
\end{cases}
\tag{5.24}
$$

光线在 C 点发生折射，由式（5.12）可知光线 CD 的单位矢量为

$$
\begin{pmatrix} x_{CD} \\ y_{CD} \\ z_{CD} \end{pmatrix} = \left(\sqrt{1 - k^2 + k^2 \cdot x_{BC}^2} - k \cdot x_{BC} \right) + k \cdot \begin{pmatrix} x_{BC} \\ y_{BC} \\ z_{BC} \end{pmatrix} \tag{5.25}
$$

光线 CD 所在的直线方程为

$$\begin{pmatrix} x \\ y \\ z \end{pmatrix} = \begin{pmatrix} x_C \\ y_C \\ z_C \end{pmatrix} + t \cdot \begin{pmatrix} x_{CD} \\ y_{CD} \\ z_{CD} \end{pmatrix} \tag{5.26}$$

由于望远镜所起的作用可以用增大 PSD 与敏感液容器之间的距离来取代，因此可以不考虑望远镜的作用。假定 PSD 与坐标原点之间的距离为 m，则 PSD 感光面的平面方程为

$$\left((x, y, z) - (m, 0, 0)\right) \cdot \begin{pmatrix} -1 \\ 0 \\ 0 \end{pmatrix} = 0 \tag{5.27}$$

由式（5.26）、式（5.27）、式（5.15）可得 D 点位置矢量（x_D，y_D，z_D）为

$$\begin{cases} \begin{pmatrix} x_D \\ y_D \\ z_D \end{pmatrix} = \begin{pmatrix} x_C \\ y_C \\ z_C \end{pmatrix} + t \cdot \begin{pmatrix} x_{CD} \\ y_{CD} \\ z_{CD} \end{pmatrix} \\ t = \dfrac{\left((m,\ 0,\ 0) - (x_C, y_C, z_C)\right) \cdot (-1,\ 0,\ 0)^{\mathrm{T}}}{(x_C, y_C, z_C) \cdot (-1,\ 0,\ 0)^{\mathrm{T}}} \end{cases} \tag{5.28}$$

（y_D，z_D）就是 PSD 上测出的二维坐标（$X_D=m$），h，ε，d，m，k 为常量。由式（5.28）、式（5.25）、式（5.24）、式（5.21）、式（5.20）即可求出 θ 和 δ。

5.4 计算机仿真试验

在器件加工之前，用计算机进行仿真试验。试验设定条件如下：如图 5-6 所示建立右手直角坐标系，在该坐标系下，激光束矢量方向为（1，0，0）；沿 X 轴的激光束在屋脊反射镜的左侧反射面的入射点/反射点（第一入射点）位置为（-1，0，0）；对称放置的屋脊反射镜反射面倾角为 20°；经第一入射点反射后的激光束在液面的入射点坐标为（0，tan40°，0）；液面垂直 Y 轴时经液面反射的光线在屋脊反射镜的入射点（第三入射点）的坐标为（1，0，0）；液面倾角不变，而倾斜方位角从 0°~360°变化，即液面法线与 Y 轴保持 2°夹角而绕 Y 轴旋转一周；步距为 10°；二维 PSD 垂直 X 轴放置，光敏面方程为 X=4，中心在 X 轴上。仿真结果表明：当液面法线与 Y 轴保持一定夹角而绕 Y 轴旋转一周时，PSD 光敏面上光点的轨迹为一近似于椭圆的卵形线（如图 5-7 所示）。该方法同时测量沿 X 轴方向和沿 Z 周方向的倾角，但沿两个方向测量的灵敏度不同，沿 X 轴方向的灵敏度较高。取 α（沿 X 轴方向的倾角）=−7°~7°，β（沿 Z 轴方向的倾角）=−7°~7°，步距均为 0.5°，此时 PSD 光敏面上光点布局呈扇形（如图 5-8 所示）。

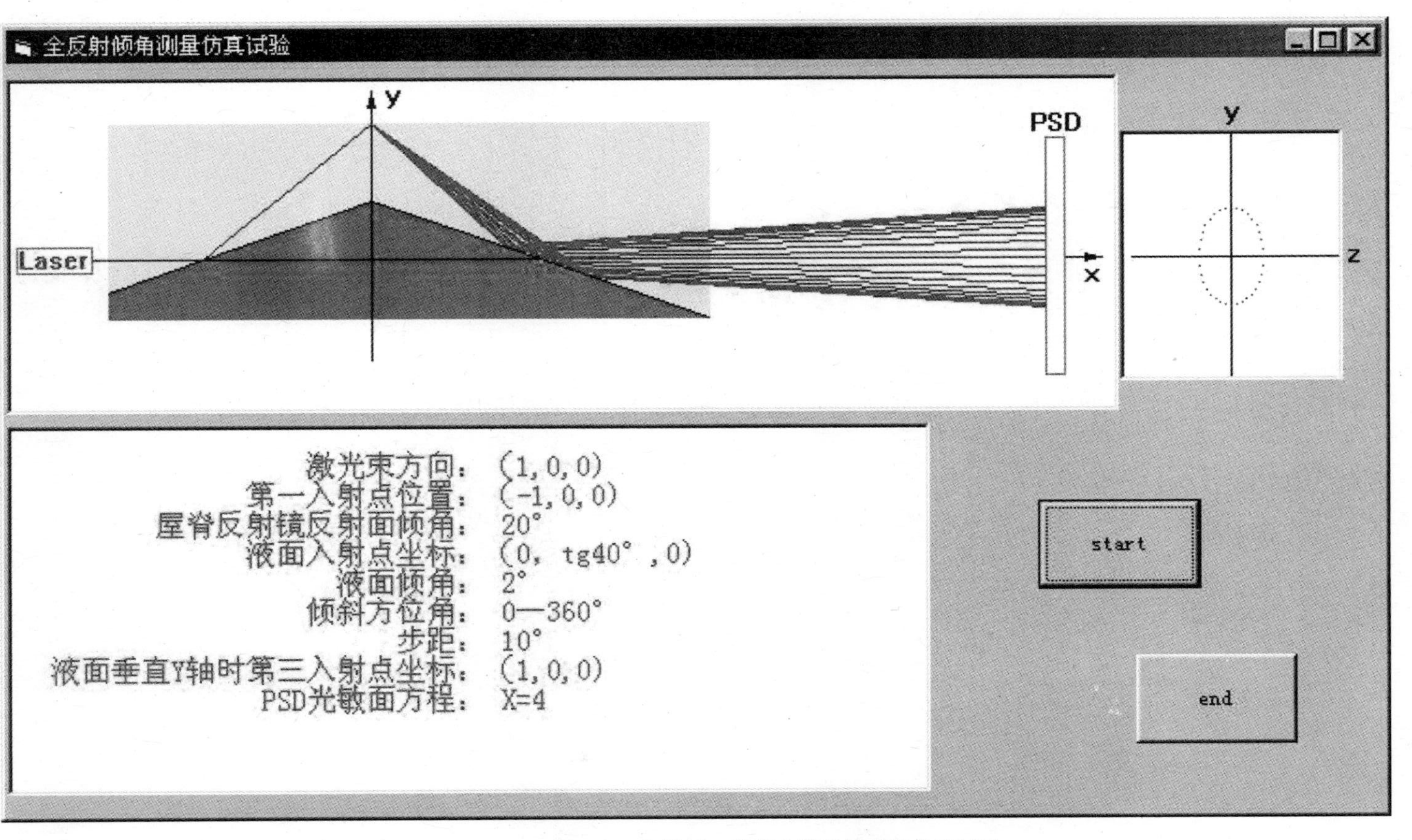

图 5-6　全反射二维倾角测量计算机仿真试验

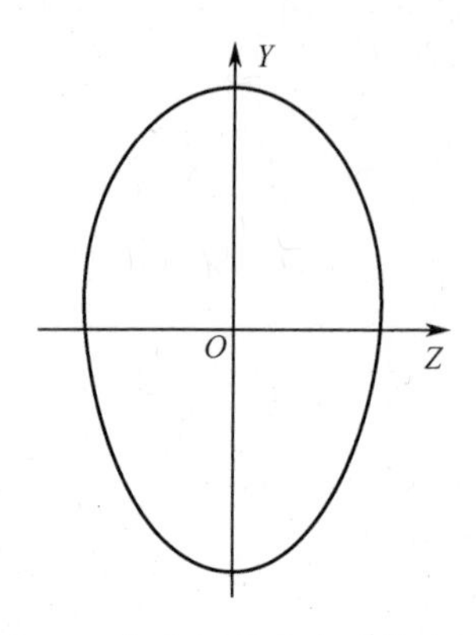

图 5-7　倾角测量仿真计算结果

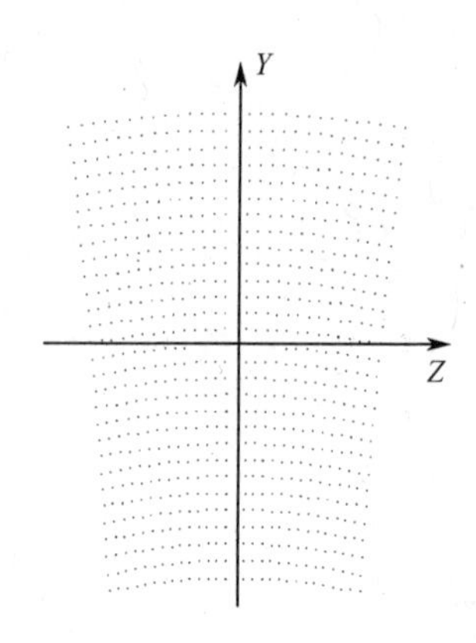

图 5-8　倾角测量仿真计算结果

5.5　性能指标

二维数字水平仪采用独特的光路设计，巧妙地利用了敏感液全反射，使得仪器受温度影响小（所选敏感液的折射率不受温度影响）；长期稳定性好（45天漂移小于 4s），见图 5-10；短期重复精度（中误差）为 0.34s，见图 5-9；具有良好的线性，见图 5-11；能同时测量二维倾角。目前，该仪器已成功应用于白山拱坝变形长期观测项目[50]中。

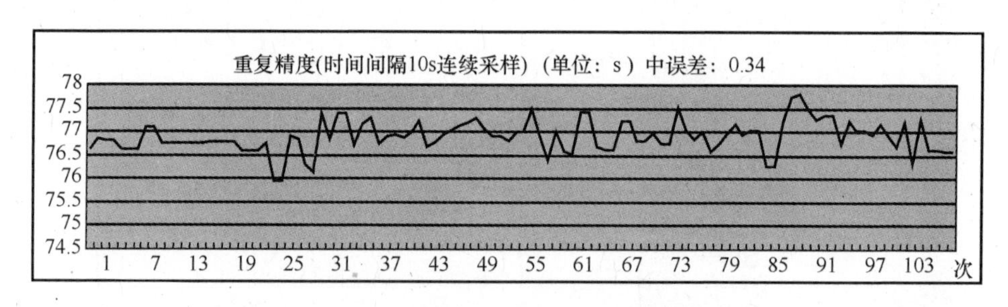

图 5-9　倾角仪短期重复测量结果

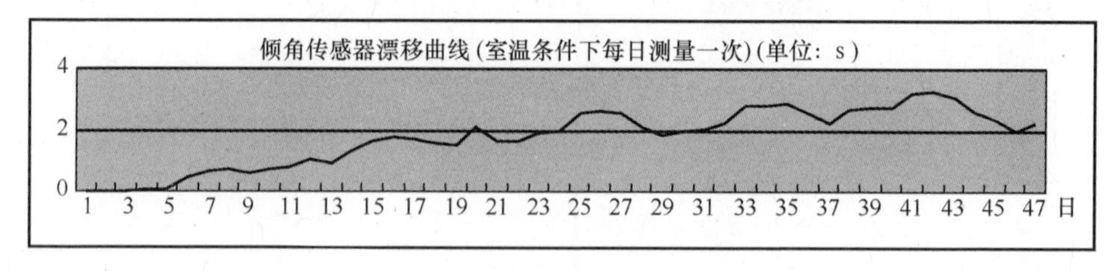

图 5-10　倾角仪时间漂移曲线

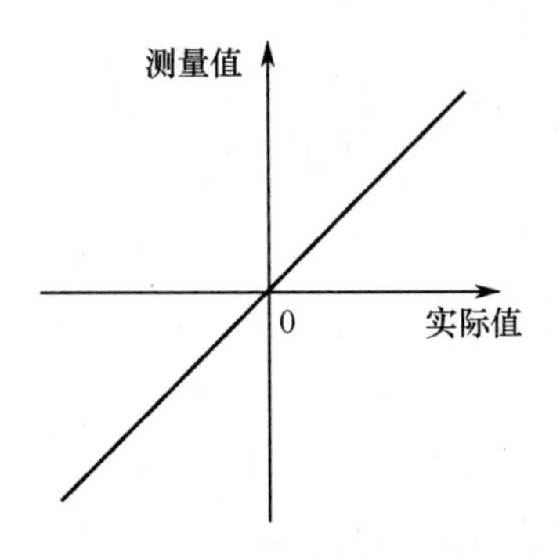

图 5-11　倾角仪的线性特性

5.6　自动安平激光水准仪

在建筑工程施工、道路桥梁施工或其他类似的场合中，水准仪是广泛使用的设备。通常的水准仪主体是一架望远镜，测量前需要用手工调节，依靠水泡的指示，将望远镜的光轴调到水平位置，再用目视观察，利用视场中的十字线，确定空间的一条水准线。激光水准仪则是一个带水泡指示和调节支架的准直激光发射装置，通过手动调节，使激光束处于水平位置。现有的自动安平激光水准仪是一个由倾角传感器+机电反馈调节装置来自动调节激光束位置的一个复杂系统。也有采用悬挂的棱镜作为光学补偿装置[51]来实现光线的自动安平，但悬挂的棱镜采用的是固体摆原理。本书提出的装置采用液体摆原理，巧妙地利用自由液面全反射，使激光束自动追踪水平面的变化，补偿底座倾斜角，使输出的光束始终处于水平方向，不使用重锤，也不用机电反馈调节，具有结构简单、使用方便的特点。

5.6.1　激光自动安平机理

如图 5-12 所示，当平面反射镜处于水平位置时，从激光源发出的水平光束经过三次反射后仍保持为水平方向，激光束平行于平面反射镜；当平面反射镜与水平面有一个夹角θ时（图 5-12 虚线所示），激光源发出的水平光束经过三次反射后与水平面也有一个夹角θ，激光束仍然平行于平面反射镜。可见输出光线不论何时均与平面反射镜平行。可以想象，如果用液面的全反射来代替图 5-12 中的平面反射镜，则无论仪器是否水平放置，激光束始终与水平面平行。这就是激光自动安平的基本原理。图 5-12 中的望远镜是角放大率为 2 倍的伽利略望远镜。

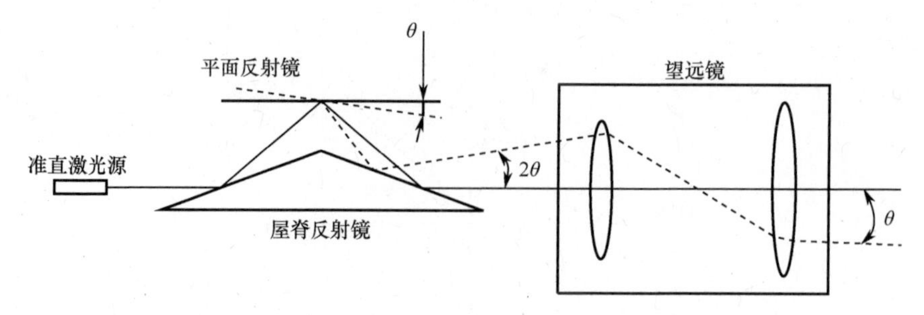

图 5-12　自动安平激光水准仪原理示意图

5.6.2　自动安平激光水准仪的结构

自动安平激光水准仪结构示意图如图 5-13 所示，其中：用液面取代了图 5-12 中的平面反射镜；用角放大率为 $2n$（n 为液体对空气的折射率）倍的开普勒望远镜取代了角放大率为 2 倍的伽利略望远镜。采用伽利略望远镜的好处在于：一是缩短了仪器长度；二是可自动补偿由仪器倾斜引起的光束上下平移。例如当望远镜筒向下倾斜时，激光束在望远镜物镜上输出点上移，由于仪器支点在液体盒下方，这时光束自动补偿了由镜筒前端下沉引起的光束下移。

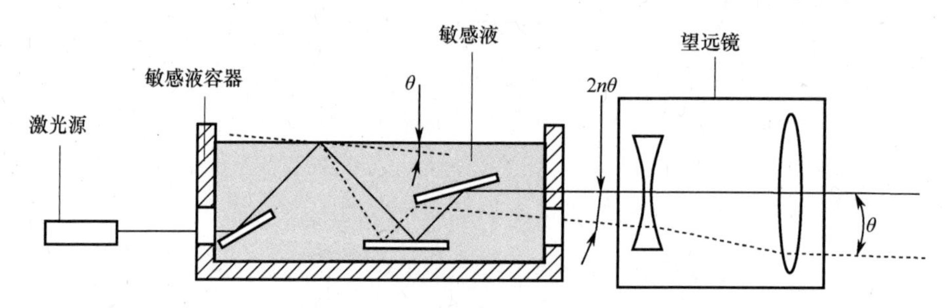

图 5-13　自动安平激光水准仪结构示意图

5.7　自动铅垂激光垂线仪

自动安平激光水准仪中，激光束自动跟踪水平面，使得输出光束始终与水平面平行。采用相似的原理，自动铅垂激光垂线仪中，激光自动跟踪水平面，并保持输出光束垂直于水平面。根据激光束的输出方向，垂线仪可分为两种：井式垂线仪和塔式垂线仪。目前，两种垂线仪正处于样机设计阶段。

5.7.1　井式垂线仪

井式垂线仪输出一条正垂线，可用作挖掘、钻探等施工的垂线基准，如图 5-14 所示。

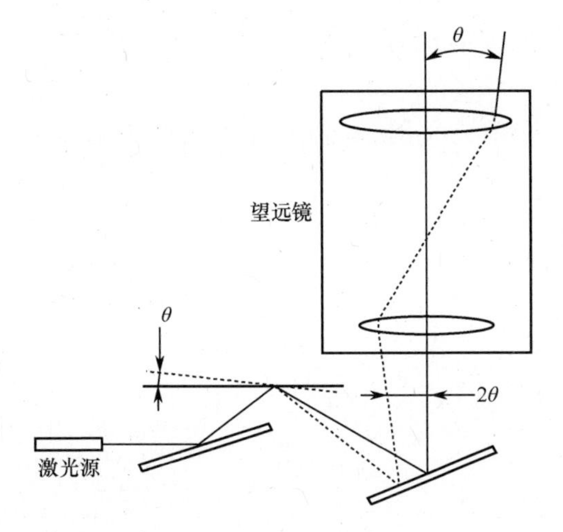

图 5-14　井式垂线仪原理示意图

5.7.2　塔式垂线仪

塔式垂线仪输出光束垂直水平面向上，是一条倒垂线，可用作高层、塔式建筑的垂线基准，如图 5-15 所示。

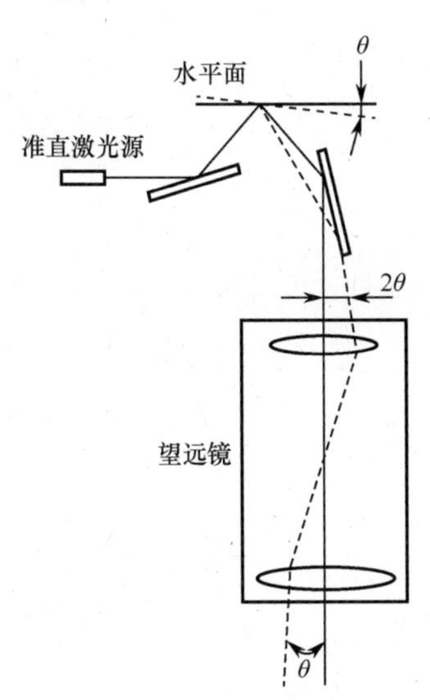

图 5-15 塔式垂线仪原理示意图

5.8　自动安平水准仪的改进

在上述水准仪/垂线仪的设计方案中，当水平液面倾斜θ角时，经液面全反射后的激光束要产生 2θ角的偏转，而从敏感液中出来的光束偏转角为 $2n\theta$（n

为敏感液折射率）。这种角度放大效应使得光束很容易跑出望远镜的视场，从而限制了自动水准仪/垂线仪的有效工作范围。为解决这一问题，对自动安平方案进行了重新设计，采用液面折射取代全反射。如图 5-16 所示，激光束从底部进入敏感液，经自由液面折射后再经透镜系统进行角度修正。若液面倾斜θ角，经液面折射后的激光束偏转角仅为（n−1）θ，由于 n<2，这种折射方式便有一种角度缩小效应。按该方案设计的自动安平水准仪，有效工作范围是原来的 $2n/(n-1)$ 倍。按 n=1.5 计算，有效安平范围是原反射式方案的 6 倍。仪器的外型尺寸亦大大缩小，见图 5-17。

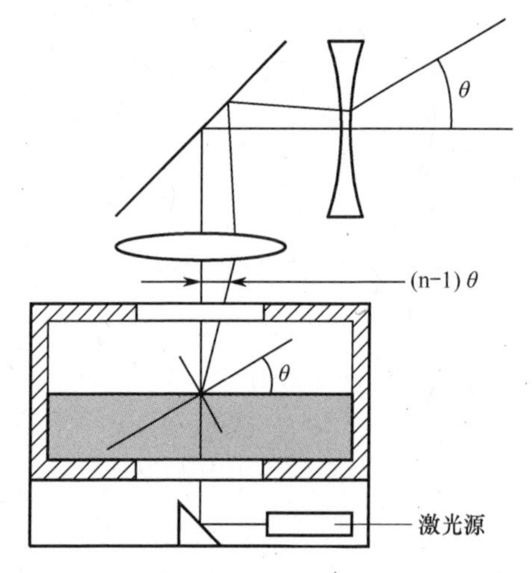

图 5-16　折射式自动安平水准仪原理图

图 5-17　折射式自动安平水准仪实物照片

对折射式水准仪稍加改造，即可制成自动垂线仪。具体方法非常简单，在此不予细述。

第6章　激光拱坝变形监测

6.1　概述

大型建筑物，如水坝、桥梁、高层建筑等，在使用过程中都会产生变形，原因有建筑物自重、使用中的动载荷、震动、风力、温度、地下水位变化以及建筑材料老化等。变形观测是建筑测量学的一个重要研究内容，其任务是测定建筑物、构筑物及其地基在建筑载荷和外力作用下随时间而变形的情况。不同建筑物有不同的允许变形值，如果实际变形超过了允许变形值，就会危害建筑物的正常使用，严重时可导致建筑物的塌毁，给人民生命财产安全造成重大损害，这在国内外都有惨痛的教训[52，53]。对大型建筑物进行变形观测，掌握变形情况，及时发现险情，以便采取措施，保证建筑物的安全使用，无疑是十分必要的。同时，对大型建筑物进行变形观测，积累变形资料，验证设计，对于搞好设计和指导施工也具有非常重要的意义。

变形观测的精度要求，取决于建筑物的允许变形值和进行观测的目的。若为建筑物的安全观测，观测中误差一般应小于允许变形值的1/10~1/20；若研究建筑物的变形过程和规律，则要求更高的观测精度，通常以当时能达到的最高精度为标准进行观测。建筑物变形观测的内容主要有沉降观测、水平位移观测、倾斜观测、裂缝观测等。

水坝特别是大型水坝，作为一种建筑类型，由于高风险性，对它进行变形观测尤其具有特别重要的意义。水坝中的拱坝形状特殊，限制了一些观测手段的使用，使得拱坝变形观测成为水工建筑变形观测中的难题。

本书提出了一种新的激光测量方法，即分布式互联测点六自由度运动—变形自动观测方法[54]。该方法应用准直激光束和光斑定位技术对选定的测量点位六自由度的相对位移测量。目前，以位于松花江上游的一座大型重力拱坝——白山水坝为测量对象，已经建成了自动化变形观测系统[50]。

6.2　分布式互联测点六自由度运动—变形观测方法

在待测的建筑上设置一定数量的测点，选择一个测点作为基准点。测点之间按某种拓扑结构互相连接，每个测点至少与另外一个测点直接相连。对于每两个直接相连的测点测出它们在 6 个自由度上的相对位移（三维线位移、三维角位移）。根据测点之间的互联关系，计算出每个测点相对于基准点的位移。这样，各测点的位移情况就能反映整个建筑物的变形情况。这就是分布式互联测点六自由度运动—变形观测方法的基本思想。

6.2.1 测点设置的原则

所谓测点，是指在待测建筑物上选定的一些点，在这些点上安装测量仪器，测定这些点之间的相对位移。

测点的选择与布置应遵循以下原则：①测点必须固定在建筑物的相应部位，测点与固定部位之间不会产生相对运动；②测点的总体布局应能反映整个建筑物的形状特点，或至少能反映待测部分的形状特点；③对于关键部位、可能产生较大变形的部位，应多设测点。

测点之间相互联系的方式，可以采用星型、链型、环型、树型、网络型、混合型等形式。

6.2.2 六自由度相对位移测量

对于每两个直接相连的测点，在 4 个自由度上测量相对位移——3 个方向的线位移和沿水平方向的角位移。对于每个测点，测量出它在两个正交方向上的倾斜度。这实际上测出了两测点之间 6 个自由度的位移。具体方法描述如下。

（1）线位移测量：空间位移可分解为正交的 3 个分量，即 3 个自由度的线位移。用一根铟钢管和一个位移传感器测量两点之间的距离。对于垂直于两点连线方向的两个正交分量，用一束准直激光和一个二维 PSD 来测量。将激光源安装在一个测点上，二维 PSD 安装在另一个测点上，从二维 PSD 上可读出光点的二维坐标。

（2）水平面内的相对转动测量：用一束准直激光、一个一维 PSD 和一个反射镜来测量。将激光源和一维 PSD 装在一个测点上，反射镜安装在另一个测点上。当两个测点之间有相对转动时，反射到一维 PSD 上的光斑位置会发生移动，这与卡文迪许扭秤的测量原理相同。实际测量中，相对转动测量与二维位移测量共用同一束准直激光。具体方法是用一个分光镜代替反射镜，分光镜为半透半反，即反射率和透过率均为 50％。光束能量中的 50%用来测量二维位移，另一半用来测量相对转动。

（3）倾斜度测量：为了测量每个测点沿相互正交的两个方向的倾斜度变化量，专门研制了高精度二维数字水平仪。该水平仪能精确测量出测点在相互正交的两个方向的倾斜度。测量原理已在第 6 章中专门论述。

6.3 拱坝变形激光观测方法

6.3.1 测量坐标系

设想在拱坝内各层水平廊道内按一定间距设置坐标架，水流方向为 X 轴正方向，重力方向为 Z 轴负方向，Y 轴正方向按右手坐标系确定，即人站在坝上，面朝下游，左手方向为 Y 轴正方向。相邻两坐标架的 Y 轴在水平面有夹角，见图 6-1。由于坝的运动，经过一定时间后，各坐标架将相对原始位置发生平移与旋转。自动观测系统的任务就是在一定时刻测量各坐标架原点相对原始位置的平移以及绕各坐标轴发生的旋转。

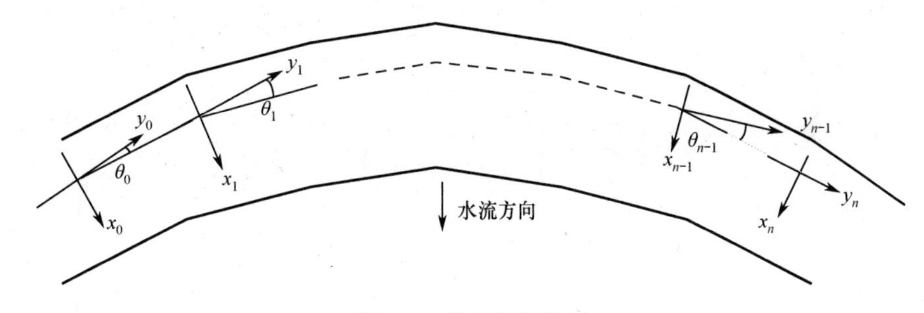

图 6-1 拱坝测量坐标

6.3.2 测量系统结构

测量系统由多个测台和主控计算机组成。测台安装在水平廊道内各坝段上，相距 20m 左右。主控计算机通过串行通信总线与各测台通信，发布测试命令，收集测试数据，并完成系统测试、数据处理等工作。就功能而言，测台实质上是一个单片机控制下的多传感器数据采集装置。本书设计了两种测台结构：单光源测台结构和双光源测台结构。单光源测台结构应用于白山拱坝变形观测系统中，双光源测台结构应用于石门拱坝变形观测系统中。

1. **单光源测台结构**

单光源测台结构俯视图见图 6-2。第 i-1 号测台的激光器发出准直光束，经立方棱镜射向第 i 号测台。一部分光能透过半透半反镜，被正向光电二维位移传感器接收，得到坝段间沿 x 轴和 z 轴的相对位移值；一部分光能被半透半反镜反射沿原路返回，被第 i-1 号测台的逆向光电二维位移传感器接收，得到坝段间绕 x 轴和 z 轴的相对旋转值。坝段间沿 y 轴发生的位移则由测杆和切向位移传感器测量。除首、尾两测台，其他各测台的结构相同，如图 6-2 虚线框所示。

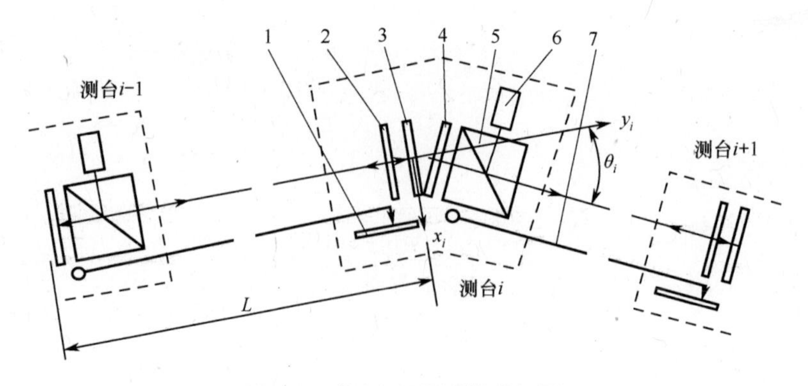

图 6-2　单光源测量系统俯视图

1—切向位移传感器；2—半透半反镜；3—正向二维位移传感器；4—逆向二维位移传感器；

5—立方棱镜；6—激光准直光源；7—铟钢管测杆。

2. 双光源测台结构

双光源测台结构俯视图见图 6-3。各测台内有两支激光准直光源，逆向激光准直光源发出的光束被前一测台的逆向光电二维位移传感器接收，正向激光准直光源发出的光束被后一测台的正向光电二维位移传感器接收。坝段间沿 y 轴位移测量方法与单光源测量系统中采用的方法相同。各测台得到的 5 个测量值能反映相邻测台间的 3 个平移量和 2 个旋转量。

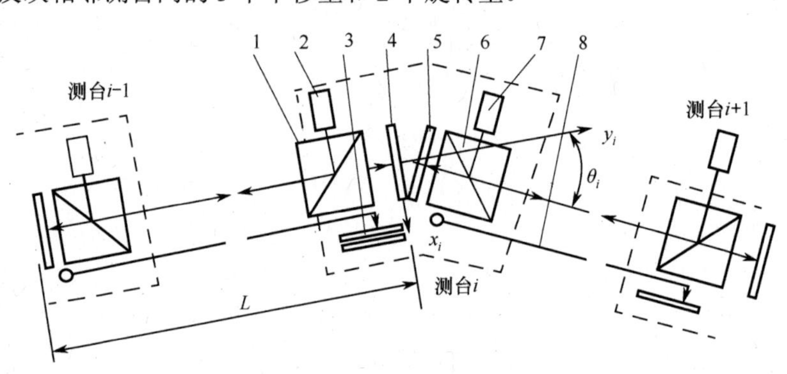

图 6-3　双光源测量系统俯视图

1—立方棱镜；2—逆向激光准直光源；3—切向位移传感器；4—正向二维位移传感器感器；

5—逆向二维位移传感器；7—正向激光准直光源；8—铟钢管测杆。

在单光源结构中，用半透半反析光镜分离了平移与旋转，测量原理直观，转角测量灵敏度高，但要求用一支激光器在 L 和 $2L$ 距离上都形成最小光斑，这实际上不可能。在双光源结构中不存在上述问题，可以使测量光斑最小化，充分利用探测器的有效探测面积，在使用相同器件的条件下能扩大测量量程。

6.3.3 测量数学模型

两种测台结构计算公式的推导过程基本相同。下面对双光源测量系统的计算公式进行推导。

1. **符号说明**

如图 6-4 所示，正向（x，z）位移传感器 A 接受前一测台的正向光束，输出信号为（x_i，z_i）；逆向（X，Z）位移传感器 B 接受后一测台的逆向光束，输出信号为（X_i，Z_i）；切向位移传感器输出信号为 y_i。相邻两测台间距离为 L，相邻两 y 轴间夹角为 θ。设坐标原点的平移用 dx, dy, dz 表示，沿坐标轴正向位移为正，绕 x 轴的转角与 L 的乘积用 P 表示，绕 z 轴的转角与 L 的乘积用 Q 表示。

2. **计算公式**

按图 6-4 所示的几何关系，可得

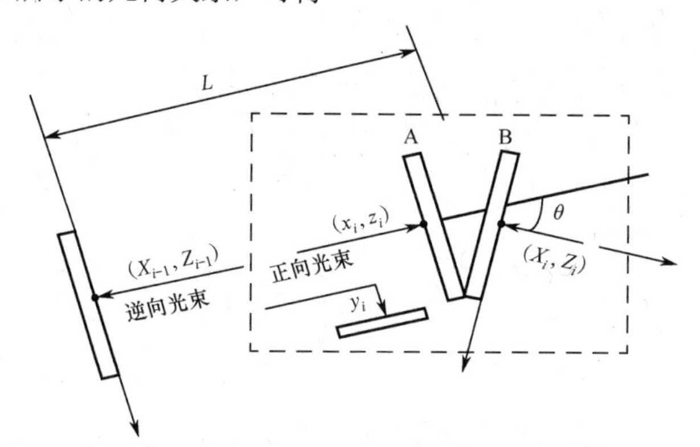

图 6-4 符号说明

$$\begin{cases} x_i = \mathrm{d}x_{i-1} - \mathrm{d}x_i \cos\theta_i - \mathrm{d}y_i \sin\theta_i - Q_{i-1} \\ y_i = -\mathrm{d}y_{i-1} + \mathrm{d}y_i \cos\theta_i - \mathrm{d}x_i \sin\theta_i \\ z_i = \mathrm{d}z_{i-1} - \mathrm{d}z_i + P_{i-1} \\ X_{i-1} = -\mathrm{d}x_{i-1} + \mathrm{d}x_i \cos\theta_i + \mathrm{d}y_i \sin\theta_i + Q_i \\ Z_{i-1} = -\mathrm{d}z_{i-1} + \mathrm{d}z_i - P_i \cos\theta_i \end{cases} \tag{6.1}$$

式中：$x_i, y_i, z_i, x_{i-1}, z_{i-1}$ 为传感器感应值。于是，得

$$\begin{cases} P_i = (P_{i-1} - z_i - Z_{i-1}) \dfrac{1}{\cos\theta_i} \\ Q_i = Q_{i-1} + x_i + X_{i-1} \\ \mathrm{d}x_i = (\mathrm{d}x_{i-1} - x_i - Q_{i-1}) \cos\theta_i - (\mathrm{d}y_{i-1} + y_i) \sin\theta_i \\ \mathrm{d}y_i = (\mathrm{d}x_{i-1} - x_i - Q_{i-1}) \sin\theta_i + (\mathrm{d}y_{i-1} + y_i) \cos\theta_i \\ \mathrm{d}z_i = \mathrm{d}z_{i-1} - z_i + P_{i-1} \end{cases} \tag{6.2}$$

在上述公式中，下标 i 是测台序号。设 dx_0、dy_0、dz_0、P_0、Q_0、θ_i 是已知量，则经过递推便可得到各坝段的三维位移值。在实际应用中，递推初始值是由其他观测手段提供的。

6.3.4 误差分析

设所有传感器读数中误差为 m=0.02mm，由于 θ_i 很小，可设 $\sin\theta_i=\theta$，$\cos\theta_i=1$。

（1）Q 相对误差为

$$m_{Q_{i,i-1}}=m\sqrt{2}=0.02828$$

（2）Q 相对起始点误差为

$$\begin{aligned}Q_i&=Q_{i-1}+x_i+X_{i-1}\\&=Q_0+x_i+x_{I-1}+\cdots+x_1+X_{i-1}+X_{i-2}+\cdots+X_0\end{aligned}\qquad(6.3)$$

设 Q_0=0，则 Q_n 的误差为

$$m_{Q_n}=m\sqrt{2n}=0.02\sqrt{2n}$$

（3）P 相对误差为

$$m_{P_{i,i-1}}=m\sqrt{2}=0.02828$$

（4）P 相对起始点误差为

$$\begin{aligned}P_i&\approx P_{i-1}-z_i-Z_{i-1}\\&=P_0-z_i-z_{i-1}-\cdots-z_1-Z_{i-1}-Z_{i-2}-\cdots-Z_0\end{aligned}\qquad(6.4)$$

设 P_0=0，则 P_n 的误差为

$$m_{Qn}=m\sqrt{2n}=0.02\sqrt{2n}$$

（5）dz 相对起始点误差为

$$\begin{aligned}\mathrm{d}z_n&=\mathrm{d}z_{n-1}-z_n+P_{n-1}\\&=\mathrm{d}z_{n-1}-z_n+P_0-z_1-z_2-\cdots-z_{n-1}-Z_0-Z_1-\cdots-Z_{n-2}\\&=\mathrm{d}z_0+nP_0-n\,z_1-(n-1)z_2-\cdots-z_{\mathrm{i}}-(n-1)Z_0-(n-2)Z_1-\cdots-Z_{n\text{-}2}\end{aligned}\qquad(6.5)$$

设起始点的 P_0=0，dz_0=0，则 dz_n 的误差为

$$m_{\mathrm{d}zn}{}^2=n^2m^2+2(n-1)^2m^2+\cdots+2m^2$$

$$\begin{aligned}m_{\mathrm{d}zn}&=\pm m\sqrt{n^2+2(n-1)^2+2(n-2)^2+\cdots+2}\\&=m\sqrt{n^2+n(n-1)(2n-1)/3}\end{aligned}$$

（6）dx、dy 相对起始点误差为

$$\begin{vmatrix}\mathrm{d}x_n\\ \mathrm{d}y_n\end{vmatrix}=H\begin{vmatrix}\mathrm{d}x_{n-1}\\ \mathrm{d}y_{n-1}\end{vmatrix}+H\begin{vmatrix}-x_n-Q_{n-1}\\ y_n\end{vmatrix}$$

$$=H(H\begin{vmatrix}\mathrm{d}x_{n-2}\\ \mathrm{d}y_{n-2}\end{vmatrix}+H\begin{vmatrix}-x_{n-1}-Q_{n-2}\\ y_{n-1}\end{vmatrix})+H\begin{vmatrix}-x_n-Q_{n-1}\\ y_n\end{vmatrix}$$

$$=H^n\begin{vmatrix}\mathrm{d}x_0\\ \mathrm{d}y_0\end{vmatrix}+H^n\begin{vmatrix}-x_1-Q_0\\ y_1\end{vmatrix}+H^{n-1}\begin{vmatrix}-x_1-x_2-X_0-Q_0\\ y_2\end{vmatrix}.+\cdots+$$

$$H^2\begin{vmatrix}-x_1-x_2-\cdots-x_{n-1}-X_0-X_1-\cdots-X_{n-3}-.Q_0\\ y_{n-1}\end{vmatrix}+$$

$$H\begin{vmatrix}-x_1-x_2-\cdots-x_n-X_0-X_1-\cdots-X_{n-2}-Q_0\\ y_n\end{vmatrix}$$

$$H^i=\begin{vmatrix}1 & -i\theta\\ i\theta & 1\end{vmatrix},\ i=1,2,3,\cdots,n$$

dx 相对起始点误差为

$$\begin{aligned}\mathrm{d}x_n=&\mathrm{d}x_0-n\theta\mathrm{d}y_0-nQ_0-nx_1-(n-1)x_2-\cdots-2x_{n-1}-x_n-\\&(i-1)X_0-(i-2)X_1-\cdots-2X_{i-3}-X_{i-2}-\\&n\theta y_1-(n-1)\theta y_2-\cdots-2\theta y_{n-1}-\theta y_n\end{aligned}\tag{6.6}$$

设起始点的 $Q_0=0$，$\mathrm{d}x_0=0$，$\mathrm{d}y_0=0$，则 $\mathrm{d}x_n$ 的误差为

$$m_{\mathrm{d}x_n}{}^2=m^2[n^2+2(n-1)^2+\cdots 8+2+\theta^2(n^2+(n-1)^2+\cdots+4+1)]$$

$$m_{\mathrm{d}x_n}=\pm m\sqrt{n^2+n(n-1)(2n-1)/3+\theta^2 n(n+1)(2n+1)/6}$$

dy 相对起始点误差为

$$\begin{aligned}\mathrm{d}y_n=&n\theta\mathrm{d}x_0+\mathrm{d}y_0-Q_0\sum_{i=1}^{n}i+\sum_{i=1}^{n}y_i-\theta x_1\sum_{i=1}^{n}i-\theta x_2\sum_{i=1}^{n-1}i-\cdots-3\theta x_{n-1}-\theta x_n-\\&\theta X_0\sum_{i=1}^{n}i-\theta X_1\sum_{i=1}^{n-1}i-\cdots-3\theta X_{n-3}-\theta X_{n-2}\end{aligned}\tag{6.7}$$

设起始点的 $Q_0=0$，$\mathrm{d}x_0=0$，$\mathrm{d}y_0=0$，则 $\mathrm{d}y_n$ 的误差为

$$m_{\mathrm{d}y_n}{}^2=nm^2+\theta^2m^2[(n+1)^2n^2/4+n^2(n-1)^2/2+(n-1)^2(n-2)^2/2+\cdots+18+2]$$

$$m_{\mathrm{d}y_n}=\pm m\sqrt{n+\theta^2[(n+1)^2n^2/4+n^2(n-1)^2/2+(n-1)^2(n-2)^2/2+\cdots 18+2]}$$

6.3.5 测量数据滤波处理

由式（6.6）、式（6.7）可知，前 i-1 个测台上所有传感器的误差会叠加到对第 i 坝段的观测结果上，使观测误差随测台序号的增大而逐渐变大，因此应进行必要的滤波处理，以获得准确的观测结果。实践表明，传感器的误差主要

来自空气运动造成的光斑抖动，即光斑在探测器上以某一位置为中心有微小的随机偏离。这可以看成是在有效信号上叠加了一个均值为 0，方差为 m^2 的白噪声干扰。为了滤除白噪声干扰，可采用中值滤波、平均、递推最小二乘滤波等方法对观测数据进行处理。

6.3.6 计算值与计算机仿真结果对照

设测点数 n=17，所有传感器读数是中误差为 0.02mm 的白噪声序列，计算结果如下。

$$m_{\mathrm{d}x_{17}} = m_{\mathrm{d}z_{17}} = \pm m\sqrt{2n} = \pm 0.02\sqrt{34} = \pm 0.1166\mathrm{mm}$$

$$m_{\mathrm{d}x_{17}} \approx m_{\mathrm{d}z_{17}} = \pm m\sqrt{n^2 + n(n-1)(2n-1)/3}$$

$$= \pm 0.02\sqrt{17^2 + 17\times 16\times 33/3} = \pm 1.145\mathrm{mm}$$

$$m_{\mathrm{d}y_{17}} = \pm m\sqrt{n + \theta^2[(n+1)^2 n^2/4 + n^2(n-1)^2/2 + (n-1)^2(n-2)^2/2 + \cdots + 2]}$$

$$= \pm 0.02\sqrt{17 + (\pi/90)^2[(18\times 17)^2/4 + (17\times 16)^2/2 + \ldots + 18 + 2]} = \pm 0.29\mathrm{mm}$$

图 6-5 是计算机仿真结果，共采样 400 点，卡尔曼滤波的结果也表示在图 6-5 中。计算机仿真的结果与计算值完全吻合。

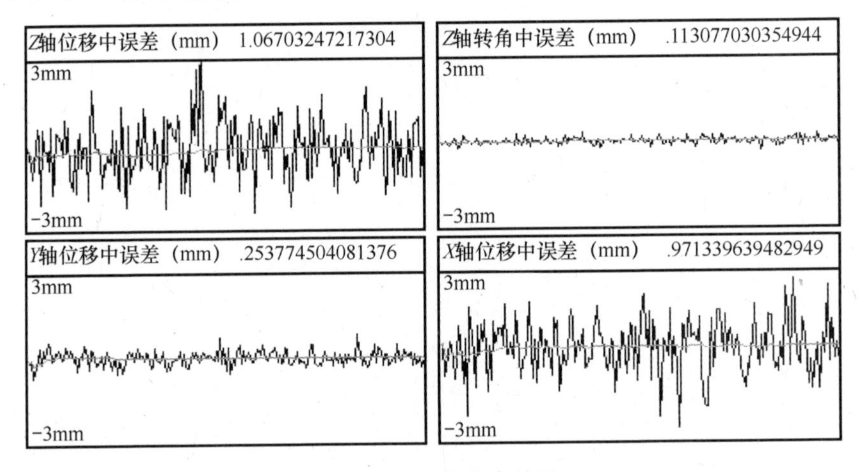

图 6-5 计算机仿真结果

6.3.7 重力修正

大坝的自重、蓄水位的变化、潮汐等都能影响大坝附近的重力场变化，而水准仪、倒垂线、倾角测量仪都是以重力场为测量基准的，基准的变化必然影响测量结果。因此，有必要进行重力修正，国内外很多科技工作者对此进行了研究[55-59]。目前国内的大坝变形观测中，几乎都未考虑重力修正，所设计的系统也暂未纳入重力修正功能，有待进一步研究。

6.4　拱坝变形观测的实现

实际系统由一台上位机和数条观测链组成，各观测链布设在不同高程的水平廊道内，每条测量链串联若干激光多自由度位移测台和其他观测仪器，用485总线与上位机一起组成自动化变形观测网，测量链与上位机之间设有光电隔离器。上位机运行控制与数据处理软件，负责数据采集、分析、存储、格式转换、报表与图形的生成与输出等工作，测台负责按上位机指令进行传感器数据采集、自检、数据传输等工作。系统的框图见图 6-6。测台及激光管道在廊道内的安装见图 6-7。测台电路安放在两个金属箱体内，由于现场湿度很大，防潮箱体具有气密性，同时箱体内气压略高于箱体外的大气压，防止外部潮气进入。激光在金属管道内传输，防止了气流运动对光传播造成的抖动，箱体与管道结合处有金属波纹管，以吸收管道热胀冷缩对测台的应力。电源与信号电缆安装在管道与箱体内，既起到保护作用又起到了良好的屏蔽作用。

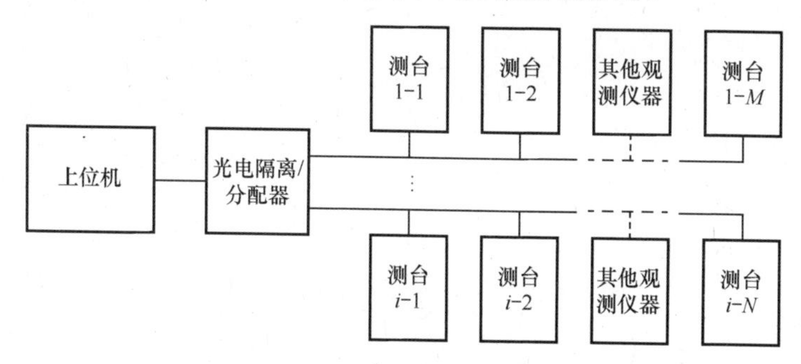

图 6-6　多维变形观测系统框图

图 6-7　测台实际安装情况

6.4.1　测台电路设计与实现

测台电路实质上是一个单片机控制下的多传感器数据采集装置，对数据处

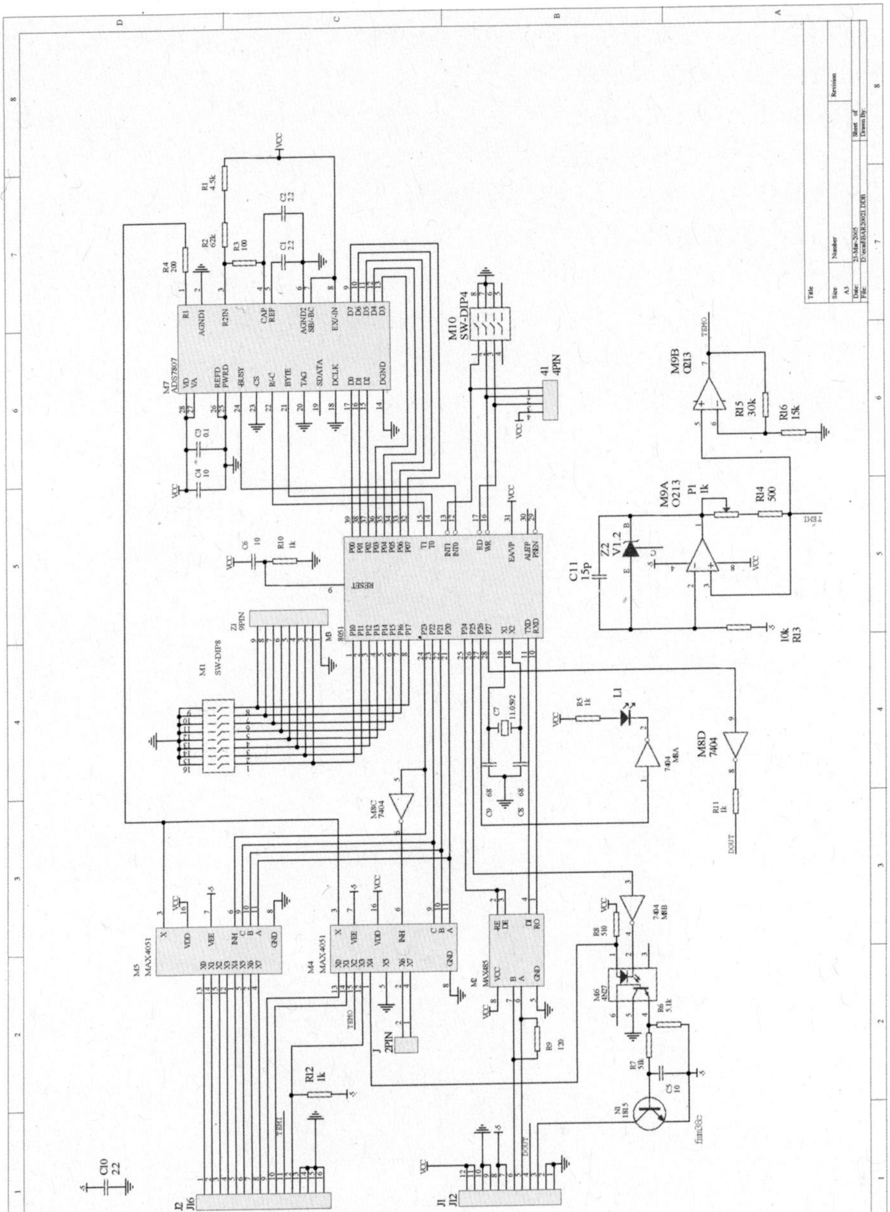

图 6-8 测台电路原理

理能力的要求不高。由于测台组成串联的测量链，且需要长期连续运行，工作环境湿度很大，对可靠性要求很高。从可靠性和经济性出发，电路设计的原则是尽量简化结构，采用易获取的通用元件，集成电路芯片采用双列直插封装，管脚间距大，有利于防止结露造成对信号的影响。电路焊装后应对电路板进行防潮处理。

图 6-8 是测台电路原理图。各部分的功能与作用如下。

（1）单片机。采用 8bit 单片机 89C51，它是测台电路的核心，负责接受测量命令、控制 A/D 转换、采集 PSD 传感器和温度传感器信号、控制激光器开闭、发送测量数据等任务。

（2）A/D 转换器。由于 PSD 的位置分辨率极高，一般为微米量级，对电压测量的分辨率要求也相应提高，因此选用具有 16bit 转换精度的 A/D 变换芯片。对于 5V 的量程，1LSB 代表 0.3MV，可满足测量要求。选用 BB 公司的 ADS7807，它是 16bit40kHz 的 A/D 变换器，封装和应用电路见图 6-9。

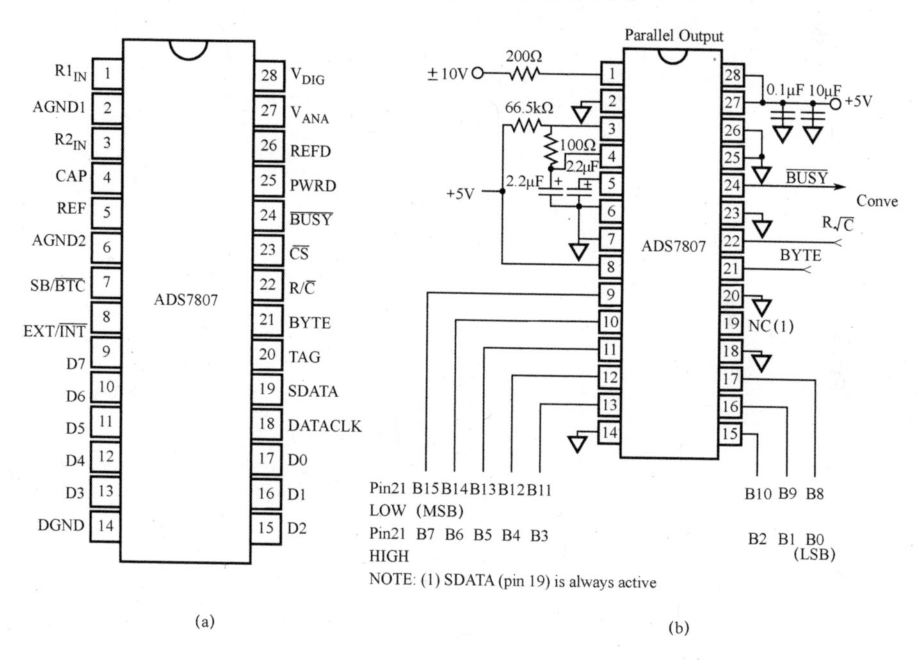

图 6-9　ADS7807 管脚与应用电路图

A/D 转换过程的代码如下：

```
;****A/D CHANGE*******************
;3DH=FIRST CHANNL NUMBER
;3EH=NUMBER OF CHANNLS
;40H=FIRST ADDRESS OF BUFFER
```

```
;R0= FIRST ADDRESS OF BUFFER
;R1=COUNTER
;R2=CURRENT CHANNL NUMBER
;R3=HIGHT BYTE OF RESULT
ADS:   MOV  R0,#40H
       MOV  R1,3EH
ADS1:  MOV  R2,3DH
       MOV  A,P2
       ANL  A,#0F0H
       ORL  A,R2
       MOV  P2,A
       INC  3DH
       MOV  A,3DH
       ANL  A,#0FH;NEXT CHANNL
       MOV  3DH,A
       CLR  P3.5     ;T1
       NOP
       SETB P3.5     ;T1,A/D START
       JNB  P3.2,$   ;INT0
       CLR  P3.4     ;T0
       MOV  R3,P0    ;HIGHT BYTE
       SETB P3.4     ;T0
       NOP
       MOV  A,P0
       MOV  @R0,A  ;LOWER BYTE
       INC  R0
       MOV  A,R3
       MOV  @R0,A    ;HIGHT BYTE
       INC  R0
       DJNZ R1,ADS1
       RET
;********************************
```

（3）多路模拟开关。M5 和 M4 组成 16 选 1 模拟开关，由 J2 的 1~10 号端子输入两个二维 PSD、一个一维 PSD 共 10 个电压信号。

（4）通信电平转换。芯片 MAX485 负责 TTL 与 485 通信电平转换。

（5）其他功能。光电耦合器 4N27 和开关三极管 1815 用来控制半导体激光准直光源的开关，1815 基极回路中的 RC 电路能减小启动时的冲击，使激光器缓慢启动。为了延长激光器的使用寿命，在测台开始测试前 5min 打开激光，测试后关闭。运算放大器 O213 和相关元件组成测温恒流源及跟随器，R14 下端接入铂热敏电阻。单片机在采集 PSD 信号的同时，也采集现场温度，供软件对切向（y 轴）测量铟钢测杆进行温度补偿。8bit 拨码开关 M1 设置测台在 485 通信总线上的设备地址，4bit 拨码开关设置通信速率。图 6-10 是实际测台与 PSD 传感器电路的照片。

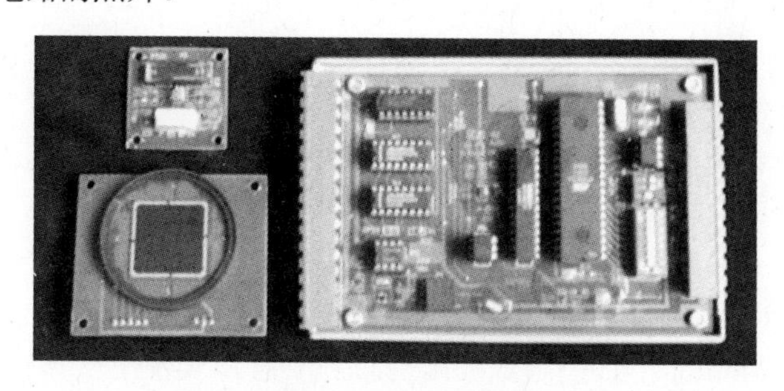

图 6-10　测台与 PSD 传感器电路板

6.4.2　上位机软件设计与实现

上位机软件系统是一套基于 Windows 环境的大坝位移监控管理系统，集在线数据采集、数据库管理、大坝安全文档管理、图形制作、报表制作、监测系统管理、监测数据整编、监测信息网络浏览等功能于一体，为水电厂等基层管理单位提供大坝及工程安全管理工作的全面支持和服务，以促进大坝及工程安全管理的高质量、高效率，实现大坝及工程安全管理的现代化。

1. **系统各部分关系**

系统各部分关系如图 6-11 所示。各部分的功能如下。

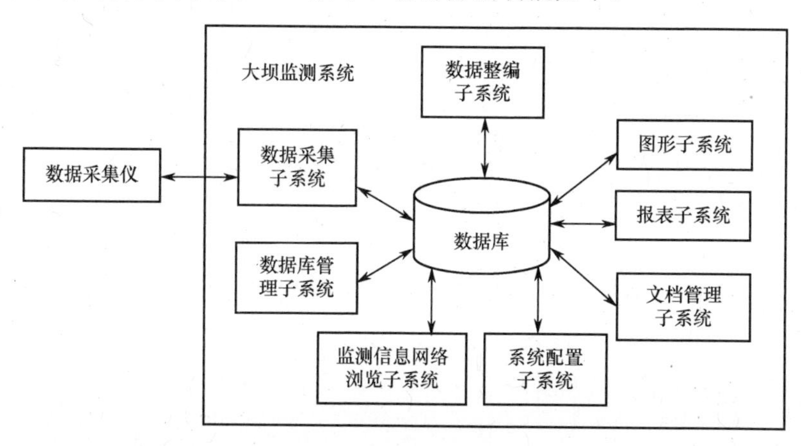

图 6-11　系统各部分关系图

系统配置子系统：提供用户管理、注册仪器布置图、注册测点及修改测点信息等功能。

文档管理子系统：提供大坝安全管理各个方面的信息，记录大坝安全查询的详细结果。

报表子系统：帮助用户完成通用及各种定制的综合报表制作。

图形子系统：制作用户定义的过程图和分布图。

数据整编子系统：对监测数据进行整编，包括粗差识别处理、数据抽取等功能。

数据采集子系统：完成计算机与数据采集智能模块之间的通信。

数据管理子系统：实现人工数据的入库、查询、修改、增删、制表打印等功能。

数据库连接设置：对整个系统的数据库连接进行设置。

2. 系统逻辑结构

整个软件系统以数据库采用面向对象思想开发，包图如图 6-12 所示。主要分为 UI 包（界面包）、HTDBSB Layer（逻辑层）、HTDBS Data Access 包（数据访问层）、Common 包（公用数据结构和方法包）。其他包为 VB6 提供的功能和函数的包集合。

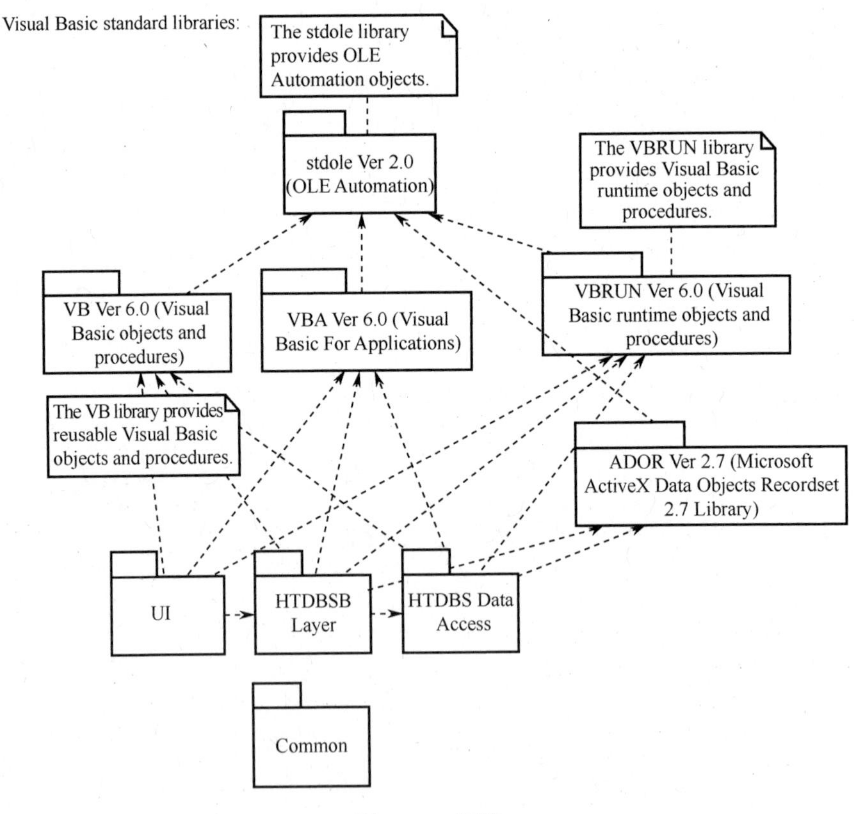

图 6-12　包图

各包由相关的类组成，软件设计采用面向对象方法，任务是实现各包中类的结构与功能。以 HTDBSBLayer 包为例，其中的类如表 6-1 所列。

表 6-1　HTDBSB Layer 包中的类

类名	描述
EngNode	ECC 模式中的 Engine
CNode	对应数据库中的 Node 表
CDataCollector	对应数据库中的 DataCollector 表
CGraph	对应数据库中的 Graph 表
CNodeData	对应数据库中的 NodeData 表
CNodeFilterData	对应数据库中的 NodeFilterData 表
CSensorType	对应数据库中的 Sensor 表
CUser	对应数据库中的 User 表
CNodeInfoInGraph	对应数据库中的 NodeInfoInGraph 表
CCode	对应数据库中的 UserType, NodeType 表

3. 主要功能的实现

（1）数据采集子系统。大坝变形自动监测数据采集系统软件提供一种友好的人机界面，完成计算机与数据采集仪之间的通信，实现对数据采集仪的控制。同时，对采集到的电量实时变换成物理量并经检验后自动入库保存，为最终进行资料分析提供可靠的原始观测数据。系统界面如图 6-13（a）所示。用户可以从工具中打开图形子系统或者数据管理子系统。用户要进行数据采集仪的控制，应打开布置图 6-13（b）通过图形导航，选择要进行控制的测点，点击设置或测量菜单下的功能按钮，实现相应功能。

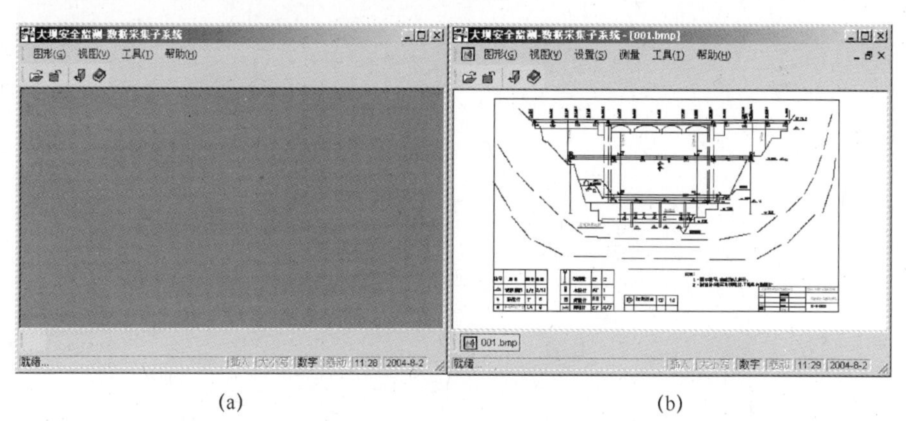

(a)　　　　　　(b)

图 6-13　数据采集子系统界面

（2）数据整编子系统。如图 6-14 所示，数据整编子系统提供显示测点过程线图、修改测点数据、存储测点数据等功能。整个界面分为菜单栏、工具栏、窗体区以及状态栏 4 个区域。菜单栏包括控制台、设置、帮助 4 个菜单项。

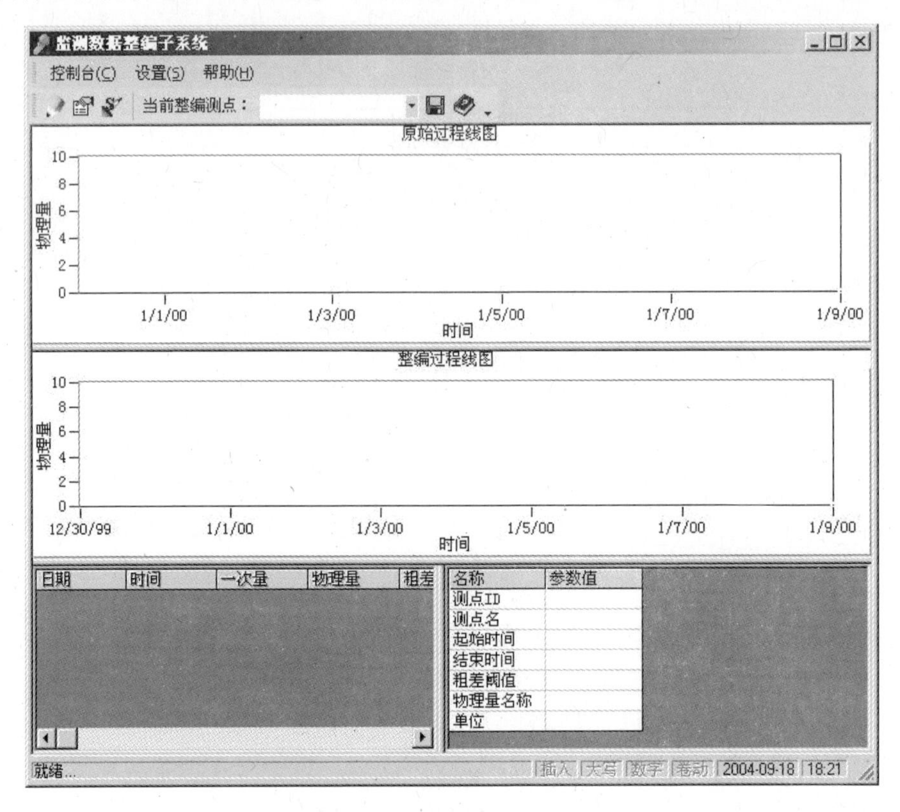

图 6-14 数据整编子系统界面

（3）数据库管理子系统。数据库管理子系统提供成果计算、人工数据入库、数据的查询、修改、删除等功能。系统界面如图 6-15 所示。

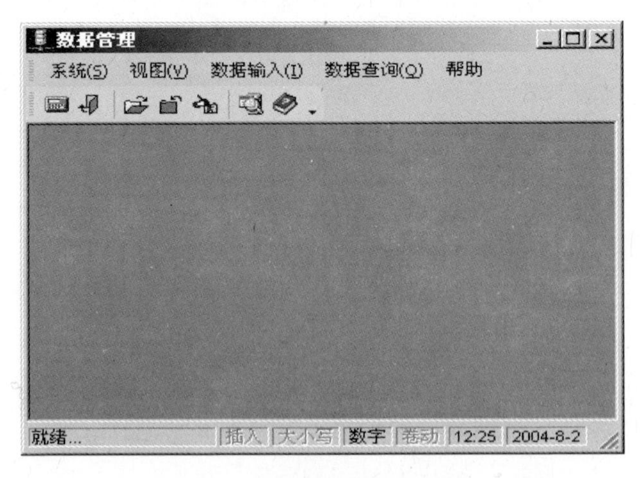

图 6-15 数据管理子系统界面

整个界面分为菜单栏、工具栏、窗体区以及状态栏 4 个区域。菜单栏包括系统、视图、数据输入、数据查询 4 个菜单项。对于数据查询，用户首先设置查询起始时间、终止时间和需要查询的测点，然后点击查询按钮，即可在数据表中列出该查询条件下的数据信息（包括采样日期、一次量、工程量、最终结果、报警状态）。数据查询界面如图 6-16 所示。

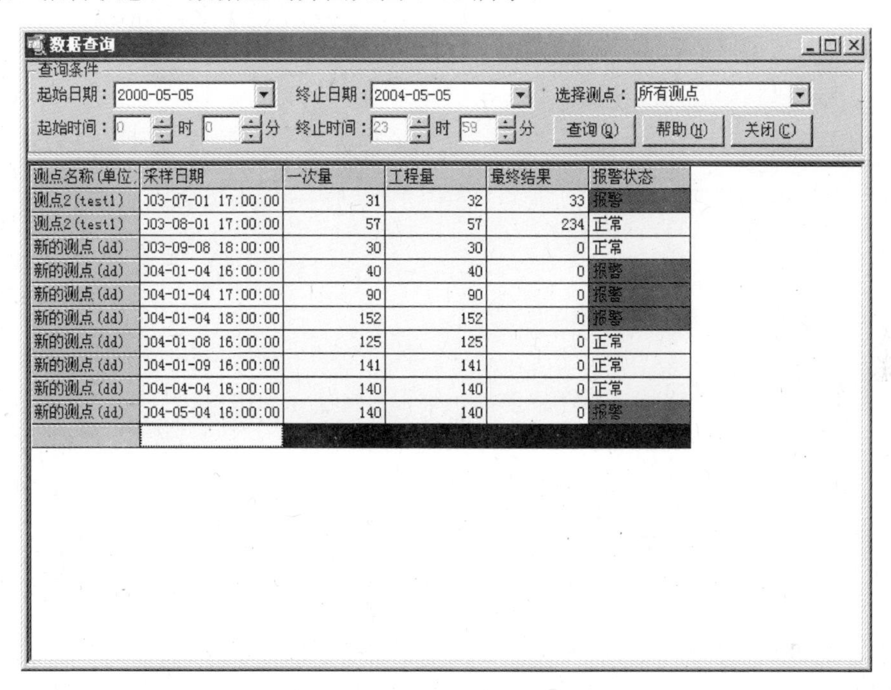

测点名称(单位)	采样日期	一次量	工程量	最终结果	报警状态
测点2(test1)	003-07-01 17:00:00	31	32	33	报警
测点2(test1)	003-08-01 17:00:00	57	57	234	正常
新的测点(dd)	003-09-08 18:00:00	30	30	0	正常
新的测点(dd)	004-01-04 16:00:00	40	40	0	报警
新的测点(dd)	004-01-04 17:00:00	90	90	0	报警
新的测点(dd)	004-01-04 18:00:00	152	152	0	报警
新的测点(dd)	004-01-08 16:00:00	125	125	0	正常
新的测点(dd)	004-01-09 16:00:00	141	141	0	正常
新的测点(dd)	004-04-04 16:00:00	140	140	0	正常
新的测点(dd)	004-05-04 16:00:00	140	140	0	报警

图 6-16　数据查询界面

第7章 牙模激光三维扫描

7.1 概述

在口腔医学临床应用中，牙颌石膏模型能够真实地记录牙齿、腭部以及基骨的形态和位置信息，既是治疗前设计治疗方案的基础，又是治疗中和治疗后分析治疗效果的依据，因此对牙颌石膏模型进行精确测量和分析是非常重要的。有关三维数字化技术的报道很多，通常采用光学非接触测量方法，如立体摄影法、空间光线编码法、三角法等，实现对目标物的三维数字化[60-67]。牙齿是具有复杂外形的三维实体，对牙模型的三维数字化应考虑精度、盲区、速度等指标是否满足医学要求。

石膏牙颌模型具有复杂的表面结构，对其形态的观察与测量分析涉及口腔医学多个领域。长期以来，医疗机构以石膏模型实物形式保存患者的资料，用卡尺、量规等工具进行手工测量，测量的精度和内容都十分有限，很难对牙颌模型表面复杂的三维形态做出全面、精确的定量分析与描述。为了提高测量精度，增加测量内容，有关专家一直试图从模型中获取更多、更丰富的信息。国内外学者自20世纪60年代以来就开始探讨使用近景摄影测量、摩尔（Moria）条纹等方法获取牙颌模型的三维数据。80年代以来，又出现了利用点状或线状激光光束和 CCD 技术的牙颌模型激光三维扫描仪[68-72]。但是由于牙颌模型的复杂表面形态，使得各种方案的效果均不尽人意，有的测量时间长，有的测量盲区大，有的数据处理复杂。应有关口腔医学专家的要求，针对口腔临床正畸（矫正牙齿）、修复（镶牙）等专业的需求，笔者进行了石膏牙颌模型激光三维扫描系统的研究。本研究工作是北京市科委重大科技基金（H0109102001h）、国家自然科学基金项目（39870482）“口腔修复 CAD/CAM 系统”和北京市科技项目（H01091200112）“计算机辅助义齿设计与制造系统”的组成部分，在考查了某些商品化三维扫描仪的结构与性能后，针对口腔医学临床与科研工作的需求和商品化三维扫描仪的局限，实现了两种牙颌模型激光三维扫描系统的结构，分别为基于面阵 CCD 摄像机+线光源的三维扫描系统和基于线阵 CCD 摄像机+点光源的三维扫描系统。后者已经成功应用于临床治疗、医学教学和医学科研活动。牙颌模型激光三维扫描系统的进一步应用包括虚拟咬合技术和隐形矫正技术。虚拟咬合[73-76]技术在计算机环境下实现牙颌三维碰撞检测、运动过程再现与计算机辅助分析，对口腔医学是一个革命性的进步，可以使医学专家以全新的视角观察下颌运动过程及碰撞接触面的变化，为医学研究及临床治疗提供了新的途径与手段。隐形矫正技术[77-80]则完全基于牙颌模型的三维扫描、三维重构、三维交互测量与操作、模型 CAD/CAM 等技术。在上述应用中，首先要获得牙颌模型的三维数字化模型，然后根据不同目的和要求对数据进行处理。本章主要讨论数据获取技术，第 8 章将讨论对数据的处理。

7.2 低盲区线光源牙模激光三维扫描系统

用激光与 CCD 摄像机构成测量系统，对物体表面进行三维数字化，在工程上是易于实现的方法，通常称为三维面形的光刀测量法[81, 82]。该方法在测量时将激光准直光束通过柱面透镜展成线状，投影到被测物体表面，CCD 摄像机从另一个角度观察由于面形引起的光刀中心的偏移，并按几何原理获得物体表面被光刀照亮处的三维坐标。使物体与光刀相对运动，光截面逐渐覆盖物体的待测区域，系统便可完成对目标的三维数字化。由于采用的是面阵 CCD 摄像机，该方法比采用线阵 CCD 摄像机和点状光的激光三角法速度高，比采用结构光编码方法或立体摄影测量方法实时性好，数据处理难度小，因此在许多领域获得了广泛应用。在应用光刀测量法时，若要获得较理想的效果，需要解决两个重要问题：一个是如何减少测量的盲区；另一个是如何实现由计算机图像坐标（像素坐标）到真实空间坐标的变换。

对于后一个问题，在采用针孔模型的条件下，当摄影的几何条件如投影中心位置、光轴方向、投影面到投影中心的距离等参数已知的条件下，由图像坐标反求真实坐标并不困难，它只是由图像坐标系通过摄像机坐标系到世界坐标系的一系列坐标变换。但在实际应用中，情况并不如此，首先摄像机镜头有几何畸变使得不能按针孔模型处理，其次摄影几何条件也很难精确获得。若用几何方法反求真实坐标，必须对摄像机进行标定，求得摄像机内外参数，其中：外参数包括旋转矩阵、平移量；内参数包括焦距、畸变系数、主点[83]。适当设计系统的结构，利用前馈型人工神经网络的非线性映射能力和泛化能力[84]，可以由图像坐标直接求得真实坐标，不用关心相机的内外参数。因此，利用人工神经网络实现坐标变换是一个有价值的方法。

对于前一个问题，盲区有两种：一种是光刀照射不到的部位；另一种是摄像机摄不到的部位。只有被光刀照到同时也被摄像机摄到的部位才能进行测量。采用多次扫描的方法，对目标在不同的视点进行多次扫描，然后在后期的数据处理过程中对各次扫描所获得的数据进行三维拼接，以有效地减少盲区，获得被扫描对象完整的三维数据集合。此方法是多数商品化三维扫描仪采用的方法。此方法要增加扫描和数据处理时间。另一种减少盲区的方法是多视点摄像法，在系统中设置多个摄像机，同时采集不同观察点的多幅图像，以有效减少测量盲区。此方法的不足是增加了硬件成本和系统复杂度。根据牙颌模型的特点，笔者设计了一个低盲区线光源牙模激光三维扫描系统，该系统采用单摄像机、单光源，通过单次扫描可获得牙颌模型表面舌侧、颊侧和咬合面的三维数据。

7.2.1 系统结构与原理

低盲区线光源牙模激光三维扫描系统的结构见图 7-1。系统由数控转台、半导体激光器、CCD 摄像机、平面反射镜和计算机组成。转台台面位于世界坐标系（OXYZ）*XOZ* 平面内，转轴与 *Y* 轴重合，转台可在计算机控制下绕 *Y* 轴转动。转台上方一定高度内是测量区域。激光器形成的光刀与 *XOY* 平面重合。平面反射镜在转台外侧，与 *X* 轴垂直。使用两个坐标系：世界坐标系 OXYZ 和图像坐标系 oxyz。光刀平面在世界坐标系 *XOY* 平面内。图像坐标就是计算机屏幕上以像素为单位的坐标。摄像机在某一固定位置对 *XOY* 平面成像。设有空间曲面与 *XOY* 平面相交，上表面的交线被激光照亮，下表面的交线被由平面镜反射的激光照亮。摄像机摄取的图像既包含了直接摄取的 *S* 的上表面，又包含了由平面镜反射的 *S* 的下表面。

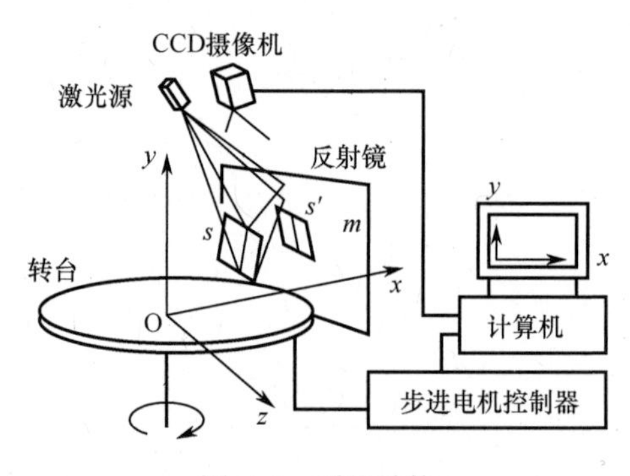

图 7-1　系统结构

首先，摄像机对 *XOY* 平面内一个标准网格图案成像，对图像进行处理，获取网格交叉点的图像坐标集合；然后用此图像坐标集对神经网络进行训练，使网络的输出误差逐渐减小；训练结束后便可建立 *xoy* 平面到 *XOY* 平面的映射关系。由于使用了反射镜，获得的网格交叉点的图像坐标集有两个，分别来自直视区域和镜中，因此用两个神经网络进行训练，训练结束后对同名的图像点对两个网络应有相同的结果。由于网络具有泛化能力，可以认为人工神经网络实现了由图像坐标系到世界坐标系的 *XOY* 平面某一区域的二维连续非线性变换。

如果在现实世界中的物体与 *XOY* 平面相交，由光刀形成的交线成像在图像坐标系中，根据光带的像素坐标，利用人工神经网络的训练结果，可获得交线在世界坐标系 *XOY* 平面内坐标。如果物体按各轨迹运动，使其连续穿越 *XOY* 平面，便可获得一系列截面轮廓坐标，从而实现对物体的三维数字化。

三维数字化的过程是：被测牙颌模型固定在转台上，光刀在 *XOY* 平面内与物体相交，形成亮线，摄像机摄取亮线，提取亮线的图像坐标，用神经网络恢复牙颌模型在 *XOY* 平面内轮廓的真实坐标。转台以一定的步距进给，转动一周后，便完成了牙颌模型的三维数字化。

7.2.2 神经网络结构设计与学习算法选择

1. 前馈型人工神经网络

前馈型人工神经网络网络由多个网络层构成，包括一个输入层、一个或几个隐层、一个输出层，层与层之间采用全互连接，同层神经元之间不存在相互连接。对于函数逼近型的应用，隐层神经元通常采用 Sigmoid 型传递函数，输出层采用 Purelin 型传递函数。网络的学习过程由前向传播和反向传播组成，在前向传播过程中，输入矢量经输入层、隐层逐层处理，并传向输出层。如果在输出层不能得到期望的输出，则转入反向传播过程，将误差值沿连接通路逐层反向传送，并修正各层连接权值。对于给定的一组训练模式，不断用一个训练模式训练网络，重复前向传播和误差反向传播过程，直至网络均方误差（*Ep*）小于给定值为止。具有单隐层的前馈型人工神经网络见图 7-2。

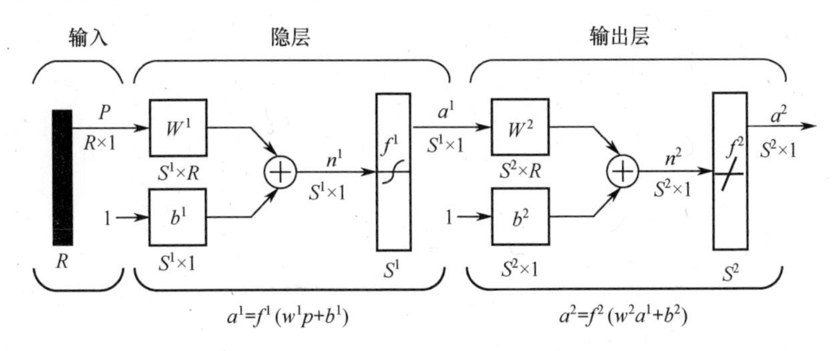

图 7-2　具有单隐层的前馈型人工神经网络

基本的学习算法是 BP 算法，关系式如下。

节点输出为

$$a^0 = P \tag{7.1}$$

$$a^i = f\left(\sum W_{ij} \times a^i + b^j\right) \tag{7.2}$$

式中：a^i 为节点输出；W_{ij} 为节点连接权值；f 为作用函数；b^j 为神经单元阈值。

权值修正为

$$\Delta W_{ij}(n+1)=\eta\times E_i\times a^i+h\times W_{ij}(n) \tag{7.3}$$

式中：η为学习因子（根据输出误差动态调整）；h为动量因子；E_i为计算误差。

计算误差为

$$E_i=1/2\times\sum\left(t_{pi}-a_{pi}\right)^2 \tag{7.4}$$

式中：t_{pi}为i节点的期望输出值；a_{pi}为i节点计算输出值。

2. **神经网络网络结构**

神经网络采用结构相同的4个三层前馈型人工神经网络，其中：两个用于对直接摄取的图像进行*X*、*Y*坐标变换；两个用于对通过反射镜间接摄取的图像进行*X*，*Y*坐标变换；每个网络的输入层有2个节点，输出层有1个节点，根据一般原则中间层设置5个节点。中间层激活函数为S形函数，输出节点为线性函数。与采用两个输出节点的网络相比，单输出节点网络减少了交差耦合，降低了训练难度，有利于减少变换误差。

3. **学习算法的选择**

BP算法易于实现，但存在收敛速度慢、震荡发散等问题。LMBP算法是训练中小规模网络较好的算法，特别适合于最小平方误差准则的应用，因此选用LMBP算法。

LMBP算法的主要思想是对每一个训练输入，求网络每一输出节点输出误差对网络每一权值的偏导数，得到一个Jacobi矩阵，再解一个与此矩阵有关的线性方程组，得到各权值的调节量。LMBP算法是改进的高斯—牛顿法，兼顾了牛顿法的速度和最速下降法的收敛性。

7.2.3 处理过程与效果

图7-3（a）是用于标定的标准网格图案的摄像，网格实际间距3mm。标准网格图案位于*XOY*平面内，平面反射镜与*X*轴垂直。标准网格图案成像包括直视部分及其镜中的虚像，有明显的透视变形和几何畸变。由于两部分图像的*X*，*Y*坐标分别进行变换，所以使用了结构相同的4个神经网络。首先采用人机交互与自动搜索相结合的方法提取图像中网格交叉点的像素坐标，即用鼠标函数取得交叉点的大致坐标，然后在以该坐标为中心的一个邻域内对像素的灰度值按重心法进行处理，得到交叉点的准确坐标，通常可得到亚像素级精度。将像素坐标与对应的实际坐标结合，就形成了用于神经网络训练的训练数据集。表7-1是直视区域训练数据集的部分。得到训练数据集后，便可用LM算法对神经网络进行训练。LM算法的收敛速度很快，对于中小规模的问题，收敛速

度大约是 BP 算法的几十到几百倍。最终的误差取决于初始权值的选择和训练时间。为了得到较好的结果，除了实现 LM 学习算法，程序加强了人机交互操作，可随时更换初始权值，动态显示总误差，人工干预停机，以便从不同的结果中选择一个理想的最后结果。总误差可表示为

$$E_x=\sqrt{\frac{\sum_{i=1}^{n}(X_i-\widehat{X}_i)^2}{n}} \quad E_y=\sqrt{\frac{\sum_{i=1}^{n}(Y_i-\widehat{Y}_i)^2}{n}} \tag{7.5}$$

式中：X_i，Y_i 为与训练矢量（$\boldsymbol{x}_i$，$\boldsymbol{y}_i$）对应的网络实际输出；$\widehat{X}_i,\widehat{Y}_i$ 为网络的理想输出；n 为训练集中训练矢量总数。通过数次训练，较好的一组结果是

直视部分：E_x=0.0349mm，E_y=0.0310mm

镜中部分：E_x=0.1mm，E_y=0.036mm

如果过分追求减小误差，有可能产生训练过度问题，即在样本点处误差很小，但网络的泛化能力被破坏。因此，应对训练的结果进行检验，对整个像素平面进行变换，可直观判断是否存在奇异现象。

表 7-1　直视区域训练数据集

点序号 i	像素坐标 x_i	像素坐标 y_i	实际坐标 $\hat{X}_i$ /mm	实际坐标 $\hat{Y}_i$ /mm
1	399.5228	552.8785	24	0
2	425.9594	528.3978	27	0
3	451.4162	503.9779	30	0
4	475.6447	481.5587	33	0
5	498.4162	458.6575	36	0
6	368.4162	556.2375	21	3
…	...	…	…	…

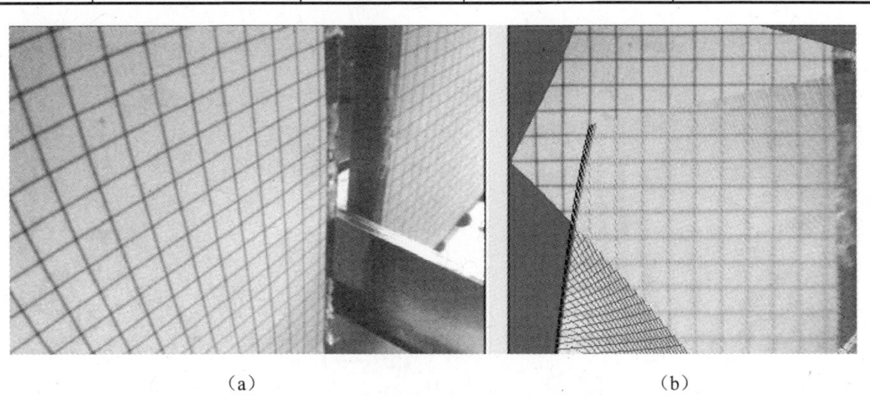

（a）　　　　（b）

图 7-3　网格图像及变换结果

图 7-3（b）是两个经神经网络变换后输出的结果。由图 7-3（b）可看出，

两个神经网络的输出重合得很好，直视部分与镜中部分图像的变换均不存在训练过度问题。图 7-4（a）是模型某一位置的原始图像，图 7-4（b）是二值化结果，图 7-4（c）是两个神经网络输出的两条曲线，（d）是两条曲线合并成的一条曲线，圆圈处是结合点。原则是在两条曲线距离最近处结合，删去两条曲线的多余部分。其他工作包括图像亮带的跟踪与二值化、缺失点的修补、两条曲线的拼接等。亮带的跟踪与二值化的处理过程大致是：①寻找起点大概位置；②确定亮带前进方向；③沿亮带法线方向用重心法确定亮带中心位置；④寻找下一点大概位置。在这一过程中，搜索的步长动态改变，一般情况下搜索的步长是一个大于像素间距的定值，若亮带发生局部中断，在该位置找不到目标点，则扩大搜索步长，直到重新发现目标或到达搜索边界。跟踪与二值化的结果形成一个离散点列（x_i，y_i），以此点列为控制点，用二次参数 B 样条函数按像素密度进行插值，既修补了缺失数据，又对数据起到滤波作用。

图 7-5 是一个实物模型进行三维数字化后重构的效果图。同直接增加激光源和摄像机数量的方案相比，采用反射镜减少光刀面形测量法的盲区，不仅方法易行，而且能减少费用，简化结构，减小装置的体积，更能有效利用图像有效面积，单次扫描可消除牙模型大部分测量盲区。由于光路距离增加，镜中成像部分的测量精度比直接成像部分测量精度低。如对该部分的测量精度要求较高，可提高摄像机的分辨率，或采用其他方法。

采用人工神经网络对图像坐标进行变换，可直接得到物体的真实坐标，比用几何方法反求真实坐标省略了对摄像机进行标定，求取摄像机内外参数。所有与几何方法有关的参数如旋转矩阵、平移量、焦距、畸变系数、主点等，可以认为都包含在神经网络的参数中。变换关系清晰明了，只要成像清晰，即使镜头几何畸变很大，仍能得到高质量的变换结果。在没有条件对摄像机进行参数标定时，采用人工神经网络更是一个可行的方法。

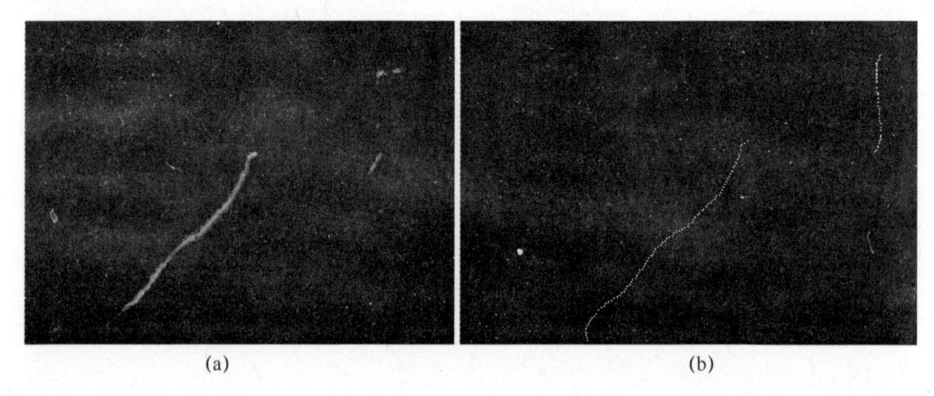

(a) (b)

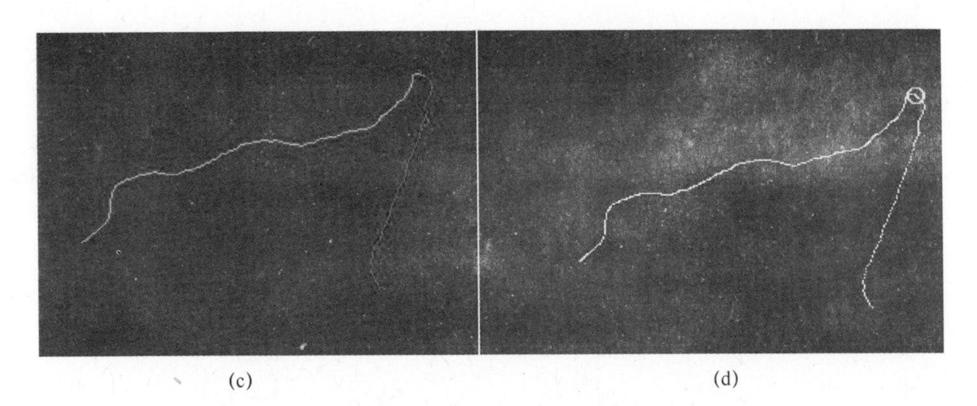

图 7-4　剖面原始图像、二值化图像及处理结果

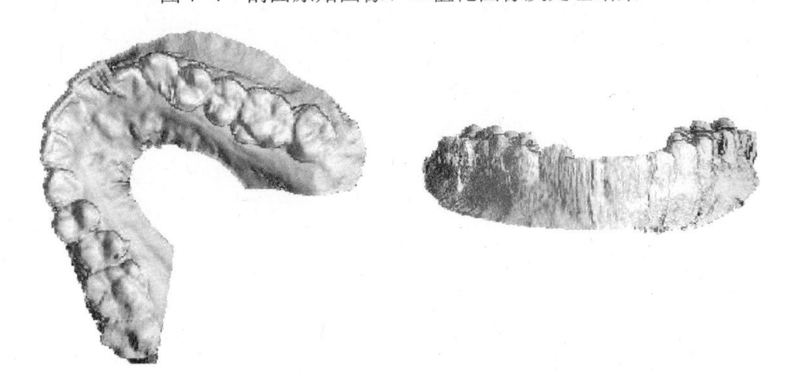

图 7-5　三维重构效果

7.3　点光源牙模激光三维扫描系统

在各种三维数字化方法中，利用点状激光束和线阵 CCD 实现非接触深度测量，结合机械扫描实现三维数字化的方案优点较多，如盲区较小、数据处理简单、深度测量的精度较高，不足之处是测量时间长，机械运动部件的叠加造成系统误差。但对模型的测量而言，时间不是重要指标，系统误差可通过调校与标定来消除，因此结合机械扫描实现三维数字化是一个较好的方案。下面介绍采用该方案的扫描仪结构设计，并讨论坐标计算与误差补偿方法。该扫描仪与作为控制计算机的计算机组成三维扫描系统，可完成牙颌石膏模型的实时三维数字化。

7.3.1　点光源牙模激光三维扫描仪结构

点光源牙模激光三维扫描仪结构见图 7-6。机械部分由水平转盘、直线导轨和垂直转盘组成。固定滑轨固定在水平转盘上，垂直转盘固定在移动滑轨上。

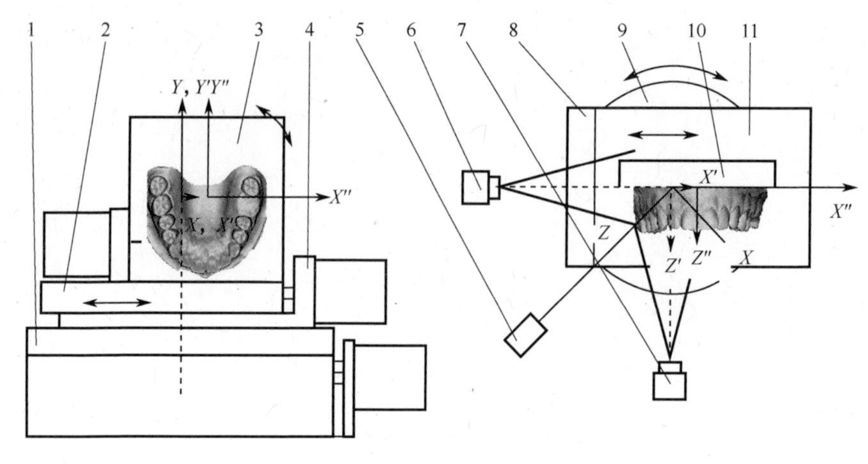

图 7-6　扫描仪结构

1，9—水平转盘；2，11—移动滑轨；3，10—垂直转盘；4，8—固定滑轨；5—激光器；6，7—CCD 摄像机。

被测石膏模型固定在垂直转盘上。激光准直光源与两个线阵 CCD 摄像机组成非接触深度测量装置。激光束在模型表面形成漫反射光斑，成像在 CCD 的像面上，通过对像点位置的测量可得到被测点的深度数据。采用两个 CCD 摄像机是为了减少测量的盲区。CCD 摄像机为自制，CCD 元件采用东芝公司的 TCD1206，像元数为 2160，像元尺寸为 $0.014mm^2$。物镜采用双弯月对称结构设计，相对孔径 0.1，焦距 86mm，物像比例为 1∶1。两个 CCD 摄像机在激光器两侧水平对称布置，共用一套驱动信号。CCD 输出的光斑脉冲宽度与波形会随被测深度的变化和被测面元法线的方向变化而变化，若用简单的阈值电路提取脉冲前沿或后沿位置作为光斑的实际位置会有较大误差，为此设计了专门的硬件电路来提取光斑脉冲的精确位置，主要设计思想是：采用高速 A/D 转换电路对两路 CCD 信号进行实时 A/D 转换，微处理器用 A/D 转换的结果进行实时的光斑能量重心计算，用重心位置作为光斑的实际位置。采用高速 A/D 器件和高性能微处理器的重心测量方案既保证了对测量精度的要求，又保证了实时性的要求。CCD 摄像机光轴与激光束夹角 40°，兼顾了减少盲区和测量灵敏度的要求。激光器输出光功率 0.2mW，在测量范围内最大光斑直径 0.1mm。所用水平转盘的分辨率为 0.00125°，重复定位误差小于 0.005°；垂直转盘的分辨率为 0.0025°，重复定位误差小于 0.01°；直线导轨的分辨率为 0.00125mm，重复定位误差小于 0.005mm；CCD 测深装置的平均像元分辨率为 0.013mm，误差小于 0.03mm。单个机械部件的运动精度远高于口腔医学最大误差 0.1mm 的要求。影响仪器综合精度的主要因素是机械部件的安装误差和 CCD 信号的处理。

7.3.2 坐标计算

使用三个坐标系：机架坐标系 XYZ、水平转盘坐标系 $X'Y'Z'$和垂直转盘坐标系 $X''Y''Z''$（即模型坐标系）。机架坐标系以激光束光轴为 Z 轴；水平转盘坐标系以转轴为 Y'轴，X'平行于直线滑轨；垂直转盘坐标系以转轴为 Z''轴，X''轴平行于直线滑轨。三个坐标系均是右手坐标系，理想情况下在初始位置时三个坐标系的对应轴重合。由 CCD 测深装置测出模型上激光光点在机架坐标系中的坐标[0，0，z]，通过坐标变换，最终投影到模型坐标系，可得到该点的模型坐标[x''，y''，z'']，利用机械运动，使光点遍历模型表面，从而完成模型的三维数字化。考虑安装误差，由 XYZ 坐标系向 $X'Y'Z'$坐标系投影，有

$$\begin{bmatrix}x' & y' & z' & 1\end{bmatrix}=\begin{bmatrix}-\Delta x & -\Delta y & z-\Delta z & 1\end{bmatrix}\boldsymbol{T}_z\boldsymbol{T}_x\boldsymbol{T}_y=\begin{bmatrix}-\Delta x & -\Delta y & z-\Delta z & 1\end{bmatrix}\boldsymbol{T} \quad (7.6)$$

$$\boldsymbol{T}=\begin{bmatrix}\cos\theta_y\cos\theta_z-\sin\theta_x\sin\theta_y\sin\theta_z & -\cos\theta_x\sin\theta_z & \sin\theta_y\cos\theta_z+\sin\theta_x\cos\theta_y\sin\theta_z & 0\\ \cos\theta_y\sin\theta_z+\sin\theta_x\sin\theta_y\cos\theta_z & \cos\theta_x\cos\theta_z & \sin\theta_y\sin\theta_z-\sin\theta_x\cos\theta_y\cos\theta_z & 0\\ -\cos\theta_x\sin\theta_y & \sin\theta_x & \cos\theta_x\cos\theta_y & 0\\ 0 & 0 & 0 & 1\end{bmatrix} \quad (7.7)$$

即由于安装误差，$O'X'Y'Z'$坐标架相对 $OXYZ$ 坐标架平移了 Δx、Δy、Δz，并依次绕 $Z'X'$轴旋转了 $\theta_z\theta_x$，而 θ_y 则由测量动作产生。用小角度正弦余弦公式，并略去高阶小量，得

$$\begin{cases}x'=-\Delta x\cos\theta_y-z\sin\theta_y+\Delta z\sin\theta_y\\ y'=-\Delta y+\theta_x z\\ z'=-\Delta x\sin\theta_y+z\cos\theta_y-\Delta z\cos\theta_y\end{cases} \quad (7.8)$$

由 $X'Y'Z'$坐标系向 $X''Y''Z''$坐标系投影，有

$$\begin{bmatrix}x'' & y'' & z'' & 1\end{bmatrix}=\begin{bmatrix}x'-\mathrm{d}x & y'-\mathrm{d}y & z'-\mathrm{d}z & 1\end{bmatrix}\boldsymbol{R}_x\boldsymbol{R}_y\boldsymbol{R}_z=\begin{bmatrix}x'-\mathrm{d}x & y'-\mathrm{d}y & z'-\mathrm{d}z & 1\end{bmatrix}\boldsymbol{R} \quad (7.9)$$

$$\boldsymbol{R}=\begin{bmatrix}\cos\alpha_y\cos\alpha_z & -\cos\alpha_y\sin\alpha_z & \sin\alpha_y & 0\\ \sin\alpha_x\sin\alpha_y\cos\alpha_z+\cos\alpha_x\sin\alpha_z & \cos\alpha_x\cos\alpha_z-\sin\alpha_x\sin\alpha_y\sin\alpha_z & -\sin\alpha_x\cos\alpha_y & 0\\ \sin\alpha_x\sin\alpha_z-\cos\alpha_x\sin\alpha_y\cos\alpha_z & \cos\alpha_x\sin\alpha_y\sin\alpha_z+\sin\alpha_x\cos\alpha_z & \cos\alpha_x\mathrm{cox}\alpha_y & 0\\ 0 & 0 & 0 & 1\end{bmatrix} \quad (7.10)$$

即由于安装误差，$O''X''Y''Z''$坐标架相对 $O'X'Y'Z'$坐标架平移了 dx、dy，并依次绕 X''、Y''轴旋转了 α_x、α_y，而 dz 和 α_z 则由测量动作产生。用小角度正弦余弦公式，并略去高阶小量，得

$$\begin{cases} x'' = (x' - \mathrm{d}x)\cos\alpha_z + (y' - \mathrm{d}y)\sin\alpha_z + (z' - \mathrm{d}z)(\alpha_x \sin\alpha_z - \alpha_y \cos\alpha_z) \\ y'' = -(x' - \mathrm{d}x)\sin\alpha_z + (y' - \mathrm{d}y)\cos\alpha_z + (z' - \mathrm{d}z)(\alpha_y \sin\alpha_z + \alpha_x \cos\alpha_z) \\ z'' = (x' - \mathrm{d}x)\alpha_y - (y' - \mathrm{d}y)\alpha_x + (z' - \mathrm{d}z) \end{cases} \quad (7.11)$$

7.3.3 误差分析

适当规定 *OXYZ* 坐标系原点在 *Z* 轴上的位置、*O'X'Y'Z'*坐标系原点在 *Y'*轴上的位置和 *O''X''Y''Z''*坐标系原点在 *Z''*轴上的位置，可使式（7.8）中 $\Delta z = \Delta y = 0$ 和式（7.11）中 dz=0，于是有

$$\begin{cases} x' = -\Delta x\cos\theta_y - z\sin\theta_y \\ y' = \theta_x z \\ z' = -\Delta x\sin\theta_y + z\cos\theta_y \end{cases} \quad (7.12)$$

$$\begin{cases} x'' = (x' - \mathrm{d}x)\cos\alpha_z + (y' - \mathrm{d}y)\sin\alpha_z + z'(\alpha_x \sin\alpha_z - \alpha_y \cos\alpha_z) \\ y'' = -(x' - \mathrm{d}x)\sin\alpha_z + (y' - \mathrm{d}y)\cos\alpha_z + z'(\alpha_y \sin\alpha_z + \alpha_x \cos\alpha_z) \\ z'' = (x' - \mathrm{d}x)\alpha_y - (y' - \mathrm{d}y)\alpha_x + z' \end{cases} \quad (7.13)$$

对式（7.12）进行全微分，得

$$\begin{cases} \mathrm{d}x' = \dfrac{\partial x'}{\partial\theta_y}\mathrm{d}\theta_y + \dfrac{\partial x'}{\partial z}\mathrm{d}z = (\Delta x\sin\theta_y - z\cos\theta_y)\mathrm{d}\theta_y - \sin\theta_y \mathrm{d}z \\ \mathrm{d}y' = \theta_x \mathrm{d}z \\ \mathrm{d}z' = \dfrac{\partial z'}{\partial\theta_y}\mathrm{d}\theta_y + \dfrac{\partial z'}{\partial z}\mathrm{d}z = -(\Delta x\cos\theta_y + z\sin\theta_y)\mathrm{d}\theta_y + \cos\theta_y \mathrm{d}z \end{cases} \quad (7.14)$$

用真误差代替微分，得

$$\begin{cases} |\Delta x'| \leqslant |(\Delta x\sin\theta_y - z\cos\theta_y)||\Delta\theta_y| + |\sin\theta_y||\Delta z| \\ |\Delta y'| = |\theta_x||\Delta z| \\ |\Delta z'| \leqslant |(\Delta x\cos\theta_y + z\sin\theta_y)||\Delta\theta_y| + |\cos\theta_y||\Delta z| \end{cases} \quad (7.15)$$

根据实际应用，在式（7.15）中：$|\Delta\theta_y| \leqslant 0.005\pi/180 \approx 8.7\times10^{-5}$rad，是水平转台的重复定位误差；$|\Delta z| \leqslant 0.03$mm，是 CCD 深度传感器测量误差；$|\Delta x| \leqslant 0.5$mm，$|\theta_x| \leqslant 6\times10^{-4}$rad，是系统安装误差；$z<30$mm，是 CCD 深度传感器测量范围。因此，有

$$\begin{cases} |\Delta x'| \leqslant |\Delta z| = 0.03\text{mm} \\ |\Delta y'| = 0 \\ |\Delta z'| \leqslant |\Delta z| = 0.03\text{mm} \end{cases} \quad (7.16)$$

对式（7.13）进行全微分，并用真误差代替微分，得

$$
\left\{
\begin{aligned}
\Delta x'' &= \frac{\partial x''}{\partial x'}\Delta x' + \frac{\partial x''}{\partial y'}\Delta y' + \frac{\partial x''}{\partial z'}\Delta z' + \frac{\partial x''}{\partial dx}\Delta \mathrm{d}x + \frac{\partial x''}{\partial \alpha_z}\Delta \alpha_z \\
&= \cos\alpha_z \Delta x' + \sin\alpha_z \Delta y' + (\alpha_x \sin\alpha_z - \alpha_y \cos\alpha_z)\Delta z' - \cos\alpha_z \Delta \mathrm{d}x - \\
&\quad (x' - \mathrm{d}x)\sin\alpha_z \Delta\alpha_z + (y' - \mathrm{d}y)\cos\alpha_z \Delta\alpha_z + z'(\alpha_x \cos\alpha_z + \alpha_y \sin\alpha_z)\Delta\alpha_z \\
\Delta y'' &= \frac{\partial y''}{\partial x'}\Delta x' + \frac{\partial y''}{\partial y'}\Delta y' + \frac{\partial y''}{\partial z'}\Delta z' + \frac{\partial y''}{\partial \mathrm{d}x}\Delta \mathrm{d}x + \frac{\partial y''}{\partial \alpha_z}\Delta \alpha_z \\
&= -\sin\alpha_z \Delta x' + \cos\alpha_z \Delta y' + (\alpha_y \sin\alpha_z + \alpha_x \cos\alpha_z)\Delta z' + \sin\alpha_z \Delta \mathrm{d}x - \\
&\quad (x' - \mathrm{d}x)\cos\alpha_z \Delta\alpha_z - (y' - \mathrm{d}y)\sin\alpha_z \Delta\alpha_z + z'(\alpha_y \cos\alpha_z - \alpha_x \sin\alpha_z)\Delta\alpha_z \\
\Delta z'' &= \frac{\partial z''}{\partial x'}\Delta x' + \frac{\partial z''}{\partial y'}\Delta y' + \frac{\partial z''}{\partial z'}\Delta z' + \frac{\partial z''}{\partial \mathrm{d}x}\Delta \mathrm{d}x \\
&= \alpha_y \Delta x' + \alpha_x \Delta y' + \Delta z' - \alpha_y \Delta \mathrm{d}x
\end{aligned}
\right. \tag{7.17}
$$

根据实际应用，在式（7.17）中：$|\Delta\alpha_z| \leqslant 0.01\pi/180 \approx 1.7\times10^{-4}\mathrm{rad}$，是垂直转台的重复定位误差；$|\Delta \mathrm{d}x| \leqslant 0.005\mathrm{mm}$，是水平导轨的重复定位误差；$|\mathrm{d}y| \leqslant 0.5\mathrm{mm}$，$|\alpha_x|$、$|\alpha_y| \leqslant 6\times10^{-4}\mathrm{rad}$，是系统安装误差；$|x'|$、$|y'| \leqslant 45\mathrm{mm}$，$z' \leqslant 30\mathrm{mm}$，是 CCD 测量范围。因此，式（7.17）可简化为

$$
\left\{
\begin{aligned}
&|\Delta x''| \approx |\cos\alpha_z||\Delta x'| \leqslant 0.03\mathrm{mm} \\
&|\Delta y''| \approx |-\sin\alpha_z||\Delta x'| \leqslant 0.03\mathrm{mm} \\
&\Delta z'' \approx \Delta z' \leqslant 0.03\mathrm{mm}
\end{aligned}
\right. \tag{7.18}
$$

误差与两个转台的角位移有关，且由于机械运动部件的精度较高，在给定的安装误差条件下，最大误差主要取决于 CCD 测深装置的误差。

7.3.4 调整与标定

1. 水平转盘的调整

水平转盘调整的目的是使转盘转轴与激光束光轴垂直并大致相交。水平转盘的调整可采用自准直方法，见图 7-7。

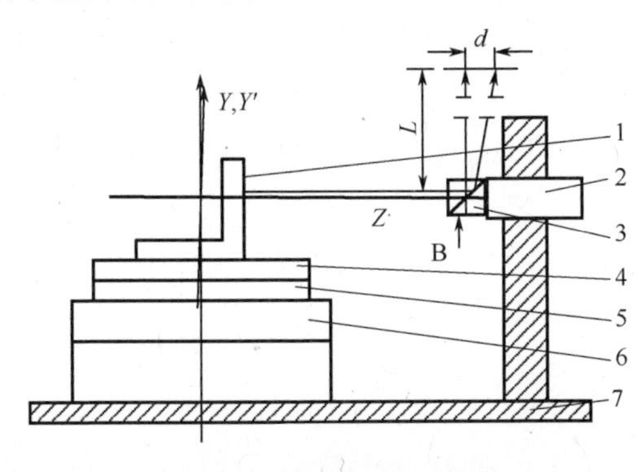

图 7-7 水平转盘的调整

1—反光镜；2—激光器；3—立方棱镜；4—移动滑轨；5—固定滑轨；6—水平转盘；7—机架。

机械加工精度能保证转盘转轴与移动滑轨上表面的垂直度满足应用要求。为了增加光程在激光器前放置立方棱镜，棱镜B面镀反射膜。滑轨上放置反光镜，使Y'轴与反射面平行。调整水平转盘安装位置与姿态，并转动反射镜使反射光束沿入射路径返回。应调整到距离为L的屏上两个光点重合，即d=0。转动转盘，重复上述调整过程，直到转盘在任意方向上屏上的两个光点都重合。这时水平转盘转轴与激光束光轴垂直度误差小于$d/2L$，可近似认为式（7.7）中$\theta_z=\theta_x=0$的情况。

2. **CCD标定**

原则上可在激光束上任选一点作为深度值z的测量参考点，即$OXYZ$坐标系的原点。实际操作中原点可选在Y'轴附近。转动转盘使滑轨运动方向与激光束平行，将反射镜面换成漫反射面，前后移动该反射面尽量使Y'轴过该表面，左右转动使其与激光束垂直。以此时反射面为z坐标测量的基准面，在计算机控制下移动滑轨，记录实际的深度值z_i和对应的CCD计数值d_i。表3-2是实际记录的CCD计数值与对应的深度值。根据三角测量的原理，被测点深度值与对应的CCD计数值具有非线性关系，为找到这一关系，可用最小二乘法进行曲线拟合。为了得到更精确的函数关系，采用人工神经网络的曲线拟合技术，并进行与最小二乘曲线拟合性能的对比。

根据前馈型人工神经网络的非线性映射能力[84]，用表3-2中的数据对人工神经网进行训练，可建立深度值z与CCD计数值d的映射关系。采用3层前馈人工神经网，中间层节点个数为5个，训练的结果示于图（3-13），横坐标代表CCD读数（0~2200），纵坐标是对应的z坐标值（0~30mm）。实心点代表采样值，小圆代表神经网络拟合值。同时也用抛物线进行了曲线拟合。数据表明，在样本数据集上，人工神经网络技术的均方误差更小，抛物线拟合在曲线两端点处误差较大。

3. **$\Delta x\Delta y$与Δz的确定**

对平面$z'=z_0$，应用式（7.8），将$\theta_y=0$，$\theta_y=\pi$代入，得

$$\Delta z=(z_1+z_2)/2 \tag{7.19}$$

式中：z_1、z_2分别为$\theta_y=0$和$\theta_y=\pi$时对平面$z'=z_0$的深度测量值。获得Δz后，可重新规定深度测量基点。以Z轴和Y'轴的公共垂线为X轴，此时有$\Delta y=\Delta z=0$。对平面$z'=z_0$，应用式（7.8），将$\theta_y=\pi/4$，$\theta_y=-\pi/4$代入，得

$$\Delta x=(z_1-z_2)/2 \tag{7.20}$$

式中：z_1、z_2分别为$\theta_y=\pi/4$和$\theta_y=-\pi/4$时对平面$z'=z_0$的深度测量值。

4. **垂直转盘的调整**

首先将水平转盘固定在零位，即滑轨与激光束垂直。将垂直转盘安装在移动滑轨上，反光镜平贴在垂直转盘表面，采用与水平转盘相同的调整方法，使

α_x=α_y=0。此时 Z、Z'、与 Z''轴平行，规定 XOY 平面与 Z''轴的交点为 $X''Y''Z''$坐标系原点，即 dz=0。

5. dy 的确定

对平面 $x''=x_0$，应用式（7.11），将 $\alpha_z=\pi/4$，$\alpha_z=-\pi/4$ 分别代入，得

$$\mathrm{d}y=(x_1'-x_2')/2 \tag{7.21}$$

将 $\theta_y=-\pi/2$ 代入式（7.4），得到 $x_1'=z_1$，$x_2'=z_2$。实际操作过程是：在垂直转盘上设置漫反射平面 $x''=x_0$，转动水平转盘到滑轨与激光束平行，即 $\theta_y=-\pi/2$；转动垂直转盘±π/4 进行两次深度测量，获得 $x_1'=z_1$，$x_2'=z_2$；代入式（7.21）求得 dy。最后，坐标计算公式为

$$\begin{cases} x''=-(\Delta x\cos\theta_y+z\sin\theta_y+\mathrm{d}x)\cos\alpha_z-\mathrm{d}y\sin\alpha_z \\ y''=-(\Delta x\cos\theta_y+z\sin\theta_y+\mathrm{d}x)\sin\alpha_z-\mathrm{d}y\cos\alpha_z \\ z''=-\Delta x\sin\theta_y+z\cos\theta_y \end{cases} \tag{7.22}$$

6. 主要指标

（1）扫描范围为 $\Phi\,90\times30\mathrm{mm}^3$；

（2）平移分辨率为 0.00125mm，重复定位误差小于 0.005mm；

（3）水平转动分辨率为 0.00125°，重复定位误差小于 0.005°；

（4）垂直转动分辨率为 0.0025°，重复定位误差小于 0.01°；

（5）光学测深装置的中误差为 0.03mm。

仪器调试完成后，用一个白色平板进行测试，扫描参数为：dx=20mm，θ_y 变化范围-30°~45°，α_z 变化范围 0°~360°。图 7-8（b）是对扫描数据进行三维重建的结果，扫描区域是平面上一个圆环带，z 坐标值为 8mm。横线为圆环绕 X 轴旋转 90°的投影，重构时没进行任何滤波处理。图 7-8（a）是某一条扫描线的原始数据，纵坐标代表 z 值，一周扫描数据的标准误差为 0.032mm。

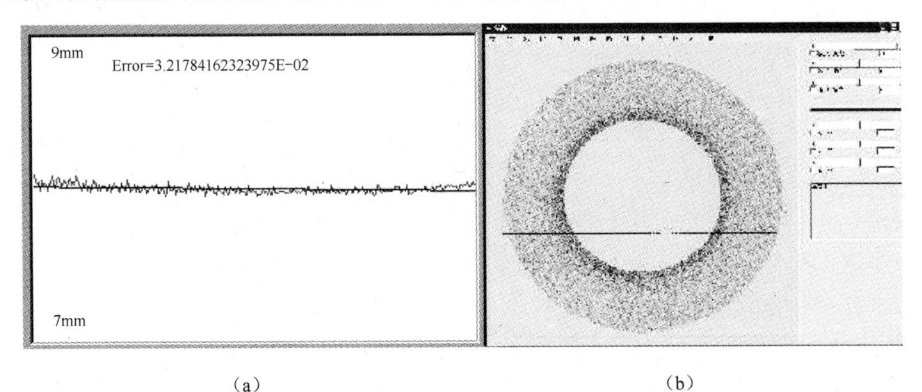

（a）　　　　　　（b）

图 7-8　扫描仪效果检查

图 7-9 为一上颌模型扫描后重建的三维效果。从图 7-9 得到的直观感觉是

清晰、精细、无盲区。北京大学口腔医学院吕培军教授、王勇高工曾用该扫描仪样机对多个模型进行了多次扫描，分析了精度与稳定性，并用扫描获得的标志点数据与用三坐标测量仪 YM-2115 获得的标志点数据进行了对照，结论是测量结果间无明显差异，重建后的图像清晰，牙齿咬合面窝沟点隙辨认清楚，牙齿外形高点以下部分显示完整，无明显扫描盲区[85]。

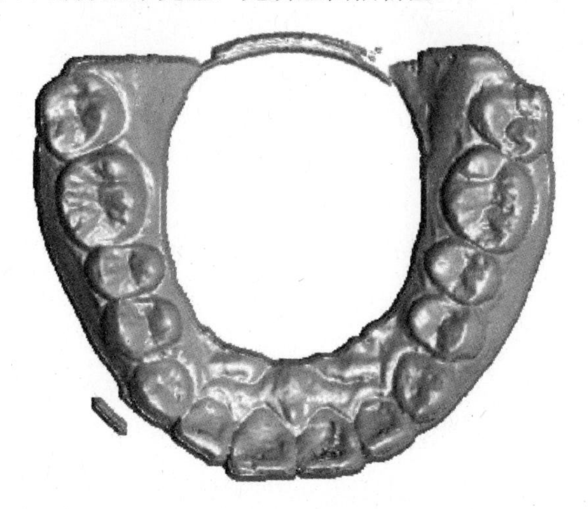

图 7-9 三维重构效果

7.4 点光源牙模激光三维扫描仪的电路设计

扫描仪的电路以微处理器为核心，包含串行通信电路、CCD 驱动电路和电机驱动电路，见图 7-10。微处理器完成 CCD 信号的采集，对信号进行处理，通过串行接口与主机通信，在主机的控制下，完成牙颌石膏模型的三维数字化。根据 7.3.2 节的分析，在给定的安装误差条件下，最大误差主要取决于 CCD 测深装置的误差。因此在电路设计中，要考虑尽量提高 CCD 光斑脉冲的位置测量精度。在实用中可以选择脉冲前沿、脉冲后沿、脉冲几何中心、脉冲能量中心作为脉冲的实际位置。在理想的条件下，信号脉冲的波形是一高斯函数，若被测点面元的法线与激光光轴有夹角，信号波形便不再对称，理论上选择光斑的能量重心作为光斑实际位置更符合实际情况，因此在电路中设置了双路高速 A/D 变换电路，对 CCD 信号进行实时数字化，供微处理器进行光斑能量重心的计算。

电路设计的原则是在满足应用指标的条件下，尽量简单、可靠、降低成本，元器件应易于获取，整体硬件性能应有利于充分发挥软件功能，硬件与软件有机结合，实现给定目标。

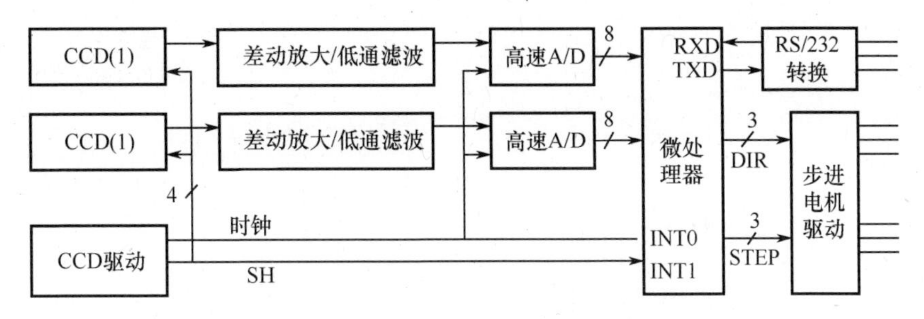

图 7-10　点光源牙模激光三维扫描系统电路框图

7.4.1　CCD 元件

采用日本东芝 TCD1206 线阵 CCD 器件。它由 2236 个 PN 结光电二极管构成光敏元阵列，其中前 64 个和后 12 个像元用作暗电流检测，有效像元是中间的 2160 个。光敏面的尺寸为长 14μm、高 14μm，相邻像元中心距 14μm，双列直插封装。TCD1206 CCD 器件结构原理见图 7-11。TCD1206 的驱动脉冲波形见图 7-12。SH 为转移脉冲，标志一个积分周期的开始。Φ_1 和 Φ_2 是两路相互反向的移位脉冲，在它们的作用下势阱中的光生电荷向左转移，最终经输出电路由 OS 电极输出。RS 是复位脉冲，每复位一次输出 1bit 信号。OS 是信号输出，DOS 是补偿信号输出，一般将它们送入差动放大器的输入端，抑制掉 RS 的共模干扰。

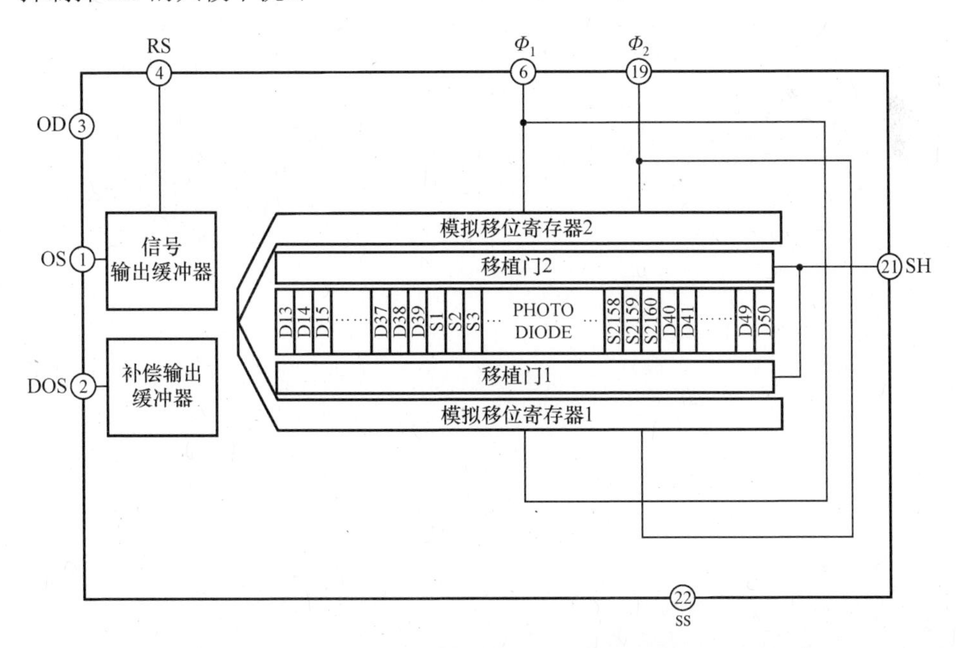

图 7-11　TCD1206 CCD 器件结构原理图

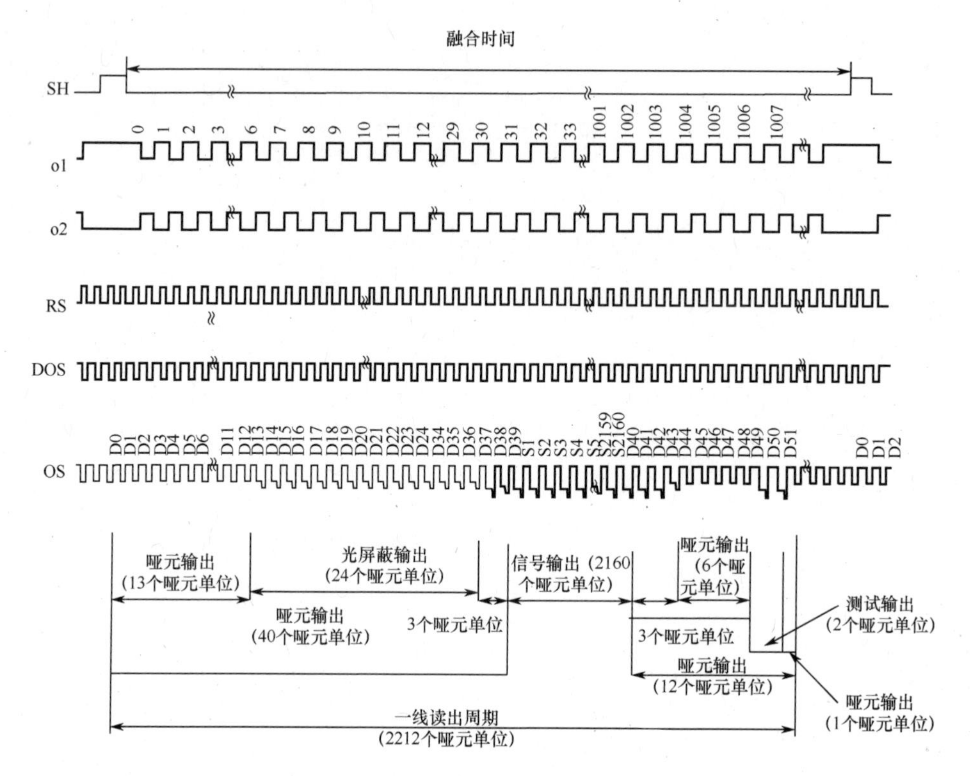

图 7-12　TCD1206 驱动脉冲波形图

7.4.2　A/D 变换器

A/D 变换器选用美国 TI 公司生产的新型模数转换器件（ADC）TL5510，它是一种采用 CMOS 工艺制造的 8bit 高阻抗并行 A/D 芯片，能提供的最大采样率为 20MSPS。TLC5510 模数转换器内含时钟发生器、内部基准电压分压器、1 套高 4bit 采样比较器、编码器、锁存器、2 套低 4bit 采样比较器、编码器和 1 个低 4bit 锁存器等电路。由于 TLC5510 采用了半闪速结构及 CMOS 工艺，因而大大减少了器件中比较器的数量，而且在高速转换的同时能够保持较低的功耗。在推荐工作条件下，TLC5510 的功耗仅为 130mW。TLC5510 不仅具有高速的 A/D 转换功能，而且还带有内部采样保持电路，从而大大简化了外围电路的设计。由于变换器内部带有标准分压电阻，因而可以从＋5V 的电源获得 2V 满刻度的基准电压。TLC5510 可在 50ns 内完成一次 A/D 转换。引脚和应用电路见图 7-13。它还可应用于数字 TV、医学图像、视频会议、高速数据转换等场合。

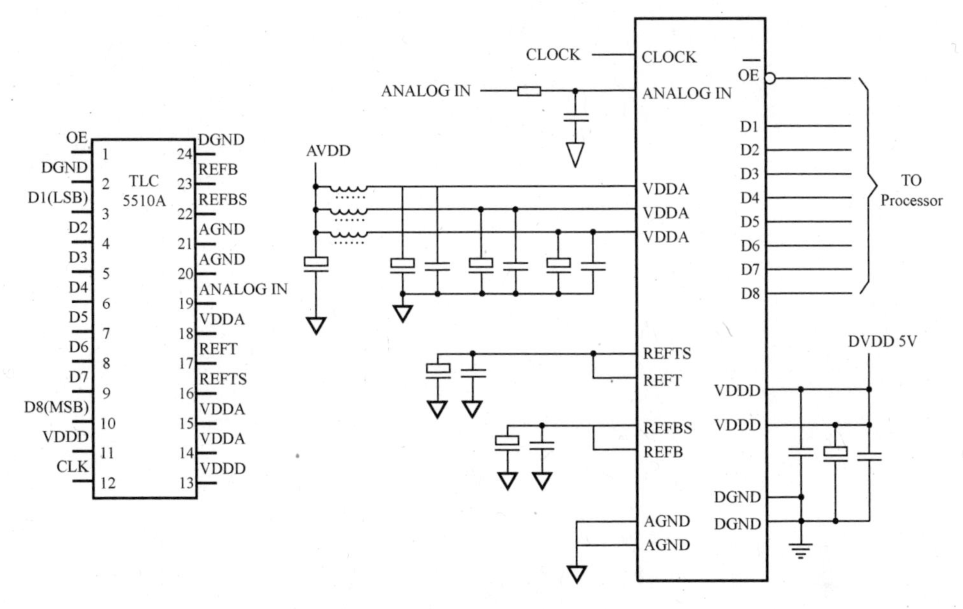

图 7-13　TLC5510 引脚与和应用电路

7.4.3　微处理器

微处理器选用 ATMEL 新一代高性能 8bit 嵌入式微处理器 ATmega8515，它是一种 RISC 结构、低功耗 CMOS、基于 AVR（ADVANCE RISC）的增强 RISC 高速 8bit 微处理器，在单指令时钟周期内可执行一条指令，执行速度可达 16MI/S。引脚图见图 7-14。从图 7-14 可见 ATmega8515 有 4 个 8bit 端口 PA、PB、PC 和 PD，端口各位均有位寻址功能。PD 口的第二功能包括两个外部中断引脚（INT0 和 INT1）和串行通信引脚（RXD 和 TDX），可方便地引入外部中断和实现与其他计算机系统的串行通信。

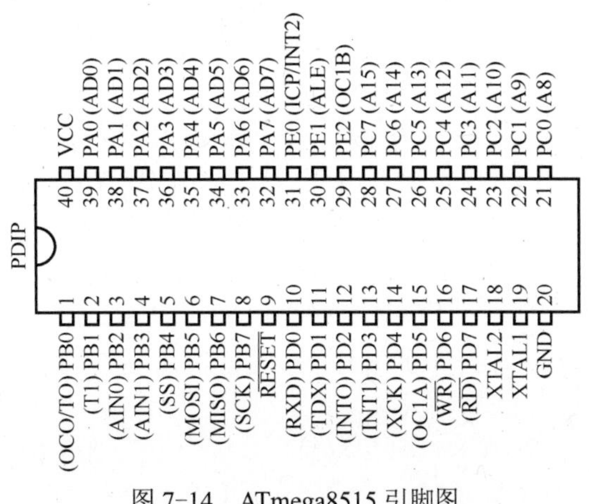

图 7-14　ATmega8515 引脚图

7.5 点光源牙模激光三维扫描系统的软件设计

扫描仪电路的特点是两路 CCD 传感器共用一套驱动信号同步工作，两套 A/D 转换电路对两路 CCD 输出信号同时转换，在一个像元周期内完成一次 A/D 变换，转换结果由微处理器的并行端口读取。

扫描仪在计算机的控制下工作，因此系统的软件由计算机的扫描控制软件和扫描仪微处理器的工作软件组成。两部分软件根据设计的通信协议，进行数据采样和数据的传输控制。

7.5.1 控制命令与数据格式

计算机发出的控制命令分为三类：三轴电机的运动控制命令、CCD 静态采集命令和 CCD 动态采集命令。电机运动控制命令控制各电机的方向、速度和步进总量，返回值为各轴行程开关的状态。CCD 静态采集命令仅对两路 CCD 信号进行单独采集或同时采集，电机不运转，主要用于对仪器的标定或自检。CCD 动态采集命令在电机运转的同时连续采集两路 CCD 信号，用于实际扫描。所有命令为 2B，第一字节为命令码，第二字节为命令参数。电机命令返回单字节，表示命令已执行，并指出运动部件是否归零或到达极限位置。CCD 命令每次返回两路 CCD 测量值的 3B 测量结果，该结果将在计算机中被转换成被测点的深度坐标。返回数据格式如表 7-2 所列。用 12bit 二进制表示测量结果，位置分辨率为 1/2 像元。若哪一个 CCD 传感器被遮挡，无光斑脉冲，则返回的 12bit 测量值为 0。

表 7-2 CCD 命令返回的数据格式

返回字节序号	7（MSB）--------------------------0（LSB）
1	CCD1 低 8bit（或 0）
2	CCD2 低 8bit（或 0）
3	CCD2 高 4bit（或 0）　　CCD1 高 4bit（或 0）

7.5.2 扫描仪微处理器软件

扫描仪微处理器软件的主体分为接收命令、执行命令、返回执行结果三个主要部分，采用查询方式工作。扫描仪加电后，首先完成初始化操作，主要包括对通用寄存器、堆栈、内存工作单元、串行通信接口的初始设置。扫描仪完成上电初始化，即处于命令接收状态。一旦接收到计算机命令，根据不同的命令进入不同的命令处理模块，执行有关代码，产生执行结果；向计算机发送结果后，扫描仪又准备好接收下一个来自计算机的命令。ATmega8515 内部结构图如图 7-15 所示。

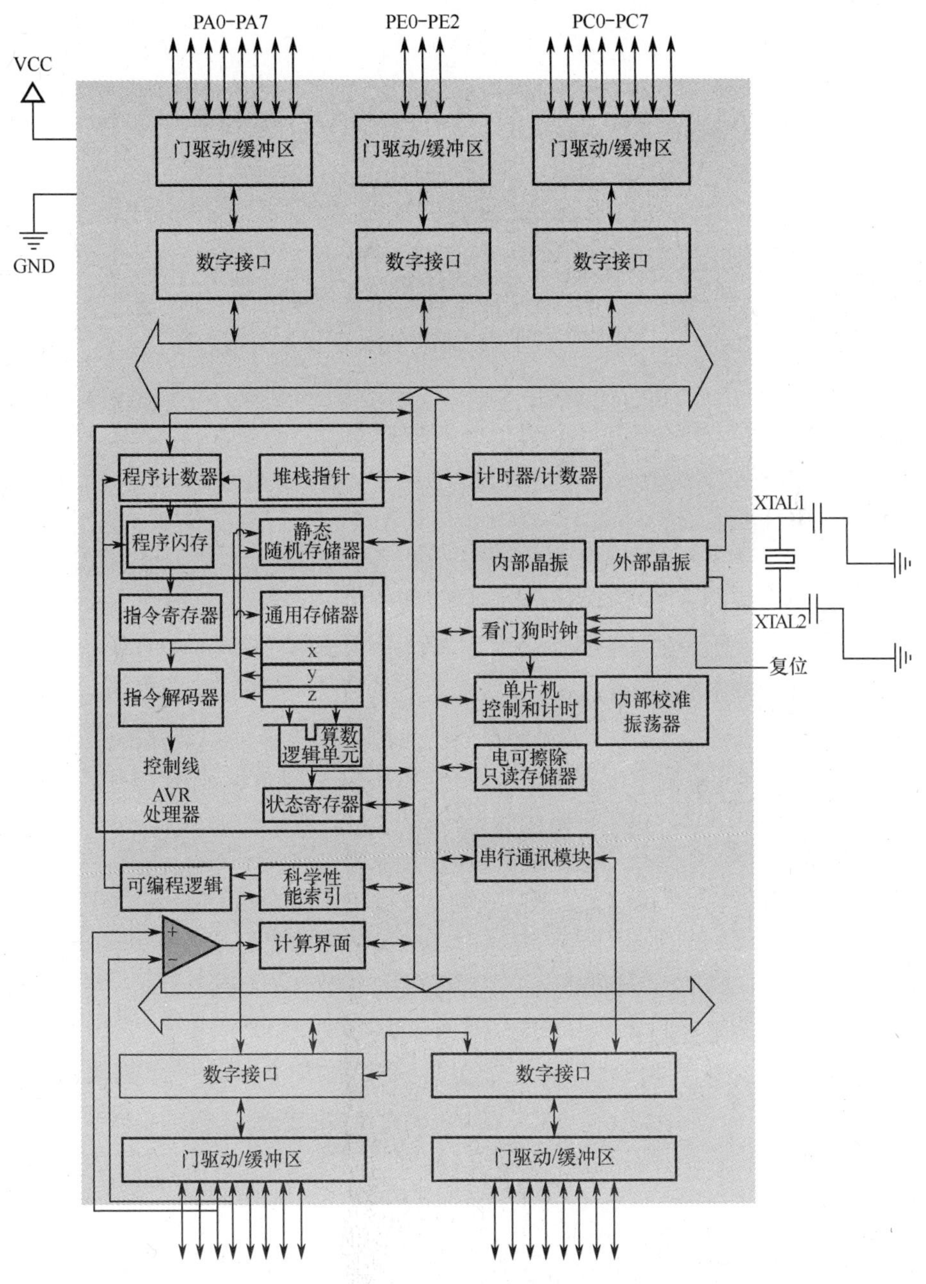

图 7-15　ATmega8515 内部结构框图

扫描仪微处理器软件的核心是实现对 CCD 输出信号的重心计算。参考图 7-16，重心计算的公式为

$$c = n + \left[\sum_{i=n}^{m} I(i) \cdot (i-n) \right] \Big/ \sum_{i=n}^{m} (i-n) \tag{7.23}$$

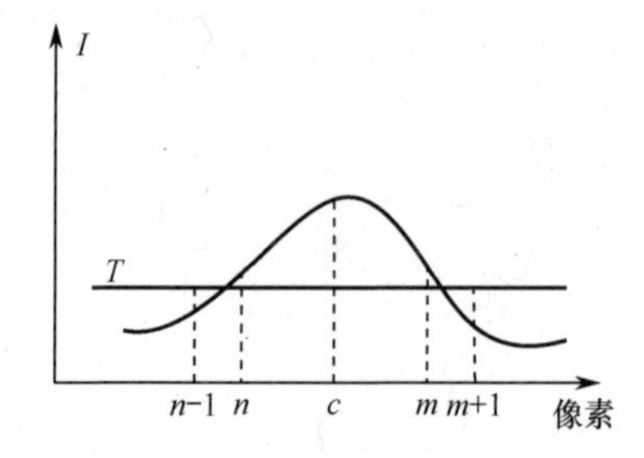

图 7-16 重心计算

从式（7-23）可知，为进行重心计算不仅要做多次乘法和累加，而且还要做一次除法。在扫描仪微处理器软件中，在 INT0 的中断服务程序中完成 A/D 转换结果的读取、像素计数、阈值比较、乘法和累加。ATmega8515 的无符号乘法只用 2 个机器时钟周期，这是实现重心算法的基础。在 INT1 的中断服务程序中完成各计数单元和累加单元的初始化、除法运算、数据编码，并启动串口发送过程。由于 ATmega8515 无硬件除法指令，用加减交替法来实现除法运算，共做 9 次加减法。

7.5.3 扫描控制软件

扫描控制软件用 VB6.0 编写，用 MScomm 控件实现基于 RS232 协议的串口通信，可实现对机械部件的运动控制、静态 CCD 数据采集、动态 CCD 数据采集、生成标定数据集、模型整体扫描等功能。模型扫描的原始数据以文件的形式保存，供进一步的处理。图 7-17 是计算机扫描控制软件的操作界面，易于理解和掌握，操作十分简单。图 7-18 是扫描仪实物照片。

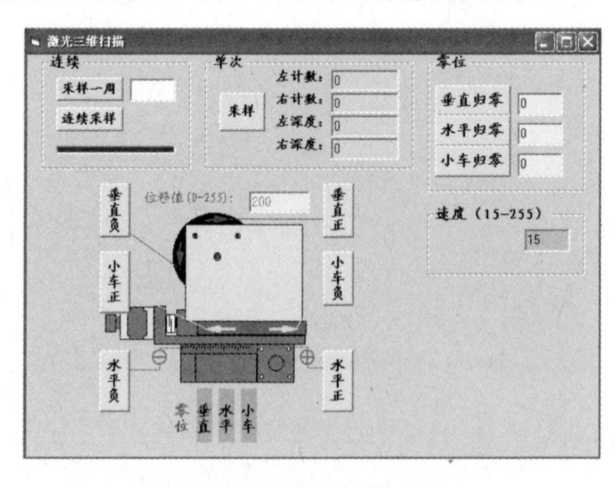

图 7-17 扫描控制软件操作界面

图 7-18　扫描仪实物照片

采用激光线状光束 CCD 测量技术结合特定机械扫描方案，优点是可最大限度减少盲区，数据处理简单，实时化程度高，精度高；缺点是扫描时间较长，本系统的一次扫描时间为 30min。

第 8 章　牙颌模型三维数据处理技术

8.1　概述

第 7 章主要讨论了牙颌模型三维扫描仪的硬件实现。本章将讨论对所获得的数据的处理，主要包括双路采样数据的融合、缺失数据的修补与三维坐标的生成、数据压缩存储、三维重构、三维交互几何测量、三维变换等。以上内容是实现“口腔修复 CAD/CAM 系统”和“计算机辅助义齿设计与制造系统”的基础和重要组成部分。双路采样数据的融合，首先将两路 CCD 传感器获得的深度信息变换为深度坐标，然后按采样轨迹综合为无冗余的深度坐标集合。缺失数据的修补与三维坐标的生成，首先依据一定算法对深度坐标集合中少量的缺失元素进行插值修补，然后按式（7.22）得到模型各被测点的三维坐标集合。由于采样点密集，获得的三维坐标集合数据量庞大，有必要研究适合模型数据保存的压缩方法，减少存储空间需求。三维重构技术再现模型的三维视图，以便充分发挥计算机的图形处理功能，从数据中获得更多的有用信息，用于医学研究和临床，为医学研究和疾病治疗提供新的手段和途径。测量分析是进行任何形态学研究必不可少的一项内容，牙颌模型的研究也不例外。以牙颌畸形的诊断治疗为例，需要测量的项目有牙冠宽度的测量、牙弓曲线长度的测量、牙弓拥挤度的测量、牙弓宽度的测量、基骨测量、Spee's 曲线曲度的测量等，详细的测量内容可达数百项[86-88]。这些测量项目提供了牙齿、牙列、腭弓与基骨的基本数据信息，是临床诊断、制定治疗方案以及进行疗效评估的重要依据。以往的测量都是用分规和游标卡尺在石膏模型上完成的。基于三维图形的计算机交互测量可以大大丰富测量项目，并提供手工测量无法实现的效率。应用数学工具可以对模型三维数据进行各种变换，如：整体线性变换可提供不同观察角度的三维视图；局部线性变换可虚拟个别牙齿的移动，用于正畸治疗的虚拟排牙或修复治疗的义齿设计；特殊的变换则有助于数据的交互测量；非线性变换可以整体或局部地改变牙齿和牙弓的形状，对义齿的设计和修复治疗有重要意义。

8.2 模型三维数据集合的生成

8.2.1 双路采样数据的融合

扫描生成两个数据集合{Z_l（i，j）}与{Z_r（i，j）}，Z_l与Z_r分别是左、右两路CCD传感器输出的反映被测点z坐标值的计数值。这里提出如下规定，即

$$\begin{cases} \theta_y = i \cdot \Delta\theta_y & i = 0,1,2,\cdots,I_{\max} \\ \alpha_z = j \cdot \Delta\alpha_z & j = 0,1,2,\cdots,J_{\max} \\ Z(i,j) = \begin{cases} Z(\theta_y,\alpha_z) & \neg B \\ 0 & B \end{cases} \end{cases} \tag{8.1}$$

式中：B为被测点是盲点；$\Delta\theta_y$，$\Delta\alpha_z$分别为y、z轴转盘步进当量。将左、右两路CCD传感器输出的计数值Z_l与Z_r用人工神经网络或多项式拟合技术分别转换为机架坐标系的z坐标值z_l与z_r，即

$$\begin{cases} z_l = \sum_p W_{Lp} / (1 + \mathrm{e}^{-\sum_q w_{lq} \cdot Z_l + w_{ltq}}) \\ z_r = \sum_p W_{Rp} / (1 + \mathrm{e}^{-\sum_q w_{rq} \cdot Z_r + w_{rtq}}) \end{cases} \quad \text{（神经网络变换公式）} \tag{8.2}$$

$$\begin{cases} z_l = a_l Z_l^2 + b_l Z_l + c_l \\ z_r = a_r Z_r^2 + b_r Z_r + c_r \end{cases} \quad \text{（二次多项式拟合变换公式）} \tag{8.3}$$

神经网络变换公式中，各权值W_L、W_R、w_l、w_r通过对标定数据的训练获得。二次多项式拟合转换公式中，各系数a_l、b_l、c_l、a_r、b_r、c_r根据标定数据集用最小二乘法获得。系统实际使用的数据见表8-1和表8-2。

表8-1 二次多项式拟合变换公式系数

a_l	b_l	c_l	a_r	b_r	c_r
-0.02783734	2.012631	1.479785	-0.02772536	2.012043	1.477887

表8-2 神经网络变换公式权值

p，q	w_l	w_{lt}	W_L
0	0.195115377392962	-1.88510600361843	13.6565243176506
1	-1.80498955562747	0.210565963175666	-7.38182122690643
2	0.190179842614699	-3.20221379984957	13.3694376542465
3	-.342741754962838	0.974195380484339	-7.55201826867207
4	1.96751881703264	-.344526591675997	-5.42736305595595

（续表）

	w_r	w_{rt}	W_R
0	0.188083695864103	−1.7828993956225	13.7057107820819
1	−1.69263394775351	0.123623891214785	−7.36116612901636
2	0.19346028316342	−3.28775958917062	13.4217801360357
3	−0.31891875561995	1.03843021483034	−7.56172296470038
4	2.01399866335307	−.436708353101658	−5.39716545875743

无论用哪种变换方法，若 Z_l=0，取变换结果 z_l=0。同样，若 Z_r=0，取变换结果 z_r=0。数据融合的过程很简单，某扫描线的数据融合实际情况见图 8-1。过程描述如下：

```
For (i = 0, i<= Imax, i++)
For (j = 0, j<= Jmax, j++) {
If (zl (i, j) == 0 & zr (i, j) ==0) z (i, j) = 0;
  If (zl (i, j) == 0 & zr (i, j) !=0) z (i, j) = zr (i, j) ;
  If (zl (i, j) != 0 & zr (i, j) ==0) z (i, j) = zl (i, j) ;
If (zl (i, j) != 0 & zr (i, j) !=0) z (i, j) = (zl (i, j) +
zr (i, j)) /2;}
```

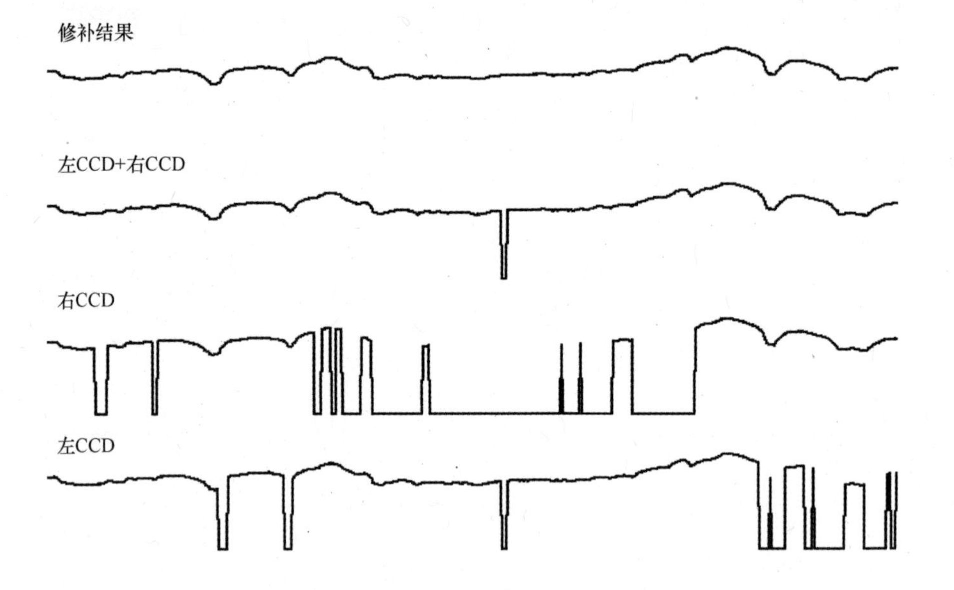

图 8-1 双路采样数据的融合

8.2.2 数据的修补与三维坐标的生成

除了医学领域的应用，利用激光三维扫描进行零部件曲面的重建和还原制造在工业领域有着广泛的应用。特别是最近几年，逆向工程在我国得到快速发展和推广，基于实物的产品改进、仿制已经越来越多[89, 90]。在采用光学三角法的测量系统中，由于物体表面结构的特殊性或装夹等原因造成光线的遮挡，或附加标志物等造成某些部位的数据无法获取，数据的缺失是不可避免的[91]，因此对盲区的修补是此类应用的重要内容。无论何种修补方法，依据的事实是孔洞区域与周围曲面之间具有一定的连续性。修补可以沿扫描线按切向延拓的方法在一维的方向上进行，也可以按曲面拟合或曲面插值的思想在二维的方向上进行，例如在孔洞部位依据周围的测量点建立一张局部曲面片，再用面上取点的策略补出孔洞部位所缺的点。文献[92]提出了一种基于逼近的三角曲面片构造方法，该方法首先在孔洞附近交互拾取不共线的 3 个点，构成一个三角形，然后利用三角形内的已知点建立待求的三角 Bezier 曲面片方程，用迭代方法求解，最后在三角曲面片上进行等参数间隔取点，完成修补。该方法适用于曲面较光滑、孔洞数量较少、孔洞范围较大的情况。文献[93]提出了一种利用人工神经网络进行数据修补的方法，利用前馈型人工神经网络的泛化能力实现缺失数据的修补。在本研究中，仪器的双 CCD 结构和所采用的扫描轨迹使得扫描盲区很小，实测数据表明经过两路数据的融合处理后 0 元素的个数与元素总数之比小于 0.15%，孔洞表现为少量散在的小范围数据丢失，多数孔洞的宽度为一个元素。原因可能是震动使像点偏离 CCD 靶面或表面微观起伏对光线的遮挡。图 8-2 是对一副上、下颌模型的实测结果，将 $z(i, j)$ 转换为定义在 i, j 平面上的亮度值就得到了图 8-2。对于孔洞，亮度取最大值。上、下颌缺失数据与元素总数之比分别为 0.131%和 0.1395%。即便如此，也要对数据进行修补，否则在三维重构时会产生异常。牙颌模型表面的特点是形态复杂，且存在大量的尖窝点隙。孔洞的特点是散在、细小。以上特点决定了修补算法不能采用大量的人工交互技术。根据牙颌模型的特点，本节设计了 4 种孔洞修补方法，并用实际扫描数据进行了实验。

1. **孔洞修补方法**

（1）双 m 次多项式逼近修补方法。

对于较大的孔洞，以交互方式指定包含孔洞的矩形区域，对角顶点坐标分别为（P_0，Q_0）和（P_e，Q_e）。首先定义多项式函数，即

$$F(p,q)=\sum_{i=0}^{m}\sum_{j=0}^{m}a_{i,j}p^i q^j \tag{8.4}$$

定义构造函数，即

$$\varphi(a_{i,j})=\sum_{p=P_0}^{P_e}\sum_{q=Q_0}^{Q_e}d_{p,q}\left[\sum_{i=0}^{m}\sum_{j=0}^{m}a_{i,j}p^i q^j - z_{p.q}\right]^2 (i,j=0,1,\cdots,m;p=P_0+1,P_0+2,\cdots,P_e;\ q=Q_0+1,Q_0+2,\cdots,Q_e) \tag{8.5}$$

式中：$d_{p,q}$为加权系数，对于孔洞边界的点，赋予较大的权重，对于孔洞内部的点，取0值。令

$$\frac{\partial \varphi}{\partial a_{I,J}} = 2\sum_{p=P_0}^{P_e}\sum_{q=Q_0}^{Q_e} d_{p,q}[\sum_{i=0}^{m}\sum_{j=0}^{m} a_{i,j}p^i q^j - z_{p,q}]p^I q^J = 0 \qquad (I,J = 0,1,2,\cdots,m) \quad (8.6)$$

或

$$\sum_{i=0}^{m}\sum_{j=0}^{m} a_{i,j}\sum_{p=P_0}^{P_e}\sum_{q=Q_0}^{Q_e} d_{p,q}p^{i+I}q^{j+J} = \sum_{p=P_0}^{P_e}\sum_{q=Q_0}^{Q_e} d_{p,q}z_{p,q}p^I q^J \quad (8.7)$$

若令 $\sum_{p=P_0}^{P_e}\sum_{q=Q_0}^{Q_e} d_{p,q}p^I q^J = S_{I,J}$， $\sum_{p=P_0}^{P_e}\sum_{q=Q_0}^{Q_e} d_{p,q}z_{p,q}p^I q^J = T_{I,J}$，则可得

$$\sum_{i=0}^{m}\sum_{j=0}^{m} a_{i,j}S_{i+I,j+J} = T_{I,J} \qquad (I,J = 0,1,\cdots,m) \quad (8.8)$$

这里有（m+1）^{2}个方程，可以解出（m+1）^{2}个未知数$a_{0,0}$, $a_{0,1}$，…，$a_{m,m}$，代入式（8.4）即可求得缺失点的修补值。

（2）人工神经网络修补方法。

对于较大的孔洞，可以利用前馈型人工神经网络的泛化能力实现缺失数据的修补。以交互方式指定包含孔洞的矩形区域，对角顶点坐标分别为（P_0，Q_0）和（P_e，Q_e）。对于区域内的非0元素z（p，q），建立训练矢量对集合{<（p，q），z>|z（p，q）≠0}，对一个具有单隐层节点的前馈型网络进行训练，当误差下降到一定程度后，即可用来对孔洞进行修补。

（3）邻点平均修补方法。

当孔洞较小时，可以采用一种简单的算法对缺失数据进行修补。以一定的顺序遍历整个平面，对于0元素，在孔洞周围一个小邻域内，对非0元素先求和后取平均，以得到的平均值替换0元素。设z（I，J）=0，邻域是边长为2L+1的正方形，算法描述如下：

```
Ave=0;
Count=0;
For (i=I-L, i<=I+L;i++)
For (j=J-L, j<=J+L, j++)
If (z (I, J) !=0 { Ave+=1;Count+=1;}
Z (I, J) =Ave/Count;
```

（4）一维线性插值修补方法。

当孔洞较小时，可以只沿一维方向进行修补，具体方法是：沿经度或纬度方向找到孔洞的前后边缘，作直线连接上述边缘，在直线上取点完成修补。

（5）修补方法比较。

上述方法中，前两种适用孔洞较大的情况，需要一定交互操作；后两种方法适用于孔洞较小的情况，可实现全自动修补。前三种方法利用了孔洞周围曲面上采样点的信息，第 4 种方法只利用了缺失曲线段两端点信息。神经网络比多项式具有更强的映射能力，从理论上讲更适合于像牙颌模型表面这样的复杂三维曲面的修补，但需要较多的交互操作。前两种方法与后两种方法可结合使用，若数据中存在少量较大面积的孔洞，可先用第 1 种或第 2 种方法进行修补，然后再用第 3 种或第 4 种方法对所有小孔洞进行自动修补。

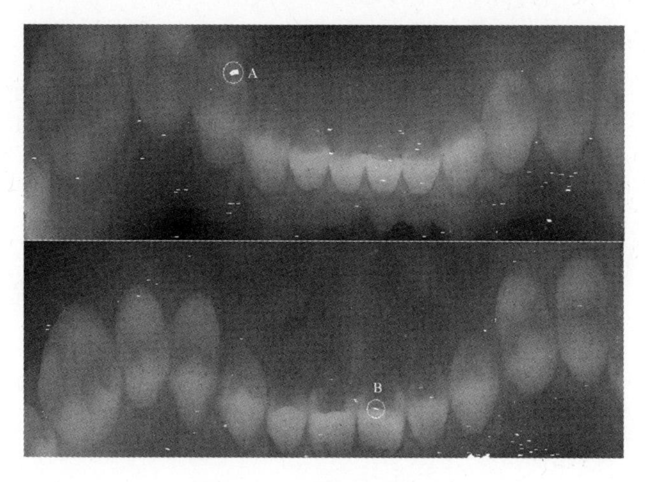

图 8-2　深度数据的缺失

图 8-3 是实际修补的结果，对应图 8-2 中的 A 和 B 区域。图 8-3（a）是沿经线方向进行线性插值修补的结果，图 8-3（b）是用邻点平均法修补的结果，图 8-3（c）是用双 2 次多项式拟合方法修补的结果，图 8-3（d）是用神经网络方法修补的结果。多项式拟合具有数据平滑作用，图 8-3（c）的修补区域看上去要比图 8-3（d）的修补区域光滑。

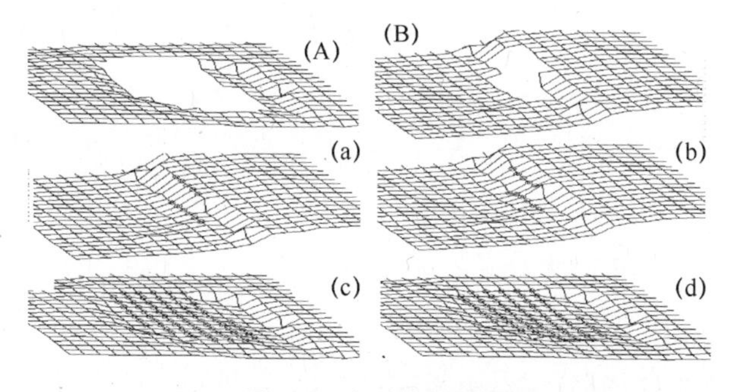

图 8-3　实际修补效果

2. **三维坐标集合的生成**

修补以后得到的数据集是按扫描路径得到的机架坐标系 z 坐标数值。为进行后继处理，要把 z 坐标转换为模型直角坐标（x''，y''，z''），使用的公式是式（7.22）。由于扫描过程是有序的，为恢复模型直角坐标（x''，y''，z''）所需要的 θ_y 与 α_z 信息隐含在 z 的顺序号中。数据最终以文件的形式保存，由于只存储 z 坐标比存储（x''，y''，z''）坐标节省大量存储空间，故直接保存 z 坐标集合和必要的转换信息最合理，实际上保存的是经过降噪处理和压缩的 z 坐标集合。为便于交叉调用，还编写了由 z 坐标集合转换为通用的 IGI 格式三维数据文件的转换程序，IGI 格式如下：

文件头

L_1，N_1

X_{11}，Y_{11}，Z_{11}，X_{12}，Y_{12}，Z_{12}，…，X_{1N1}，Y_{1N1}，Z_{1N1}

…

L_i，N_i

X_{i1}，Y_{i1}，Z_{i1}，X_{i2}，Y_{i2}，Z_{i2}，…，X_{iNi}，Y_{iNi}，Z_{iNi}

L_{i+1}，N_{i+1}

…

文件结束标志

注：L_i 是扫描线序号，N_i 是该行扫描线上的采样点数，X_{ij}，Y_{ij}，Z_{ij} 是坐标值，$j=1$，2，…，N_i。

8.3 模型的三维变换与显示

从效果来说，对三维坐标集合的变换可分为线性变换和非线性变换。对于线性变换，若变换前是直线上的点，则变换后仍在同一直线上；对于非线性变换，直线经变换后一般不再是直线。对于三维坐标集合代表的形体，变换后的数据将产生新的形体。对于牙颌三维坐标数据，两类变换都是有用的。整体的线性变换可改变图形的大小、观察角度，供医生进行直观观察；而局部的线性变换可以改变一颗或几颗牙齿在牙弓上的位置，用于治疗方案设计、虚拟排牙等。

8.3.1 矢量的齐次坐标表示与坐标变换

在计算机图形学中，向量是以齐次坐标表示的。所谓齐次坐标表示法就是由 $n+1$ 维矢量表示一个 n 维矢量[94]。n 维空间中点的位置矢量用非齐次坐标表示时，具有 n 个坐标分量（P_1，P_2，…，P_n），且是唯一的。若用齐次坐标表示时，此矢量有 $n+1$ 个分量（hP_1，hP_2，…，hP_n，h），且不唯一。对三维空间中坐标点的齐次表示为[*hx hy hz h*]。采用齐次坐标表示的优越性主要有以下两点。

（1）提供了用矩阵把 *n* 维空间的一个点集从一个坐标系变换到另一个坐标系的有效方法，例如三维齐次坐标变换矩阵为

$$\boldsymbol{T}_{3D}=\begin{bmatrix} a_{11} & a_{12} & a_{13} & a_{14} \\ a_{21} & a_{22} & a_{23} & a_{24} \\ a_{31} & a_{32} & a_{33} & a_{34} \\ a_{41} & a_{42} & a_{43} & a_{44} \end{bmatrix} \tag{8.9}$$

（2）可以表示无穷远点。例如 *n*+1 维中，*h*=0 的齐次坐标实际上表示了一个 *n* 维的无穷远点。

从变换功能上，$\boldsymbol{T}_{3D}$ 可分为 4 个子矩阵，其中：$\begin{bmatrix} a_{11} & a_{12} & a_{13} \\ a_{21} & a_{22} & a_{23} \\ a_{31} & a_{32} & a_{33} \end{bmatrix}$产生比例、旋转、错切等几何变换；$[a_{41} \quad a_{42} \quad a_{43}]$产生平移变换；$[a_{14} \quad a_{24} \quad a_{34}]^{\mathrm{T}}$产生投影变换；$[a_{44}]$产生整体比例变换。

应用齐次坐标，可以采用相同的矩阵运算形式实现旋转、平移等变换。在实际应用中，一般交互输入变换要求，然后根据矩阵运算规则，生成实现组合变换的变换矩阵。旋转与平移等基本的变换可通过简单的推导获得，例如对于旋转变换，可通过两角和的正弦公式得到，应用矢量方法来推导则更加直观。举例如下：求点绕 *z* 轴的旋转。设点 *p*（*x*，*y*）绕 *z* 轴按顺时针方向旋转角$-\theta$，根据相对运动原理，可看作坐标轴 *x*、*y* 按逆时针方向绕 *z* 轴转动角$-\theta$，坐标系 *Oxyz* 变为 *Ox′y′z′*，点 *p*（*x*，*y*）的坐标在新的坐标系中变为 *p′*（*x′*，*y′*），如图 8-4 所示。

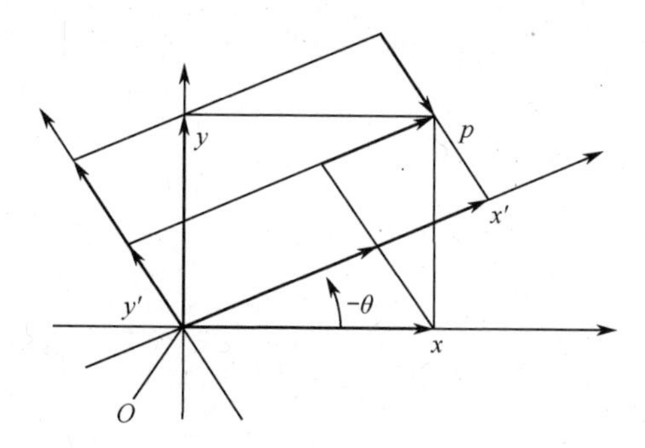

图 8-4　绕 *z* 轴的旋转

绕 *z* 轴的变换矩阵为

$$\boldsymbol{T}=\begin{bmatrix} \cos\theta & \sin\theta & 0 & 0 \\ -\sin\theta & \cos\theta & 0 & 0 \\ 0 & 0 & 1 & 0 \\ 0 & 0 & 0 & 1 \end{bmatrix} \tag{8.10}$$

点在 $\boldsymbol{T}$ 的作用下变为

$$\begin{cases} x' = x\cos\theta - y\sin\theta \\ y' = x\sin\theta + y\cos\theta \\ z' = z \end{cases} \tag{8.11}$$

绕其他轴的旋转变换公式可用类似的图来证明。

8.3.2 牙颌模型整体三维坐标变换与真实感图形生成

整体有真实感的牙颌图形可用于直观观察，医生可以借助计算机图形技术对所显示的图形进行旋转、移动、局部放大等操作，在计算机上观察到不同效果的视图，了解相关信息，为诊治工作提供帮助。三维坐标变换是生成真实感图形的第一步，作用相当于改变物体在世界坐标系中的位置与姿态。若形体的表面有参数形式的曲面表达式，可对表达式直接进行坐标变换，从而提高执行坐标变换的效率。应用对象是自然的牙颌模型，由于曲面结构复杂，且无参数曲面表达式，故变换仍只能基于点的坐标变换，即：根据观察需要，应用一个变换矩阵对全部数据进行坐标变换，再经过透视变换、消隐处理、光照计算最后生成具有真实感的图形。图 8-5 是实际的三维显示效果。该软件用 VB6.0 编写，实现的过程大体上经过坐标变换、三维数据重采样、三角网格生成、Z-BUFFER 消隐处理、光照计算等过程，这些过程中所采用的处理技术与算法在《计算机图形学》教材中均有介绍，这里不再详述。显示窗口 800×800 像素。由于坐标变换涉及三角函数计算，为提高效率，在进行三维坐标变换时，根据交互输入的变换参数（考虑满足基本的观察要求，主要为旋转和平移参数），首先生成变换矩阵，然后用该矩阵对全部的三维坐标进行变换。该程序可以生成精细、清晰的真实感三维视图，能交互进行旋转、平移、缩放等操作。

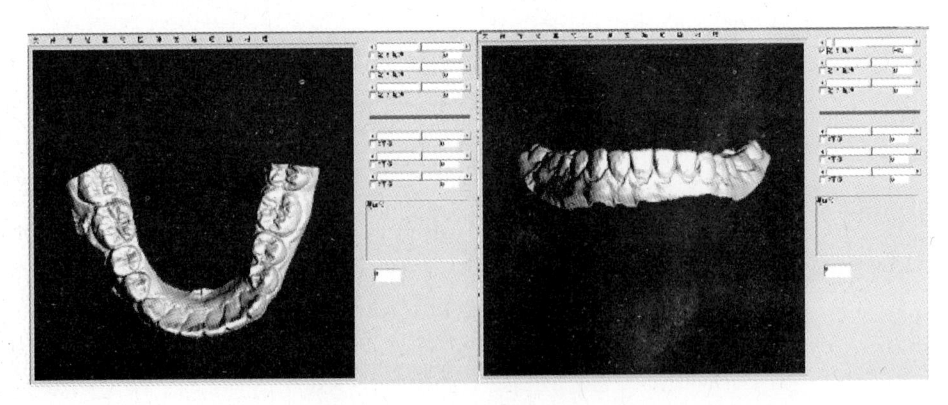

图 8-5　牙颌模型三维变换与显示

8.4 基于小波变换的数据降噪与压缩

8.4.1 深度数据的小波降噪处理

一般来说，任何实际数据采集装置所采集的数据都带有噪声，为了后续更高层次的处理，需要进行降噪。人们根据实际应用的特点、噪声的统计特征和频谱分布的规律，发展了各式各样的去噪方法，其中最为直观的方法是根据噪声能量一般集中于高频，而有用信号频谱则分布于一个有限区间的特点，采用低通滤波方式来进行信号去噪，例如滑动平均窗滤波器、Wiener 线性滤噪器等[95]-[107]。近年来，小波理论得到了非常迅速的发展，而且由于具备良好的时频特性，因而实际应用也非常广泛。在去噪领域中，小波理论也同样受到了许多学者的重视，应用小波进行去噪，并获得了非常好的效果[108-115]。小波去噪方法大体可以分成小波阈值法、投影方法、相关方法三类。

小波阈值法又可分成两类：第 1 类方法通过设定合适的阈值，首先将小于阈值的系数置零，将大于阈值的小波系数予以保留，然后经过阈值函数映射得到估计系数，最后对估计系数进行逆变换，就可以实现去噪和重建，称为阀值萎缩去噪法；第 2 类方法则通过判断系数被噪声污染的程度，并为这种程度引入各种度量方法（例如概率和隶属度等），进而确定小波系数萎缩的比例，所以这种方法又称为比例萎缩去噪方法。

投影方法的降噪原理是将带噪信号以一种迭代的方式，投影到逐步缩小的空间，由于最后的空间能更好地体现原信号的特点，所以投影法也能够有效地区分噪声和信号。较为著名的投影方法是 Mallat 提出的交替投影算法。

相关方法主要是指信号在各层相应位置上的小波系数之间往往具有很强的相关性，而噪声的小波系数则具有弱相关或不相关的特性，根据信号和噪声的特性进行去噪。SSNF（Spatially Selective Noise Filtration）方法是较早提出的一种利用相邻尺度小波系数的相关程度来进行去噪的方法，即通过将相邻尺度同一位置系数的相关量来构成相关量图像，在适当的灰度伸缩后，再同原来的小波图像进行比较，其中较大的相关量被视为对应于边缘等的图像特征，而被抽取出来经反变换就得到去噪版本。

在以上介绍的各种方法中，小波阈值降噪方法是实现最简单、计算量最小、效果较好的一种方法，因而取得了最广泛的应用。小波阈值降噪的基本思想是：①对含有加性高斯白噪声的信号 $f(k)$ 做小波变换，得到一组小波系数 $w_{j,k}$；②对 $w_{j,k}$ 进行阈值处理，得到估计小波系数 $w_{j,k}$，使 $\|w_{j,k}-u_{j,k}\|$ 尽可能小，$u_{j,k}$ 为与信号对应的小波系数；③利用 $w_{j,k}$ 进行小波重构，得到估计信号 $f(k)$，即去噪后的信号。阈值萎缩去噪法中的两个基本要素是阈值和阈值函数。

1. **阈值函数**

在阈值降噪中，阈值函数体现了对高于和低于阈值的小波系数模的不同处理策略和不同估计方法。阈值函数主要可以分为 3 种：硬阈值函数；软阈值函数；半软阈值函数。其中，硬阈值函数为 $\delta(w)=wI(|w|>T)$，而软阈值函数为 $\delta(w)=(w-\mathrm{sgn}(w)T)I(|w|>T)$，$I$ 为示性函数。在高斯噪声条件下，有如下结论[113]：①给定阈值 T，软阈值总比硬阈值造成的方差小；②当系数充分大时，软阈值比硬阈值方法造成的偏差大；③当系数真值在 T 附近时，硬阈值方法有最大的方差、偏差以及 L_2 风险，而软阈值方法则在系数真值较大时才有较大的方差、L_2 风险及偏差，两种方法在系数真值较小时，L_2 风险都很小。总的来说，硬阈值方法可以很好地保留信号边缘等局部特征，但会出现振铃、伪吉布斯效应等失真，而软阈值方法处理结果则相对平滑得多，但是软阈值方法可能会造成边缘模糊等失真现象。Bruce 等提出了一种半软阈值函数 $\delta(w)=\mathrm{sgn}(w)I(T_1<|w|<T_2)T_2(|w|-T_1)/(T_2-T_1)+wI(|w|>T_2)$，该方法通过选择合适的阈值 T_1 和 T_2，可以兼具软阈值方法和硬阈值方法的优点。文献[116]提出一种“软、硬阈值折中”处理方法，阈值函数为 $\delta(w)=\mathrm{sgn}(w)(|w|-\alpha T)I(|w|>T)$，不难看出：当 α 分别取 0 和 1 时，该函数分别成为硬阈值和软阈值估计法；当 α 在 0 与 1 之间选择时，所估计的阈值的大小介于软、硬阈值方法之间。此方法思路简单，但效果很好。下面试图从能量观点进行解释。对于硬阈值函数，降噪处理后剩余的小波系数总能量为 $\Sigma w^2I(|w|>T)$；对于软阈值函数，降噪处理后剩余的小波系数总能量为 $\Sigma(w-\mathrm{sgn}(w)T)^2I(|w|>T)$；而对于“软、硬阈值折衷”阈值函数，降噪处理后剩余的小波系数总能量为 $\Sigma(w-\mathrm{sgn}(w)\alpha T)^2I(|w|>T)$。可以看出，软、硬阈值折中降噪处理影响所有小波系数，并能调节剩余小波能量，当剩余能量与原信号小波能量相等时，可以期待得到最佳降噪效果。

2. **阈值的选择**

阈值可以分成全局阈值和局部适应阈值两类。其中，全局阈值对各层所有的小波系数或同一层内的小波系数都是统一的，而局部适应阈值是根据当前系数周围的局部情况来确定阈值。

1）全局阈值

（1）Visushrink 阈值。阈值函数为 $\delta=\sigma\sqrt{2\ln N}$。式中：$\sigma$ 为噪声标准方差；N 为信号长度。这是在正态高斯噪声模型下，针对多维独立正态变量联合分布，在维数趋向无穷时的研究得出的结论，即大于该阈值的系数含有噪声信号的概率趋于零。这个阈值与信号长度相关，当 N 较大时，阈值趋向于将所有小波系数置零，此时小波滤噪器退化为低通滤波器。

（2）基于零均值正态分布的置信区间阈值 $\delta=3\sigma\sim4\sigma$。这个阈值是考虑零均值正态分布变量落在[-3$\sigma$，3$\sigma$]之外的概率非常小，所以绝对值大于 3$\sigma$ 的系数一般都被认为主要由信号系数构成。

（3）SUREShrink 阈值。SUREShrink 阈值是在 SURE（Stein's Unbiased Risk Estimation）准则下得到的阈值，该准则是均方差准则的无偏估计。SURE 阈值趋近于理想阈值，在实际应用中能获得较为满意的去噪效果。SURE 阈值可表示为

$$T_{\text{SURE}} = \arg \min_{t>0} \{ \sum_{i=1}^{N} (|Y_i| \wedge t)^2 + N\sigma^2 - 2\sigma^2 \sum_{i=1}^{n} I(|Y_i| < t) \} \tag{8.12}$$

式中：I 为示性函数；Λ 为两数取小。

（4）GCV 阈值。GCV（Generalized Cross Validation）阈值可表示为

$$T_{\text{GCV}} = \arg \min_{t>0} \left\{ \left[N \sum_{i=1}^{N} (|Y_i| \wedge t)^2 \right] \Big/ \left[\sum_{i=1}^{n} I(|Y_i| < t) \right]^2 \right\} \tag{8.13}$$

GCV 阈值方法是在 GCV 准则下推出的，不需要对噪声方差进行估计，是渐进最优阈值，在实用中经常能获得较好去噪效果。

（5）Bayes Shrink 阈值。Chang 在 2000 年提出了 Bayes Shrink 阈值估计方法[117]。根据无噪声图像小波系数服从广义高斯分布模型的假设，考虑自然图像在小波变换后系数的特性，得出了阈值 $T_{\text{bayes}}=\sigma^2/\sigma_\beta$（$\sigma$ 为噪声标准方差，σ_β 为广义高斯分布的标准方差值）。

2）局部阈值

与全局阈值不同，局部阈值主要是通过考查小波系数在某一局部的特点，根据灵活的判定原则来判定系数中噪声所占比例的多少，再对小波系数进行处理，达到降噪目的。这些判定原则有时并不一定是从系数的绝对值来考虑的，而是从概率和模糊隶属度等方面来考虑。理论分析和实验结果表明，局部阈值比全局阈值对信号的适应能力好，但是需要较为繁琐的计算。

3. 实验效果

扫描获得的深度坐标数据具有较高的空间分辨率。对近似理想的实物平面扫描数据进行分析，认为数据采集噪声是标准差约为 0.03mm 的高斯噪声，对应用的影响主要表现为三维重构时微观的起伏。为了提高重构的主观感觉效果，用“软、硬阈值折中”处理方法和基于零均值正态分布的置信区间阈值对数据进行了小波降噪实验，所用小波为 D4 小波，图 8-6 为试验结果。图 8-6（a）为原始深度数据三维重构的效果，图 8-6（b）为对原始数据加入标准差为 0.5mm 高斯白噪声后三维重构的效果，图 8-6（c）为对加入噪声后的数据进行小波阈值降噪后三维重构的效果，阈值 $T=3\sigma=1.5$mm，系数 α 取 0.5，分解 1 层，降噪后均方根误差为 0.22mm。而当 α 分别取 0 和 1 时，分别对应硬和软阈值，均

方根误差分别为 0.36mm 和 0.30mm。对 T 值进行微调，多次试验表明“软、硬阈值折中”处理方法确实能获得较佳去噪效果。图 8-6（d）为对原始数据取阈值 T=0.15mm，系数 α 取 0.5 进行小波阈值降噪后三维重构的效果，与图 8-6（a）相比微观上更光滑，且较好地保留了边缘。

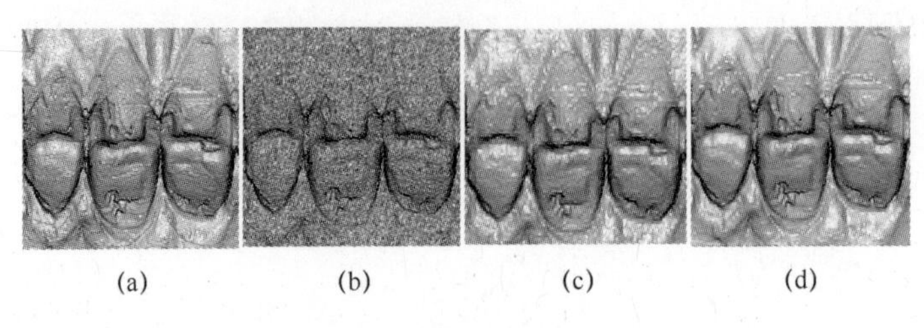

(a) (b) (c) (d)

图 8-6 小波降噪试验结果

8.4.2 数据基于 EZW 的小波压缩处理

若把深度坐标看作灰度图像的亮度值，则扫描获得的深度数据集与一幅灰度图像在本质上是一样的。因此，可以借用图像压缩方法对深度数据进行压缩处理。

小波变换具有很好地去冗余性、去相关性，特别适合于对图像进行压缩处理。对基于小波变换的图像压缩编码算法的探索已经成为研究热点，出现了为数众多的基于小波的图像压缩编码算法。其中，渐进式图像编码（progressive image coding）是随着小波理论的发展与成熟而出现的图像压缩编码算法，它具有一个非常好的性质，即具有某种渐进性（保真度渐进、分辨率渐进等），因而可以从单个压缩文件中解压出适合不同需求的重建图像（例如，不同分辨率、不同尺寸的图像）。近年来小波变换在静态图像和视频压缩得到了广泛应用，渐进式图像编码在图像传输、浏览、多媒体技术等领域应用中获得了极大成功。

渐进式编码对于小波变换来讲是很自然的。事实上，图像的能量主要集中在低频部分，对于原始图像经小波变换后得到的系数，不同子带间的能量随着尺度的减小而减低。平均而言，高频带中的系数的幅值小于低频带中的系数的幅值，高频带中的系数代表细节，低频带中的系数代表图像的基本结构。图 8-7 是下颌深度数据 DWT 分解后的三维重构图，易看出各子带包含信息的情况。

在现有的渐进式编码算法中，以 EZW（Embedded Zerotree Wavelet coding）、SPIHT（Set Partitioned in Hierarchical Tree）以及 SPECK（Set Partitioned Embedded Block Coding）等嵌入式编码方法的应用较为普遍。所谓嵌入式编码，就是编码器将待编码的比特流按重要性的不同进行排序，可根据目标码率或失真度等指标要求随时结束编码；同样，对于给定码流解码器也能够随时结束解码，得到恢复图像。嵌入式编码首先处理最重要的信息，处理信息的先后顺序与信息重要性的顺序一致。图像经小波分解后，越是低频子带，系数值越大，包含的有用信息越多；越是高频子带，系数值越小，包含的图像信息越少。即使系数值相同，由于低频子带反映图像的基本结构，高频子带反映的是图像的细节，相对来讲低频系数更重要。正是由于小波系数的这些特点，使得它非常适合用于图像数据的嵌入式编码。EZW 算法利用小波系数的特点，较好地实现了图像的嵌入式编码。

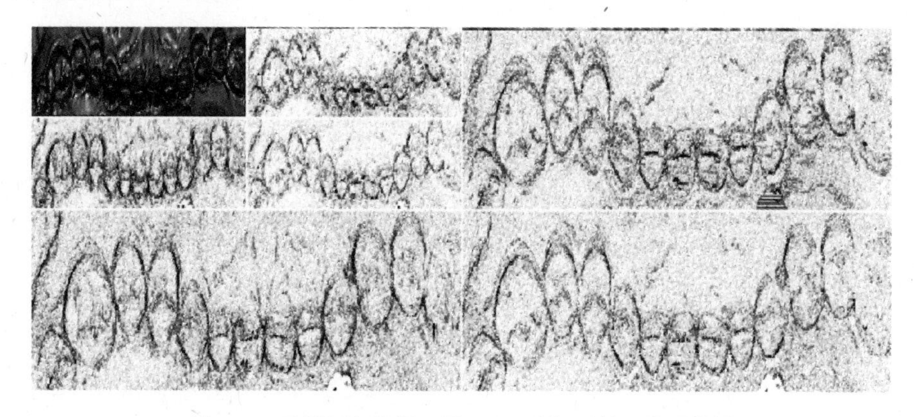

图 8-7　下颌深度数据 2 层 DWT 分解后的三维重构图

三维扫描获得的是庞大的数据集合，考虑到减少外存空间的需要，以及数据在网络上高效可靠传输的需要，必须对获得的原始数据进行压缩编码。

1. EZW 编码算法

EZW 编码算法是由 Shapiro 提出[118]，由编码器存储或发送非零值数据和有意义的映射图。EZW 算法利用小波系数的特点，较好地实现了图像编码的嵌入功能，主要包括以下三个过程：零树预测，用零树结构编码重要图，逐次逼近量化。

（1）零树预测。图像用树结构形式表示，如图 8-8 所示。图 8-8 的数据结构由离散小波变换在二维空间实现，图 8-8 说明了在小波变换域由不同分解层次（分辨率）上的小波系数存在着对应关系。树的根节点是最低频率子带上的小波系数，也是同一层上其他三个节点的父节点（父系数），而在相邻的较高频率子带上具有相同形状和相同空间位置的一组系数为子系数，这种父子关系从低频率子带到高频率子带都得到保持。除了最低频率的子带 LL_3 小波系数外，其他所有的父系数均有 4 个子系数，这 4 个子系数处于父节点较高频率（分辨率）子带上，且在空间上位置相同。例如，HH_3 的一系数为 HH_3（x，y），则子系数为 HH_2（$2x$，$2y$）、HH_2（$2x$+1，$2y$）、HH_2（$2x$，$2y$+1）、HH_2（$2x$+1，$2y$+1）。

定义一个零树的数据结构：一个小波系数 x，对于给定的阈值 T，若$|x|<T$，则称该小波系数 x 是不重要的，否则称该小波系数是重要的；若一个小波系数 x 在粗的尺度上，关于给定的阈值是不重要的，且在较细尺度上的相同空间位

置、相同方向的小波系数也关于该阈值是不重要的，那么就称该小波系数形成了一个零树，该系数为零树根，在较细尺度上相应位置上的小波系数称为孩子；若一个小波系数 x 关于阈值 T 是不重要的，但它的子孙系数中有关于该阈值 T 是重要的系数，则称该小波系数是孤立零值。正是通过这种零树结构，使描述重要系数（$|x|\geqslant T$）的位置信息大为减少。

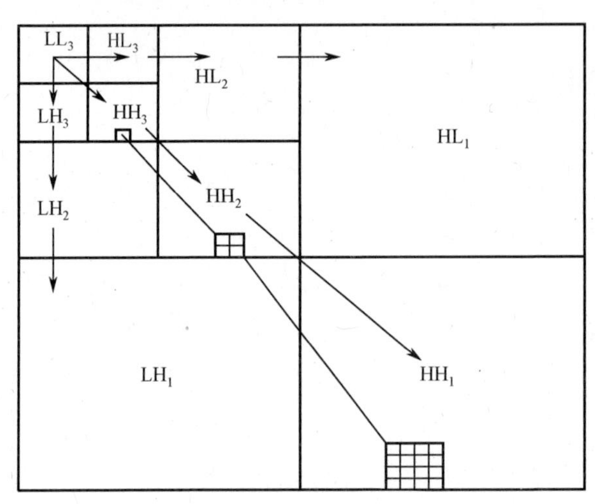

图 8-8　三级小波分解图

（2）用零树结构编码重要图。在嵌入零树小波编码算法中，把系数节点分为零树根（ZTR）、孤立零值（IZ）和被保留的小波系数（即重要系数），有时为了编码方便，把重要系数分为正重要系数（POS）和负重要系数（NEG），这样编码就要使用 4 种符号。当编码到最高分辨率层的系数时，由于它们没有子孙，只需其中两种符号。

（3）逐次逼近量化。EZW 编码是一个由粗到精的渐进逼近过程，量化阈值由大到小，相应的小波系数量化由粗到精。首先在最大的量化阈值 T_0（$T_0=2^{\lfloor \log_2(\max)(|V_{\mathrm{cof}}|)\rfloor}$，$V_{\mathrm{cof}}$ 表示小波系数，$\lfloor\bullet\rfloor$ 表示向下取整数值）下，扫描所有小波系数，比较节点（小波系数）与阈值，绝对值大于 T_0 的小波系数被保留，绝对值小于 T_0 且为零树根的小波系数被量化为零，子孙系数也被量化成零，并按照前面定义的符号形成零树。若小波系数为孤立零值，则该系数保留。此后，一系列阈值 T_1，T_2，…，T_{N-1} 被用来重复前面的操作，其中 $T_i=T_{i-1}/2$。EZW 算法的编解码流程如图 8-9 所示。

在编（解）码的过程中，始终保持着两个分离的列表：主表和辅表。主表对应于编码中不重要的集合或系数，输出信息起到了恢复各重要值的空间位置结构的作用；而辅表则是编码的有效信息，输出为各重要系数的二进制值。编码分为主、辅两个过程：在主过程中，设定阈值 T_i，按上述原理对主表进行扫描编码，若是重要系数，则将其幅值加入辅表中，然后在小波系数数组中将该元素置为零，这样当阈值减小时，该系数不会影响新零树的出现；在辅过程中，对辅表中的重要系数进行细化，细化过程类似位平面编码。对阈值 T_i 来说，重要系数的所在区间为[T_i，$2T_i$]，若辅表中的重要系数位于[T_i，$3T_i/2$]，则用符号“0”表示，否则用符号“1”表示。编码在两个过程中交替进行，在每个主过程前将阈值减半。解码时系数的重构值可以位于不确定区间的任意处，如果采用 MMSE 准则，则重构值位于不确定区间的质心处。实际应用中为简单起见，可使用区间的中心作为重构值。

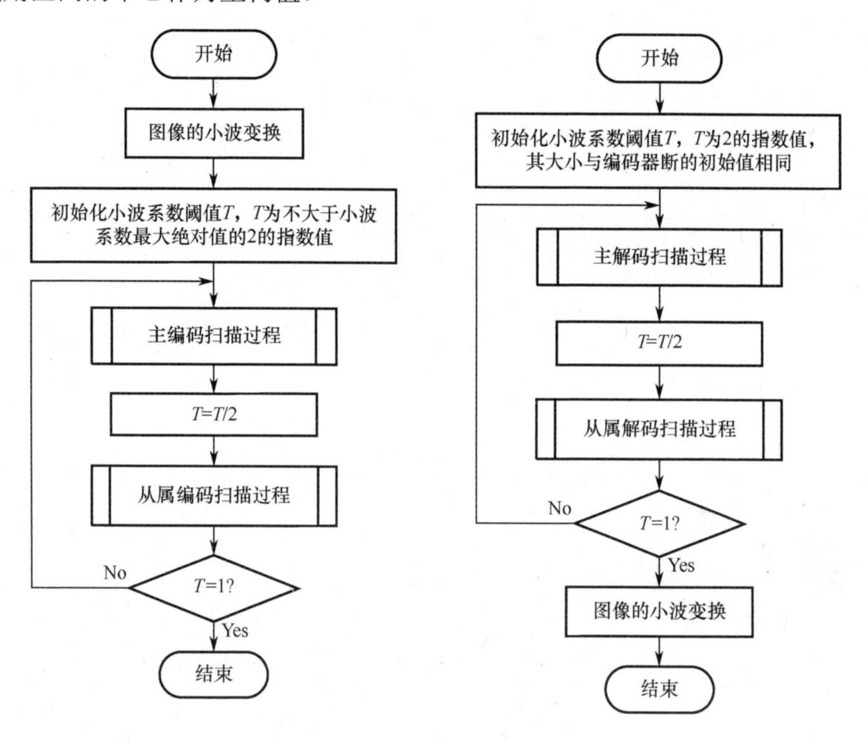

图 8-9　EZW 算法编解码流程图

（4）算法分析。研究表明，在图像的低比特率编码中，用来表示非零系数所在位置的开销远大于用来表示系数值的开销。零树结构正是一种描述图像经小波变换后非零系数值位置的有效方法。EZW 的编码思想是不断扫描变换后的图像，生成多棵零树来对图像进行编码，即一棵零树的形成需要对图像进行两次扫描。在生成第一棵零树时，首先找出变换后图像的最大绝对值系数，用它对应的 T_0 作为初始阈值，对图像进行第一次扫描；将图像中绝对值小于阈值的系数都看作零，然后按定义生成零树。在第二次扫描中，对那些绝对值大于阈值的节点（POS 和 NEG），按其绝对值是否大于阈值的 1.5 倍附加一个比特 1 或 0 来描述其精度。这样做的目的是减少非零节点系数值的变化范围，使其适应下一次阈值减半后的比特附加。而后将阈值减半，再经过两次扫描生成第二棵零树，在第一次扫描生成零树时，以前已大于阈值的节点不再考虑，而第二次扫描附加比特位时则要考虑以前数值较大的节点以保证精度。如此重复，不断生成零树，直到达到需要的编码精度为止。

虽然EZW算法被认为是静态图像变换编码领域迄今为止最好的算法之一，但该算法仍存在以下不足：

①需要多次扫描图像，编码效率低，且生成零树的过程存在先后次序，很难用并行算法优化；

②对整副图像进行一致编码压缩，即对整副图像进行同一级别编码，没有考虑图像的区域重要性；

③存在元素的树间冗余；

④最低频子图包含了原始图像的绝大部分能量，EZW把它和其他子图统一处理，若要提高恢复图像质量，必然要增加扫描次数，否则对最低频子图较小的损失，必然显著影响重构图像的质量；

⑤没有充分利用同一子带中相邻元素间的相关性。

针对以上问题，许多人对EZW算法进行了改进，其中改进明显、影响较大的是A.Said和W.A.Pearlman提出的多级树集合分裂（Set Partitioning in Hierarchical Tree，SPIHT）算法，该算法用“空间方向树”结构减小了EZW算法存在的树间冗余。而集合分裂嵌入块（Set Partitioned Embedded Block Coding，SPECK）算法利用同一子带中相邻元素间的相关性来达到数据压缩目的。郭田德等则通过对最低频子图单独编码和改变小波系数的扫描顺序进行改进[110]。

2. 根据区域重要性进行EZW编码

针对实际问题，对于牙颌三维数据，医生们更关心的是咬合面的形态，而对舌侧和颊侧的数据精度要求较低，因此编码时可对两类数据区别对待，对咬合面进行较细致的量化，而其他区域则质量可以稍差一些，在不影响应用的前提下达到更高的压缩比。根据这一思想可以对EZW算法进行改进，根据实际需要选取感兴趣区域，然后对感兴趣区域采用不同级数的零树小波编码，即对感兴趣区域进行更多级零树编码。

该算法过程：首先对全部数据进行零树小波编码，可以根据对数据质量的总体要求确定编码级数；然后根据需要选定感兴趣区域，继续对感兴趣区域进行多级零树小波编码，直到达到数据质量和压缩比要求为止。该算法的实现过程与EZW编码算法相似。

对编码数据解码时，首先对感兴趣区域内的数据进行EZW解码，然后对全部数据EZW解码。由于感兴趣区域集中于咬合面，因此可以根据深度阈值提取一个包含咬合面区域，见图8-10（a）。该区域所含元素数量约为全体元素总数量的 1/2。

3. **实验与结论**

分别对深度数据和三维重构的图像进行基于感兴趣区域的 EZW 编码。利用 MATLAB 编程语言对下颌深度数据进行了基于感兴趣区域的 EZW 编码，所用小波为 Daubechies 双正交小波 3，对深度数据进行了 2 级 DWT 分解，用重构程序进行三维重构。图 7-10（b）为原始数据三维重构的效果，图 7-10（c）为用 EZW 编解码后的深度数据三维重构的效果，主观感觉无差别，压缩比大约为 10∶1。

在口腔医学的应用中有时仅需要传输图像，因此也对三维重构获得的图像进行了基于感兴趣区域（ROI）的图像编码实验。交互选取多边形使其包含咬合面为感兴趣区域，对石膏牙颌模型图像进行了实验测试（图 8-11）。图 8-11（a）为原始图像；图 8-11（b）为 EZW 编码后的图像，图 8-11（c）为根据实际需要选取的感兴趣区域，为了比较实验结果，这里选取了图像中的所有牙齿；图 8-11（d）是利用本章提出的方法编码压缩后的图像。由于对感兴趣区域的单独编码解码造成了边缘效应，这里对解码后的图像进行边缘处理，采用 3×3 的均值滤波器进行了边缘处理。

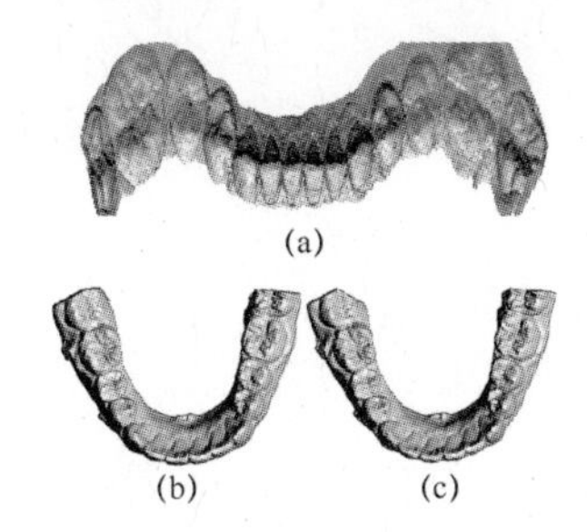

(a)

(b) (c)

图 8-10 咬合面区域提取与用压缩前后数据重构的对比

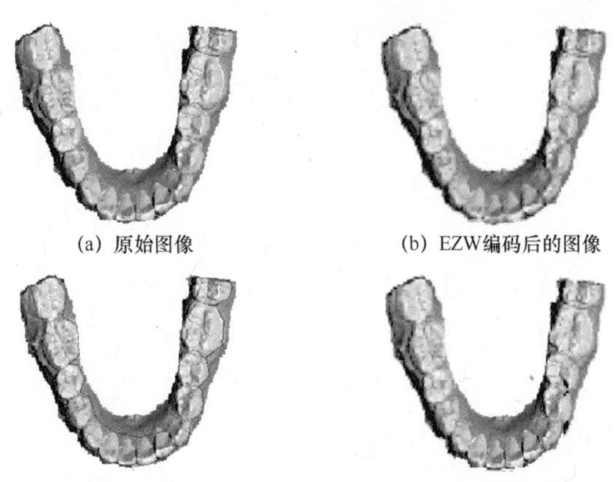

(a) 原始图像 (b) EZW编码后的图像

(c) 选取感兴趣区域以后的图像 (d) 基于感兴趣区域压缩编码后的恢复图像

图 8-11 图像压缩实验结果比较

（a）原始图像；（b）EZW 编码后的图像；（c）选取感兴趣区域以后的图像；

（d）基于感兴趣区域压缩编码后的恢复图像

从图 8-11 可以看出，对感兴趣区域更多级的量化编码，确实能提高图像质量。两种算法中置零的小波系数的百分比分别为 80.18%、77.45%，比较这两个值可知，利用感兴趣区域算法得到的图像并不需要增加太多的存储空间，且具有比较高的压缩比。

EZW 方法是基于小波的静止图像压缩的一个有意义的突破，它具有很大的压缩比，例如对 257kB 的 256 级灰度 512×512 的 PGM 图像，压缩后文件大小仅为 8kB。EZW 编码既能实现图像的有损压缩，也可实现图像的无损压缩。在 EZW 方法的基础上，可实现图像的渐进传输，包括信噪比（SNR）可缩放性和空间可缩放性、基于感兴趣区域（ROI）的图像编码以及图像的多分辨率表示，因此在大幅图像的压缩和网络传输中得到了成功应用。

在本书中，对牙颌模型扫描所获得的数据是在二维参数平面上的深度数据，在本质上与灰度光栅图像数据是相同的，因此图像处理中的 EZW 方法完全可应用于对扫描数据的处理，实现数据的压缩、渐进传输、多分辨率表示等在图像处理中能实现的全部功能。在图像的感兴趣区域编码中，区域一般是以矩形或多边形表示的。在对牙颌模型深度数据的处理中，可根据感兴趣区域为咬合面的事实，通过设定合理的深度阈值自动提取感兴趣区域，在满足医学应用的前提下达到更高的压缩比。

8.5 基于伪三维显示的牙颌模型交互测量

三维交互测量是指通过人机交互，根据计算机显示的图形，对被测对象的某些属性进行测量，如速度、尺寸、温度等。本节主要研究如何根据重构的三维视图实现对牙颌模型几何参数的测量。随着计算机图形学技术的发展，可以在计算机中观察复杂物体，这为在计算机中完成三维测量提供了前提条件。在计算机中完成三维物体的测量，可以实现许多传统方法无法完成的复杂测量工作或使原来极为繁琐的测量工作变得简洁。牙齿具有复杂的外表形态，手工测量所能完成的测量项目很有限，而在口腔医学上，对它的测量又有极为重要的临床应用价值，因为通过测量数据可了解牙颌畸形的有关信息，如牙量与骨量是否协调、牙弓的形态是否正常等，为畸形的矫正和缺失的修复提供必要的基础数据。根据口腔医学要求，测量项目大体可分为基本的点、线、角度，面积、体积数据以及口腔医学上一些根据基本测量数据所定义的复合测量指数。点是指牙齿表面各标志点的坐标值，如上中切牙近中最凸点、上颌第一磨牙中央窝中点等；线是指某些标志点之间的线段长度或弧长，如上颌 2-2 牙冠宽度之和、上颌 2-2 牙弓弧长等；角度是指某 3 个标志点构成的两空间线段的夹角，如上颌第一前磨牙角、上颌第二前磨牙角等；复合测量指数有 Spee′s 曲线曲度、上牙弓前段指数等。这些测量项目的总数大约有 300 余项。

8.5.1　三维坐标交互测量的基本方法

可通过两种手段实现三维图形交互，其中：一种是使用三维的输入和输出设备进行立体显示和交互测量；另一种是利用现有的二维交互设备进行三维交互设备的仿真[119]。

真正的三维交互设备，例如三维跟踪、数据手套、立体显示头盔等，在国外已经得到了广泛的应用，虽然这些设备提供了真正的三维交互手段，但考虑到这些设备比较昂贵，根据国内实际情况，较为合适的交互测量方法仍是采用二维图形设备的三维软件仿真。简单地说，这项技术可以概括为如何采用二维交互设备实时地输入三维平移、旋转、变换等参数，变换被显示的三维图形，以及根据屏幕上图形中标志点的屏幕坐标来获得被测点的实际参数。由于能够直接利用鼠标等现有的二维交互设备，所以这项技术具有较强的生命力，并且在计算机图形系统中得到广泛的应用。

Sutherland 在 1974 年提出了利用数字化仪输入三维数据的方法，Nielson 等在 1986 年提出了用鼠标器进行三维交互的方法。在这些工作中普遍采用了在二维显示屏上显示光标及控制点、用二维的交互设备输入三维变换参数的方法。在对牙颌模型的交互测量中，使用的硬件图形设备只是鼠标和显示器。牙颌模型数据被转换为屏幕上的三维图形、剖面线、局部放大图，根据交互输入的命令，操作者可以变换图形的输出方式，在图形中确认标志点，并用鼠标拾取该标志点的屏幕坐标，经过程序的处理，得到该点的三维实际坐标。图 8-12 是根据三维显示进行坐标测量的情形。测量标志点是左中切牙近中角点，鼠标第一次点击可得到 x，z 坐标（即十字线中心），根据该 x 坐标可作出模型平行于 YOZ 平面的剖面线，由剖面线与图 8-12 中水平线的交点可得到 y 坐标。

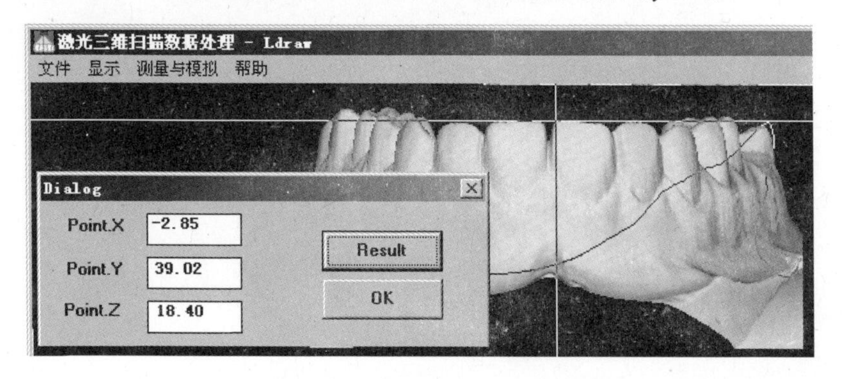

图 8-12　三维坐标的交互测量

与一般三维图形有所区别，本节还采用了一种特殊的三维图形，称为“伪三维图形”。采用这种显示方法的好处是测量时可在一幅视图上找到所有的标志点，从而不必在交互测量时由于遮挡而频繁进行三维图形变换。

8.5.2 模型的伪三维图形显示

原始的三维数据包含两个转角分量和一个距离分量，即（θ_y，α_z，z），与之对应的模型直角坐标是（x''，y''，z''）。为书写方便，将前一坐标改写为（u，w，z）。两个坐标是一一对应的，u，w 构成间距为 1 的等距网格平面，因而可以将 x''、y''、z'' 看成定义在参数平面 uw 上的单值函数，即 x''（u，w）、y''（u，w）和 z''（u，w）。将 u、w 取值范围映射到计算机显示屏的一个矩形区域，同时建立屏幕坐标（u，w）处像素亮度值 I（u，w）与坐标（x''，y''，z''）的某种对应关系，就有可能通过人机交互操作，在显示屏上辨认出有关标志点，获得标志点的屏幕坐标（u，w），进而获得标志点的实际坐标（x''，y''，z''）。为达到这一目的，亮度值 I 必须根据坐标值（x''，y''，z''）来生成，即

$$I=f(x'', y'', z'') \tag{8.14}$$

一个自然的做法是模拟在真实三维空间中被测点的亮度。取相邻三点（x''（u，w）、y''（u，w），z''（u，w）），（x''（u，w+1）、y''（u，w+1）、z''（u，w+1）），（x''（u+1，w）、y''（u+1，w），z''（u+1，w）），以它们为顶点建立三角形面元，采用 Phong 模型计算（u，w）点的亮度为

$$I=K_aI_a+K_dI_l(L \cdot N)+K_sI_l(R \cdot V)^n \tag{8.15}$$

式中：L 为光线矢量；N 为三角形面元法矢量；R 为反射光线矢量；V 为视线矢量；I_a 为环境光强；I_l 为点光源光强；K_a、K_d、K_s 为常系数。生成的伪三维显示如图 8-13 所示。

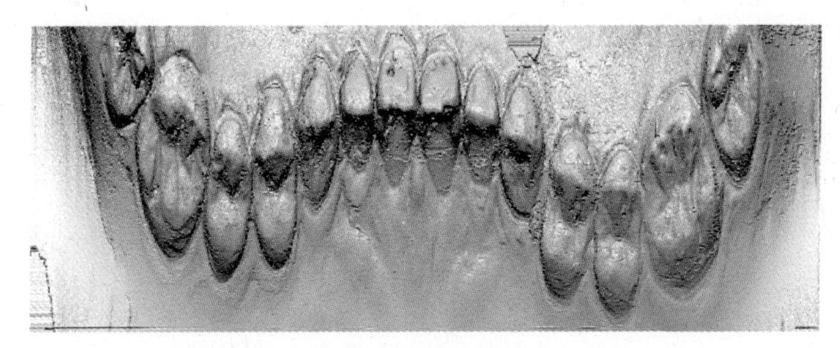

图 8-13　伪三维显示

8.5.3 牙颌模型三维测量功能的实现

1. 标志点坐标测量

标志点坐标测量功能既是口腔医学临床与科研的需要，也是实现其他测量项目的基础。标志点基本上是根据牙齿的形态来选取的有特殊意义的点位，如咬合面上某些最凸点、尖点、最凹点以及齿龈与牙冠结合线处的点。获取三维

坐标的过程很简单，通过对伪三维显示图的观察，用鼠标拾取某点屏幕坐标，即可得到与之对应的模型坐标系中该点的三维坐标（x''，y''，z''）。按口腔测量学的方法，最凸点、最凹点的测量是以颌平面为基准的，而颌平面与模型扫描坐标系的 $x''y''$ 平面一般不平行。颌平面的定义一般有两种方法：①两侧上下第一恒磨牙咬合中点与上下中切牙覆合中点所确定的平面；②两侧上下第一恒磨牙与第一乳磨牙的接触点所在的平面。由于共有 4 个接触点，可任选其中 3 点建立平面。在测量分析中，使用哪种平面都可以，但每次测量都应持续使用同一平面，以保证对比的正确性。为简单起见，本节用两侧第一恒磨牙的最高点和左侧第一乳磨牙的最高点建立颌平面。通过交互操作，在伪三维显示图上大致辨认出上述 3 点，然后通过局部搜索，在一个局部小区域内获得 z'' 的局部极大值，最后用所获得的 3 点的三维坐标建立平面，即颌平面。有了颌平面，对标志点的测量过程大致如下：在伪三维显示图上大致辨认出标志点，接着以该点为中心，划定一个正方形邻域；对邻域内的每一点，作到颌平面的垂线，求出垂足长度；对所有垂足长度搜索，找出最大值或最小值，它们所对应的点就是最凹或最凸标志点。对齿龈与牙冠结合线处的点，用鼠标直接拾取即可。

2. 空间距离与角度的测量

模型上某两点间的距离及两线段间的夹角均反映牙颌形态，是临床分析的依据，技术实现上无难度，用两点间距离公式和余弦定理来计算距离和角度。这些距离和角度值分为两类：一类用已知标志点来计算；另一类需要通过伪三维显示图交互拾取，如中切牙宽度。

3. 牙弓曲线拟合与长度测量

牙弓曲线是与牙列相切的一条理想曲线。牙弓曲线的拟合与测量在辅助矫正设计和模拟排牙试验中有较重要的意义，因为牙颌畸形患者的牙弓形态往往不正常，存在牙弓狭窄、不对称等问题，对牙弓进行矫正治疗前，要对牙弓曲线进行测量，计算拥挤度等指标。同时，需要设计新的牙弓曲线，与治疗前的牙弓曲线相比，计算牙齿如何移动、是否需要减数（拔牙）或减径（磨削）、可以开辟多少间隙供矫正治疗需要，等等。

由于手工操作方法是用一段有弹性的细钢丝强迫通过各牙齿来获得牙弓曲线，可以用连续三次参数样条曲线来代替金属样条。首先在伪三维显示图上根据各牙齿位置选取一系列离散点，然后将各点向颌平面投影，得到颌平面上各投影点 P_1，P_2，…，P_i，P_{i+1}，…，P_n。假设曲线的第一段和最后一段（$n-1$ 段）为抛物线，即此二段的二阶导数为常数，可写出抛物线三次参数样条曲线的矩阵为

$$\begin{bmatrix} 1 & 1 & 0 & 0 & \cdots & \cdots & 0 \\ 1 & 4 & 1 & 0 & \cdots & \cdots & 0 \\ & & & \cdots & & & \\ 0 & 0 & 0 & \cdots & 1 & 4 & 1 \\ 0 & 0 & 0 & \cdots & 0 & 1 & 1 \end{bmatrix} \begin{bmatrix} P_1' \\ P_2' \\ \cdots \\ P_{n-1}' \\ P_n' \end{bmatrix} = \begin{bmatrix} 2(P_2 - P_1) \\ 3(P_3 - P_1) \\ \cdots \\ 3(P_n - P_{n-2}) \\ 2(P_n - P_{n-1}) \end{bmatrix} \tag{8.16}$$

求解此三对角方程组，得出各型值点处的切向量 P'_i（$1 \leqslant i \leqslant n$）。将各切向量连同各点位置向量 P_i（$1 \leqslant i \leqslant n$）依次分段代入 Hermite 三次参数曲线方程，按照实际需要计算出各线段内的若干插值点，用折线连接各点，即得到牙弓曲线。第 i 段 Hermite 三次参数曲线方程为

$$Q_i(t) = F_{h1}(t)P_i + F_{h2}(t)P_{i+1} + F_{h3}(t)P_i' + F_{h4}(t)P_{i+1}' (0 \leqslant t \leqslant 1, 1 \leqslant i \leqslant n-1) \tag{8.17}$$

式中：F_{h1}~F_{h4} 为 Hermite 三次参数曲线的调和函数，是关于 t 的三次多项式。

根据型值点和插值点的坐标，对折线段各段长度累加，即可得到近似的牙弓曲线长度。

4. 表面积与体积的测量

对模型表面积与体积的测量是手工作业无法完成的测量项目，医学应用价值有待开发，但在其他三维测量领域有重要应用，如森林植被测量、土建工程中填方量与挖方量测量、物料堆放体积测量（如发电厂储煤量的测量）。

在扫描得到的牙颌模型表面密集三维点集中，由相邻三点可构成三角面片，遍历每一个三角面片，得到三角面片三个顶点的坐标。已知三角形三个顶点的坐标，便可以计算出该三角形各个边的长度 a_i、b_i、c_i。通过一系列简单计算，就得到了牙颌模型的表面积 Area，即

$$\begin{cases} p_i = \dfrac{1}{2}(a_i + b_i + c_i) & (i = 1, 2, \cdots, N) \\ S_i = \sqrt{p_i(p_i - a_i)(p_i - b_i)(p_i - c_i)} & (i = 1, 2, \cdots, N) \\ \text{Area} = \sum\limits_{i=1}^{N} S_i \end{cases} \tag{8.18}$$

定义体积为 $x''y''$ 平面上方模型所占据的空间，可以在计算模型表面积的同时完成体积计算。将空间三角形 S_i 向 $x''y''$ 平面投影，得到 $x''y''$ 平面上的三角形 S'_i，于是体积 V 可表示为

$$V = \sum \tilde{z}_i S_i'' \tag{8.19}$$

式中：$\tilde{z}_i$ 为三角形 S_i 重心的 z'' 坐标值。

8.6 三维数据分离与咬合接触分析

8.6.1 牙龈与牙龈的边界分离

由于采用单色激光扫描技术，所获得的数据本身不能区分对象的色彩属性。为了提高三维重构效果，以及为实现三维牙齿移动的计算机仿真，有必要对扫描获得的三维数据集中的点进行分类，区分为牙齿上的点和牙龈上的点。完全自动提取牙齿与牙龈的边界较为困难，有人曾研究利用深度梯度变化及其他特征识别牙齿与牙龈的边界，但实际效果不佳。在伪三维显示图的基础上，采用人机交互技术，可较好地解决此问题。在伪三维显示图上可以清晰地辨认牙齿的边界，可以用鼠标确定牙齿边界上一组型值点 Q_i（i=1，2，…，n），牙齿的边界可以认为是一条首尾封闭的、通过各 Q_i 点的三次 B 样条曲线。为了确定此曲线，要找到一组控制点 P_j（j=0，1，2，…，n，n+1），其中 $P_0=P_n$，$P_{n+1}=P_1$，并满足

$$\begin{bmatrix} 4 & 1 & 0 & 0 & \cdots & \cdots & 0 \\ 1 & 4 & 1 & 0 & \cdots & \cdots & 0 \\ & & & \cdots & & & \\ 0 & 0 & 0 & \cdots & 1 & 4 & 1 \\ 0 & 0 & 0 & \cdots & 0 & 1 & 4 \end{bmatrix} \begin{bmatrix} P_1 \\ P_2 \\ \cdots \\ P_{n-1} \\ P_n \end{bmatrix} = 6 \begin{bmatrix} Q_1 \\ Q_2 \\ \cdots \\ Q_{n-1} \\ Q_n \end{bmatrix} \tag{8.20}$$

解方程组可得到各 P_j，由控制点 P_j 生成的便是封闭周期的三次 B 样条曲线。第 i 段三次 B 样条曲线可写为

$$\begin{cases} u_i(t) = \sum_{j=1}^{4} N_{j,3}(t) P_{u,i+j-2} \\ w_i(t) = \sum_{j=1}^{4} N_{j,3}(t) P_{w,i+j-2} \end{cases} \tag{8.21}$$

其中，三次 B 样条基函数分别为 $N_{1,3}(t)=(1/6)(-t^3+3t^2-3t+1)$，$N_{2,3}(t)=(1/6)(3t^3-6t^2+4)$，$N_{3,3}(t)=(1/6)(-3t^3+3t^2+3t+1)$，$N_{4,3}(t)=(1/6)(t^3)$，式中：$0 \leqslant t \leqslant 1$。边界曲线确定后，与显示屏上封闭曲线内部的点 P（u，w）对应的模型表面上的点（$x''(u,w)$，$y''(u,w)$，$z''(u,w)$）是牙齿三维数据点，另建立一个二维数组 MASK，初始化全部元素为 0，然后对于牙齿数据点（x''，y''，z''），相应元素 MASK（u，w）置为 1。

为判定任意一点 P（u，w）是否在闭曲线内部，可采用简单测试算法或扫描线算法[120]。简单测试算法有射线法和弧长法。其中：射线法是由被测点向某方向作射线，若射线与区域边界交点个数为奇数则被测点在区域内部，若射线

与区域边界交点个数为偶数则被测点在区域外部；弧长法是以被测点为圆心作单位圆，区域边界全部有向边向单位圆作径向投影，计算其在单位圆上弧长的代数和，若代数和为 0 则被测点在区域外部，若代数和为 2π 则被测点在区域内部。简单测试法原理清楚易懂，但由于没有利用元素的空间相关性，效率极低。扫描线算法不是孤立地测试平面上的点是否在一个区域内，而是利用一条扫描线上的像素存在相关性这一事实，将很多相邻的像素放在一起测试，从而大大减少了测试点的数目。应用上述思想的一种扫描线算法称为有序边表法，它运行效率高，但需要较为复杂的数据结构，算法执行时要建立一张边表和有效边表，算法的处理过程也较为复杂。

文献[121]介绍了一种原理清楚、执行过程不太复杂、软件执行效率与有序边表法相当的算法——边标志算法。按文献[121]描述，边标志算法分为两步：第一步，对区域边界所经过的像素打上边标志；第二步，对每条与区域相交的扫描线，依从左到右顺序，逐个访问该扫描线上像素。使用一个布尔量 Inside 来指示当前点的状态，其中：若 Inside 为真，则点在区域内；若 Inside 为假，则点在区域外。Inside 的初始值为假，若当前像素为区域边界上的点，就把 Inside 取反。对未打边界标志的像素，Inside 的值不变；若访问当前像素后 Inside 为真，则当前像素为区域内点。文献[121]同时给出了边标志多边形填充算法的伪程序，具体如下：

边标志算法：

勾画轮廓线：

按中心扫描线约定，对每条与扫描线相交的多边形边，将中心位于交点之右，即 x+1/2>x 交点的最左像素置为边界值。

填充：

```
      For each scan line intersecting the polygon
      Inside=FALSE
      For x=0 （left） to x=xmax （right）
      If the pixel at x is set to the boundary value then
        Negate Inside
      End if
      If Inside=TRUE then
              Set the pixel at x to the polygon value
      Else
               Reset the pixel at x to the background
value
      End if
  Next x
```

勾画轮廓线的工作很重要，必须保证在轮廓线的 y 极大与极小处水平方向有两个相邻的边界像素，否则会发生错误。图 8-14（a）所示为轮廓线，图 8-14（b）中 5、6 代表轮廓线 y 的局部极小值，图 8-14（c）为填充的正常结果。若 y 的局部极小值在水平方向有三个相邻元素，按伪算法的填充结果会发生错误，如图 8-14（d）、（e）所示。边标志扫描算法只访问每个像素一次，无须建立、维持边表以及对它进行排序。用软件实现时，边标志扫描算法和有序边表法有相同的执行速度[113]；用硬件实现时，比有序边表法快 1~2 个数量级。

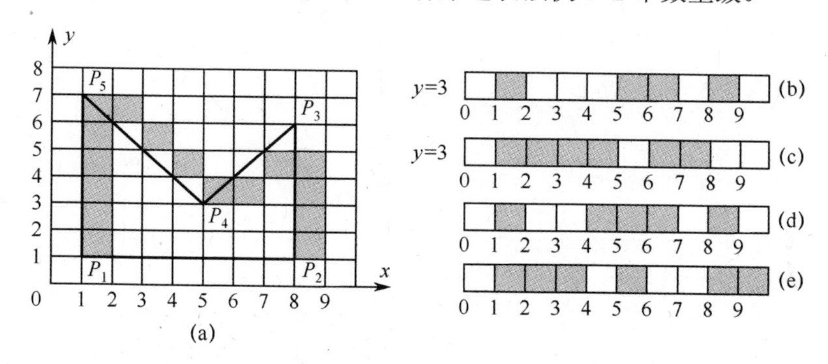

图 8-14 边界标志算法

为了进一步提高效率，减少不必要操作，在实用中增加了求区域最小外接矩形操作，把对像素的判断限制在区域的一个最小外接矩形之内。图 8-15 是对牙齿进行边界分离的实际情况。对在所标区域内的点（u，w），在 MASK 数组中有将元素（u，w）置值为 1。对于每一个三维点（x''，y''，z''），若三维点在牙齿上，MASK 数组中对应元素（u，w）值为 1，否则其值为 0。三维重构时用其控制该点的 R、G、B 色彩分量，实现了逼真的显示效果。图 8-16 是全部牙齿与牙龈边界分离后的重构效果。

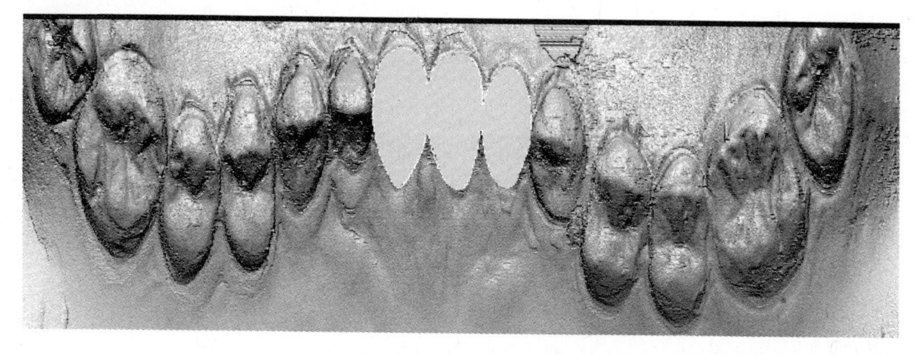

图 8-15 牙齿边界分离

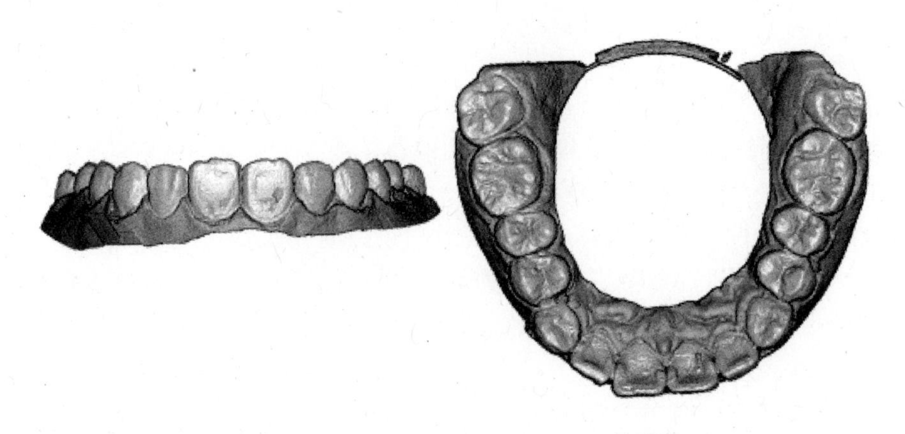

图 8-16　牙齿与牙龈边界分离后的重构效果

8.6.2　牙列咬合分析

牙颌模型不仅具有形态学特征，而且上下颌之间具有一定的咬合接触关系，研究和分析这种接触状态一直是口腔医学研究的重要内容。在口腔医学和临床科研工作中，传统的方法主要用咬合纸、咬合蜡、咬合带、咬合片等进行咬合记录[122-125]，这些方法虽然操作简单、结果直观，但存在一些难以克服的缺点，如精度差、只能定性分析不能定量分析、干扰因素较多等。20 世纪 70 年代末期人们提出了一种光学咬合法（Photocclusion Method），基本原理是在咬合力的作用下，光学咬合片上力作用区域产生永久变形，在偏振光场中变形区域可观察到双折射条纹，这些条纹可以定量反映变形情况，从而确定相应牙的受力及咬合情况。尽管该方法具有不受唾液潮湿的影响、记录能长期保存等优点，但 Maness [126]认为该方法的准确性还不能令人满意，患者在咬光学咬合片时，咬合的方法及咬合片的硬度与弹性都会影响其精度。20 世纪 80 年代国外有学者将计算机图形分析技术应用于硅橡胶记录的咬合接触点分析，该方法在用硅橡胶记录咬合关系时可能会出现误差，并且操作比较复杂。

在获得了上下颌高精度的数字化模型后，可以通过对特征点的识别，利用坐标变换技术，实现咬合接触的检测。具体步骤如下：

①用咬合纸根据最大咬合接触位在实物模型上压出咬合痕迹，此操作由口腔医生完成；②计算机中重构上颌的三维视图，比照实物上的咬合痕迹，利用交互操作，用鼠标拾取三处接触点的屏幕坐标，进而得到此三点的模型三维坐标，三点的分布应尽量构成等边三角形 $S_{上}$；③计算机中重构下颌的三维视图，比照实物上的咬合痕迹，利用交互操作，用鼠标指定三处接触点的屏幕坐标，进而得到此三点的模型三维坐标，以此三点为中心，指定包含各点的小邻域；④用搜索技术，在指定的三个小邻域中进行搜索，得到与 $S_{上}$相匹配的最相似三角形 $S_{下}$；

⑤根据 $S_上$与 $S_下$的三个顶点坐标对，求得变换矩阵，并利用该矩阵将下颌三维数据集变换到上颌模型坐标系中；

⑥模型 $x''y''$ 平面等距网格上对上、下颌的 z'' 坐标值重新采样，得到各（$x''y''$）处对应的 $z''_上$与 $z''_下$，检测 $z''_上$与 $z''_下$的距离，即可实现咬合接触的测量。

下面对一些关键步骤进行进一步说明。

1. 求最相似三角形

最相似三角形见图 8-17。以最小对应边长差的平方和来确定最佳匹配，计算公式为

$$D=(|P_{1上}P_{2上}|-|P_{1下}P_{2下}|)^2+(|P_{1上}P_{3上}|-|P_{1下}P_{3下}|)^2+(|P_{3上}P_{2上}|-|P_{3下}P_{2下}|)^2 \quad (8.22)$$

D 取最小值时，对应的坐标值作为匹配值。通过人机交互可把搜索区域限制在一个很小的区域，因此搜索采用穷举策略。若搜索区域为边长为 n 的正方形，则循环次数为 n^6，最终总能得到一个最佳匹配。

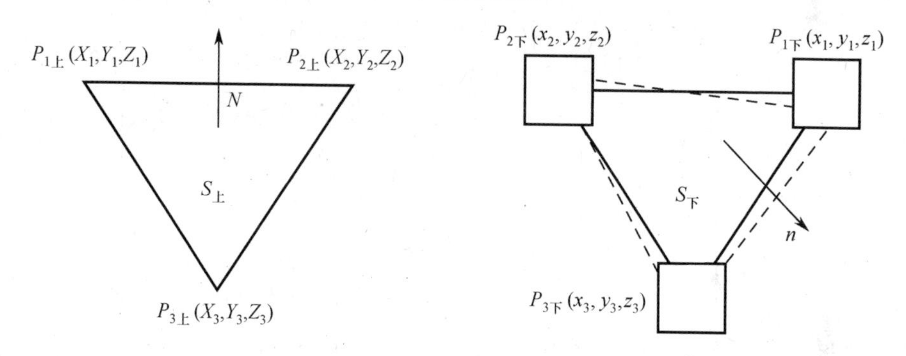

图 8-17 最相似三角形

2. 求变换矩阵

设所求变换矩阵为 M，$S_上$与 $S_下$的法向量分别为 N 和 n，用齐次坐标表示三维点，参考图 8-17，有

$$\begin{bmatrix} X_1 & Y_1 & Z_1 & 1 \\ X_2 & Y_2 & Z_2 & 1 \\ X_3 & Y_3 & Z_3 & 1 \\ N_X & N_Y & N_Z & 1 \end{bmatrix} = \begin{bmatrix} x_1 & y_1 & z_1 & 1 \\ x_2 & y_2 & z_2 & 1 \\ x_3 & y_3 & z_3 & 1 \\ n_x & n_y & n_z & 1 \end{bmatrix} \boldsymbol{M} \quad (8.23)$$

于是，得

$$\boldsymbol{M} = \begin{bmatrix} x_1 & y_1 & z_1 & 1 \\ x_2 & y_2 & z_2 & 1 \\ x_3 & y_3 & z_3 & 1 \\ n_x & n_y & n_z & 1 \end{bmatrix}^{-1} \begin{bmatrix} X_1 & Y_1 & Z_1 & 1 \\ X_2 & Y_2 & Z_2 & 1 \\ X_3 & Y_3 & Z_3 & 1 \\ N_X & N_Y & N_Z & 1 \end{bmatrix} \quad (8.24)$$

以此矩阵对全部下颌数据进行变换，即可将下颌变换到上颌坐标系中。

3. z'' 坐标值重新采样

首先根据数据采集密度确定一个平面上间距为固定值 Δ 的网格，保证每个网眼内平均存在 2~3 个采样点。对于网格交叉点（i，j），将以（i，j）为中心，边长为 Δ 的正方形内的采样点按 z'' 坐标值分为多个集合，z'' 值最大的集合为 s_1，z'' 值最小的集合为 s_2（图 8-18）。对于下颌，取 s_1 集合内元素 z'' 坐标的平均值为点（i，j）的坐标值；对于上颌，取 s_2 集合内元素 z'' 坐标的平均值为点（i，j）的坐标值。这样做的目的是单值化 z'' 坐标，因为根据牙颌模型结构特点，扫描是以一种特殊的轨迹进行的，获得的数据是参数 u，w 的函数，目的是减少测量的盲区，若把 z'' 看作定义在 $x''y''$ 平面上的函数，有可能存在多值现象。一般而言，各集合间 z'' 坐标值的差别是很明显的，可以用一个阈值来处理。

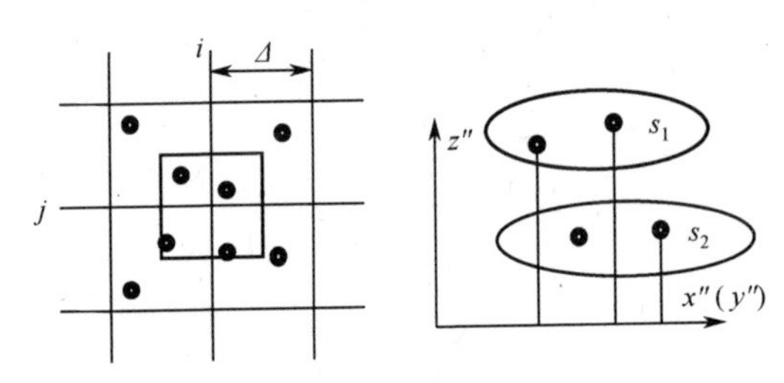

图 8-18　z'' 坐标值重采样

若只存在一个集合，把集合内元素坐标的平均值赋予点（i，j）；若存在 0 个集合，则将 0 赋予点（i，j）。

按上述过程处理后，得到的数组中仍可能存在少量孔洞，需要进行孔洞修补，修补的方法与 7.2.2 节中介绍的方法相同，不再赘述。

做完上述准备工作后，就可以进行咬合接触检测。规定一个最小间隔值 δ，若上下颌数据中对应元素 $|z''_{下}(i,j)-z''_{上}(i,j)|<\delta$，则判定该点是接触点，在进行三维重构时可以用不同的色彩表达出来，如图 8-19 所示。设置 δ 值为 0.2mm。

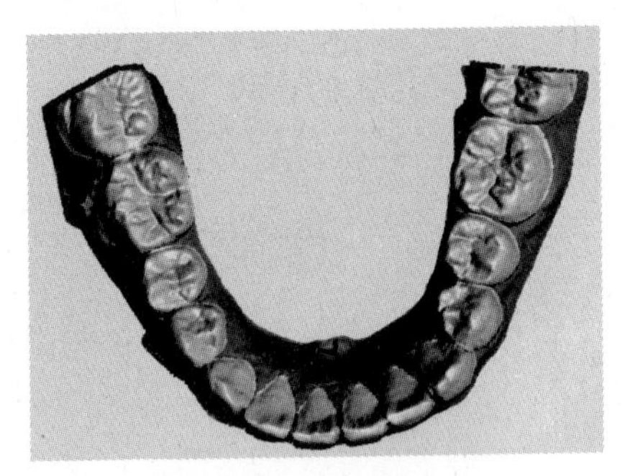

图 8-19　咬合接触检测

8.7 牙颌模型立体像对的生成与显示

看过立体电影、立体照片的人一定会因其神奇的效果而留下深刻印象。其实立体视觉的原理并不复杂，早在照相术刚发明不久，就有人利用具有视差的像对来观察立体影像。由于双眼间存在距离，使同一目标在两眼视网膜上形成的图像存在差异，正是这一差异，使大脑产生了空间感。肉食动物比素食动物具有更强的空间感，进化使它们能目视前方，根据视差来判断距离，从而捕获猎物。相比肉食动物，素食动物的双眼立体感较差，双眼更趋向身体两侧，从而具有更大的观察范围，以便及时发现危险，由此可以看到大自然的奇妙安排。如果能获得一对类似于左右眼视网膜上形成的有视差的图像，并设法让左右眼分别只看到其中对应的一幅，大脑就会被欺骗，观察到具有深度感的立体影像。

立体像对是立体显示技术的基础。立体像对可以由照相、绘制以及计算机程序来生成。对于自然景物，可以用两架照相机或摄影机模拟人眼在两个位置同时拍摄同一景物得到立体像对，对于静止景物也可以用一架照相机分两次在两个位置进行拍摄；对于简单的几何图形，可以手工绘制立体像对，例如可以绘制线条图立体像对，用于机械制图、解析几何等课程的辅助教学；在计算机技术普及的今天，可以用软件来仿真照相机，利用计算机的图形显示技术，生成虚拟的立体像对。即使用普通的计算机，也能生成具有复杂结构的立体像对。

观看立体像对可以用互补滤色眼镜、偏振片眼镜、机械同步快门眼镜、液晶同步快门眼镜等装置。同步快门眼镜的两个镜片是轮流通光的，一般切换速度要达到 50 次/s 以上才能消除闪烁现象，立体像对也是轮流显现的，同步快门保证左眼只能看到左画面、右眼只能看到右画面。偏振片眼镜的两个镜片的偏振方向是相互垂直的，两画面发出的偏振光偏振方向也应相互垂直，以保证左右眼分别只能看到对应的画面。最简单的方法是互补滤色镜眼镜，常用滤光片是透过波长为 603nm 的品红滤色镜和透过波长为 481nm 的青色滤色镜，对应的立体像对是红色和青色的图像。偏振片眼镜和同步快门眼镜能看到彩色的景象，互补滤色镜眼镜则只能看到单色景象。所有上述介绍的方法图像的亮度损失都很大。VR 技术中使用的头盔显示器用两个彩色液晶显示器同时显示左右画面，供左右眼分别观看，亮度高，效果最好，但成本也最高。

其他类的体视方法有透镜板三维成像、投影式三维显示、全息照相术等，双目体视直接模拟人类双眼处理景物的方式，可靠简便，在许多领域均极具应用价值，如微操作系统的位姿检测与控制、机器人导航与航测、三维测量学及虚拟现实等。在本应用中，具有体视感的牙颌模型显示可获得类似于直接观看实物模型的效果，医生通过观察，更有利于根据医学知识做出准确判断。同时，由于能获得立体显示，实物的石膏模型失去保存价值，为模型完全实现计算机保存创造了有利条件。更进一步的，在立体显示的基础上，可以实现牙齿移动、变形、接触检测、剖分等立体显示效果，无论是应用于医学科研教学还是应用于直接的临床治疗都有重要的价值。

目前计算机的彩色处理多基于 RGB 模型，屏幕上每一像素的色彩与亮度可由红、绿、蓝三个彩色分量来合成。在 RGB 模型的基础上，很容易实现补色法立体影像显示与观看。主要的工作是模拟人眼的观察，生成一对有视差的红绿或红蓝像对，将其输出到屏幕上，然后在屏幕前方合适的距离上通过红绿或红蓝眼镜观看，就能观看到具有深度感的立体影像了，原理见图 8-20。根据假设的物体、屏、投影点（左右眼）的相互关系，可以在屏上得到与左、右眼对应的两幅投影图，两图可能有重叠部分。以红、绿色显示具有明暗色调的两投影图，背景取蓝色或黑色，通过红、绿眼镜观察，透过绿色镜片只能看到绿色影像，透过红色镜片只能看到红色影像，通过大脑的整合，将看到凸出于屏幕前方的立体景象。对于牙颌模型，按上述原理，根据设定的几何参数，经投影变换、消隐与明暗处理，生成立体像对，输出到显示屏上，便可用双色眼镜进行观察了。对图中的重叠部分，由于同时发出红光和绿光，将显现出黄色调。图 8-21 是实际的牙颌模型立体像对，透过双色眼镜观看有很强的体视感。实现

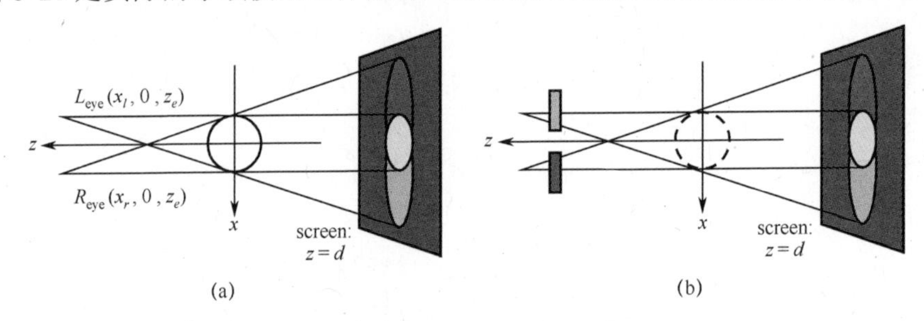

图 8-20　图对式立体显示原理

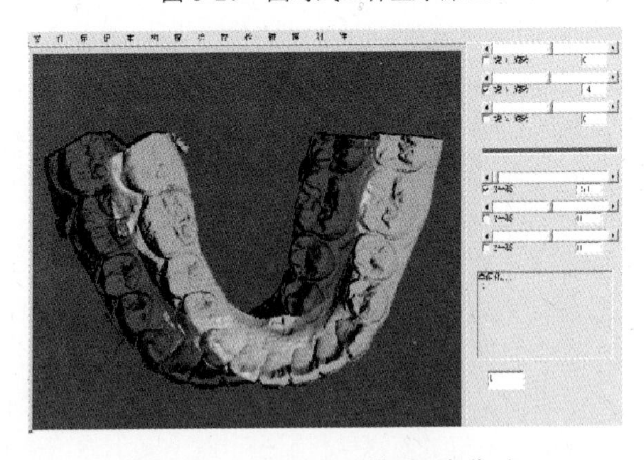

图 8-21　实际的牙颌模型双色像对

上述双色像对显示的关键是使用一个二维数组进行两次转换，数组元素有两个分量，分别对应红色和绿色亮度值，数组元素下标对应屏幕像元位置，两次转换分别生成红、绿色调图案，将该数组中图案转换输出到显示屏上。

8.8 牙颌模型上局部牙齿的移动与显示

虚拟移动个别牙齿在牙弓上的位置与姿态，可用于正畸治疗的虚拟排牙或修复治疗的义齿设计。在隐形矫正治疗技术中，牙齿的三维移动功能是必需的，医生根据各治疗阶段的要求，根据治疗过程中牙齿移动的轨迹，模拟不同时间各牙齿的位置，用获得的三维数据控制透明矫正器的数控加工。透明矫正器完全是针对特定病人的，因此可以实现最佳的治疗效果。可以说隐形矫正治疗技术是完全建立在计算机技术基础之上的，特别是计算机图形处理技术与CAD/CAM 技术。

第 7 章介绍了牙齿与牙龈分离的方法，在此基础上可以实现牙齿的三维移动，其过程叙述如下。

（1）伪三维显示图上辨认待移动牙齿的边界，在边界上交互确定数个型值点，根据型值点生成包围牙齿的封闭曲线。

（2）设封闭曲线所包围的二维区域为 D，根据封闭曲线确定二维点集合，点 p（u，w）所对应的模型表面上的点是牙齿三维数据点。设牙齿表面三维点集合为 T，则 $T=\{d(x''(u,w),y''(u,w),z''(u,w)\mid p(u,w)\in D\}$。

（3）计算点集 T 的重心，交互输入牙齿相对重心的平移与旋转参数，根据输入的参数和重心坐标生成变换矩阵 $\boldsymbol{M}$，用 $\boldsymbol{M}$ 对集合 T 中的元素施行变换。

（4）全部模型数据进行三维显示重构。

按上述过程实现的牙齿三维移动效果见图 8-22。

按上述过程处理获得了逼真的显示效果，但也存在一个问题，从图 8-22 可以看到在被移动牙齿与牙龈的交界处有明显的错位现象。在真实情况下，牙齿在颌骨上发生移动时，牙龈软组织会发生变化。而在计算机处理方法中，三维点集被分成两类：一类是牙齿数据，发生移动；另一类是不发生移动，因此在分界线处产生不连续现象。为了更好地模拟实际情况，使产生的视图更逼真，可采用如下方法。

（1）在参数平面 u-w 上牙齿定义区域 D 的外侧，再指定一个区域 G（$G\supseteq D$），G-D 是过渡区域。

（2）定义一个以 u，w 为下标的二维数组 MASK。

（3）若点 p（u，w）$\in D$，令 MASK（u，w）=1；若点 p（u，w）$\in G$-D，令 MASK（u，w）=θ，$\theta\in[0，1]$。

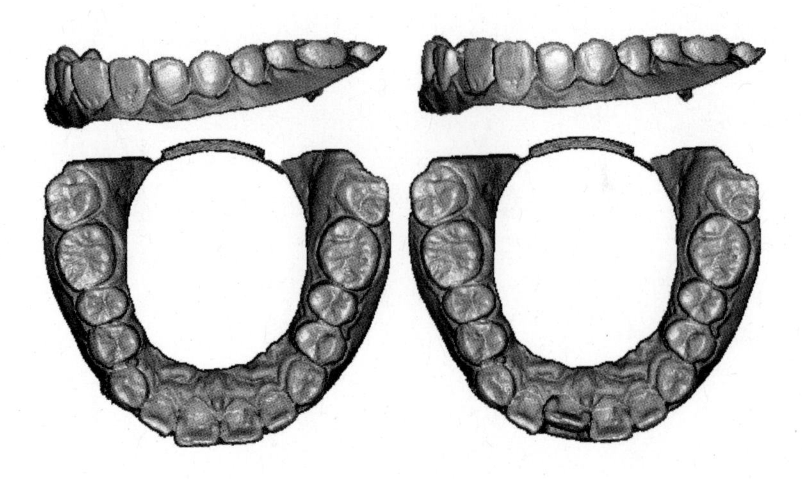

图 8-22　三维牙齿移动

（4）找到区域 D 的重心 p（u_o，w_o），以 p（u_o，w_o）为起点作射线 l 与 D、G 的边界交于 P_D 和 P_G 点，在 P_D 处 θ 取值为 1，在 P_G 处 θ 取值为 0，在 P_D 到 P_G 之间的线段上某点 P，$\theta_P=|PP_G|/|P_GP_D|$。数组 MASK 实际上反映了一个二维模糊子集的隶属度函数:当点属于牙齿时，隶属度函数值为 1；当点不属于牙齿时，按点到牙齿的距离远近，隶属度函数在[0，1]区间取值。

（5）交互操作确定对牙齿进行变换的矩阵 M 为

$$\boldsymbol{M}=\begin{bmatrix} a_{11} & a_{12} & a_{13} & a_{14} \\ a_{21} & a_{22} & a_{23} & a_{24} \\ a_{31} & a_{32} & a_{33} & a_{34} \\ a_{41} & a_{42} & a_{43} & a_{44} \end{bmatrix} \tag{8.25}$$

（6）对 MASK（u，w）不为 0 的点 $d(x''(u,w),y''(u,w),z''(u,w))$，用矩阵 $\boldsymbol{M}'$ 对其进行变换，当 θ 由 1 到 0 改变时，$\boldsymbol{M}'$ 由 $\boldsymbol{M}$ 过渡到单位阵。对点 p（u，w）$\in D$，即牙齿上的点，变换矩阵是 $\boldsymbol{M}$；对点 p（u，w）$\in G-D$，即过渡区域内的点，变换矩阵 M' 由 M 向单位阵过渡；对其他点不作变换。$\boldsymbol{M}'$ 可表示为

$$\boldsymbol{M}'=\begin{bmatrix} 1+\theta(a_{11}-1) & \theta a_{12} & \theta a_{13} & \theta a_{14} \\ \theta a_{21} & 1+\theta(a_{22}-1) & \theta a_{23} & \theta a_{24} \\ \theta a_{31} & \theta a_{32} & 1+\theta(a_{33}-1) & \theta a_{34} \\ \theta a_{41} & \theta a_{42} & \theta a_{43} & 1+\theta(a_{44}-1) \end{bmatrix}$$

（7）对全体三维数据进行三维重构。

图 8-23 是变换效果的比较。图 8-23（b）是在伪三维图上指定的牙齿边界，图 8-23（d）是只对牙齿数据进行变换并重构的效果。图 8-23（a）表示在牙齿边界之外又指定了一个过渡区域，图中黄色表示 θ 值为 1，黑色表示 θ 值为 0，灰色调表示 θ 值在[0，1]之间。对照图 8-23（c）、（d），可以明显看到效果的改善。在图 8-23（c）所示的过渡区域内外形逐渐改变，而在图 8-23（d）所示的

分界线处存在明显的突变。

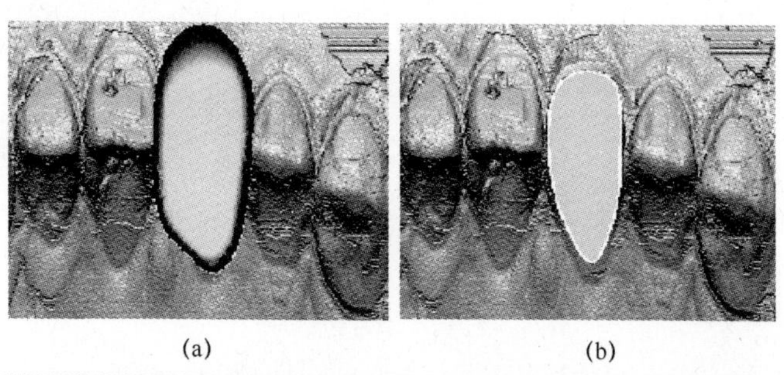

(a) (b)

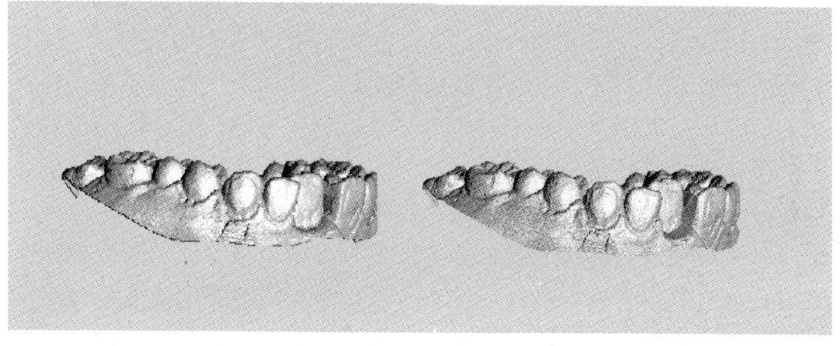

(c) (d)

图 8-23　变换效果的比较

第 9 章　牙颌局部变形及咬合运动虚拟再现

9.1　概述

牙颌自由变形有着重要的应用。在修复体 CAD/CAM 技术中，“虚拟蜡型”的外表面造型要参考邻牙及对合牙的解剖约束条件以及个体下颌运动特征，通过标准牙的整体及局部产生形变来获得[127]。标准牙冠的三维空间变换与修复体造型有着极其重要的关系，实现标准牙冠的各种数学变换使之符合解剖生理的要求是关键。除了对标准牙冠数据进行旋转及平移等线性变换，完成牙冠位置的调整，还要对咬合面进行局部自由变形处理，模拟修复体的咬合调整。

常规修复治疗中要获得良好的咬合关系，必须通过调磨修复体相应部位来实现，而在修复体 CAD 过程中则需要修改虚拟蜡型。模型的局部变形是指对某一区域在各个方向上进行推拉、挤压变换，以获得与个体牙的特征相符合的三维数据。从一颗标准牙齿到具有个体特征的牙齿的变换不同于整体变换，它同牙齿外表面的表示一样，无法用解析式表示。这种局部变换是一种畸变，它必须依赖于数据点的运动参数化，变换的关键在于特征区的选取，以及如何获得各个数据点的运动参数。

牙冠的变形可分为比例缩放、拉压变形。比例缩放并不是严格意义上的变形，尽管它也会引起对象几何形状的变化，但它却具有很大特殊性，组成对象的所有几何元素都发生同样的变化。拉压变形是指外力作用下，组成对象的某些基本几何元素的位置和形状发生变化，具体表现为基本几何元素的顶点的坐标的变化。当对象发生拉压变形后，组成对象的各个基本几何元素变形的幅度不等，无法用一个变换函数来描述整个变形。研究适合修复体咬合调整的自由变形技术是修复体 CAD/CAM 技术研究的一项基础性工作。

运动跟踪是虚拟现实技术中重要内容之一。在口腔医学虚拟咬合架（Virtual Articulator）研究中，存在两项关键性工作：一是实现上下牙颌三维数字模型咬合对准（Registration）；二是准确记录下颌运动过程中位置与姿态的变化。应用激光三维扫描仪，可完成第一项工作[128-130]。Bernd Kordaβ 等在虚拟咬合架研究中利用超声波技术来记录下颌运动[131]。本书提出一种基于单视点序列图像和激光技术的六自由度运动测量新方法，该方法易于实现，测量精度可满足口腔临床研究要求。结合本书编者研制的牙颌模型激光三维扫描仪，实现了下颌运动过程的记录与三维虚拟再现。

9.2 局部变形技术综述

自从 Barr 在 1984 年首先提出整体和局部自由变形方法后，变形技术已得到了越来越多的重视和研究 [132]。当前，国内外对于曲面变形技术的研究，依据其与模型表达方式的相关程度，可分为与模型表达方式相关的变形技术和独立于模型表达方式的变形技术两大类。前者通过移动控制顶点而实现的 B 样条曲面或超曲面的变形[133]。后者又可根据是否使用变形工具分为使用变形工具的变形方法和直接作用于物体的空间变形方法[134，135]。其他还有基于有限元方法的变形技术[136，137，133]等。

9.2.1 模型表达方式相关的变形技术

由于该方法与模型的表达方式有关，因而应用范围就受到了模型表达方式的限制，一般每种方法只能针对某一特定的几何模型。这里只介绍几种比较典型的方法。

1. NURBS 曲线曲面形状修改

Piegl 对 NURBS 曲线曲面的形状修改进行了研究，通过重新定位控制顶点及重新确定权因子实现对 NURBS 曲线曲面的修改[138]。对于曲线，在重新定位控制顶点时，通过寻找对曲线上要修改点 P 影响最大的顶点，可以实现曲线上点的直接修改。对于曲面，则必须是对控制顶点的修改。通过反插节点技术，可以实现对界定曲线曲面部分的修改，实现变形修改的区域化。

权因子对 NURBS 曲线的影响，是当保持控制顶点与其它权因子不变、减少或增加某权因子时，起到把曲线拖离或拉近相应顶点的作用。权因子对 NURBS 曲面具有类似的作用。

由于该技术直观简单，且不要求设计员具有 NURBS 及几何造型方面的数学背景知识，因而易于为工程实践所接受和推广。但该技术所能实现的功能有限。

2. B 样条求精变形方法

为实现对曲面的直接操作，该方法通过找到控制顶点和曲面上点的一个基础关系，即控制顶点和受该控制顶点影响最大的曲面上点之间的联系，把曲面上点的移动转换为控制顶点的移动，再通过控制顶点的移动控制区域的变形。

对于变形区域的控制，Forsey 和 Bartels 利用求精（Refinement）算法，提出了“覆盖层”的方法，使用分层控制的细分技术，实现对不同区域的控制。

细分的次数越多，层数就越多，可控制的区域即可变形的范围就越小。该方法用树形结构存储不同次数的覆盖层。

3. **可变形 B 样条交互变形方法**[139]

该方法是一种物理造型方法，基于能量最小化原理，通过施加力，对可变形 B 样条进行交互修改。由 Thingvold 和 Cohen 提出的可变形 B 样条是把该曲面的控制点表示为与弹簧及铰链相联系的质点，从而使其具有了物理属性。

该方法基于非均匀 B 样条曲线曲面的物理模型，通过求解能量方程，把线、面表达为一系列质点在约束力作用下的平衡，可表示为

$$\boldsymbol{K}V_0 = \boldsymbol{C}F_0 \tag{9.1}$$

式中：V_0 为原始控制点的位置；F_0 为原始的约束力；K 和 C 分别为与模型表达及力有关的矩阵，是可求的。式（9.1）建立了力与控制顶点的关系。当对线或面施加外力 f 时，用 ΔF 表示力的改变量，用 ΔV_r 表示控制点的改变量，有

$$K_r \Delta V_r = C_f \Delta F \tag{9.2}$$

对曲线来说，r 代表要改变的控制点数；对曲面来说，r 代表一个 $r_u \times r_v$ 的替换矩阵。r 可以根据需要由用户指定，它将决定变形的范围。改变作用力的大小，可以改变相应控制顶点移动的大小，从而可以改变变形程度的大小。反过来，知道了曲面上某一点移动的大小，也可以求出相应控制点移动的大小，从而可以求出应施加力的大小。这样可以方便地把模型上的某一点移动到希望的位置。由于模型具有物理特征，且使用了力作为变形的工具，该技术可以被形象地描述为对模型的“雕刻”。对用户来说，该方法具有较好的直观性、交互性。

9.2.2 独立于模型表达方式的变形技术

由于与变形物体的模型表达方式无关，该技术可以比较容易地集成到大多数现有的造型系统或计算机动画系统中，这是该方法的一个重要优点。依据变形实现手段的不同，该技术可进一步分为使用变形工具的间接变形技术与直接作用于物体的空间变形技术。

1. **使用变形工具的间接变形技术**

之所以称为“间接”，是因为该方法把变形首先作用到变形工具上，然后通过模型与变形工具之间的映射函数 $D: R^3 \to R^3$，把模型上的点 u=（u_1，u_2，u_3）变换到新的位置 $D(u) = (D_1(u_1), D_2(u_2), D_3(u_3))$，从而得到所需的变形。依据所使用变形工具的不同，该方法可细分为如下 5 种方法。

（1）自由变形（Free-Form Deformation，FFD）方法。该方法由 Swderberg 和 Parry[140]在 1986 年提出的，它引入了称为“晶格”的参数体网格作为变形工具。在该方法中，晶格是一个均匀划分的平行六面体，由一个三维控制顶点数

组定义。把需要变形的物体嵌入到晶格中，并建立起物体与晶格间的映射关系。当对晶格施加变形时，通过映射关系。嵌入晶格的物体也就会相应地发生变形。

（2）扩展的自由变形（Extended Free-Form Deformation，EFFD）方法[141]。该方法是对 FFD 方法的改进、加强。在该方法中，不再限制变形工具必须为平行六面体，它可以是各种形状的单元网格或单元网格的组合。当变形工具是几个单元网格的组合时，每一个单元都可以表示为 FFD 方法的一个个体，从而提供了局部变形控制。同时，这也导致了各单元网格间连续性问题的出现。

（3）有理自由变形（Rational Free-Form Deformation，RFFD）方法。有理自由变形[142]是 FFD 方法的又一种扩展。它把平行六面体网格的控制顶点与“权”结合了起来，增加了一个用于定义变形的自由度。当权值为单位值时，这种变形方法与 FFD 方法是相同的。该技术中，用户既可以通过移动网格控制顶点控制变形，也可以通过修改控制顶点的权值控制变形。然而，通过改变控制顶点的权值所获得的变形通常是不可预测的。

（4）轴变形（Axial Deformation，AxDF）方法[143]。在轴变形中，模型的变形由一个新的变形工具“轴”来控制。轴是一条与模型相联系的参数曲线。当轴发生弯曲、拉伸或扭转变形时，依据映射关系，模型将产生相应的变形。这种变形方法操作灵活，但因物体只能沿轴线进行变形，因而应用范围较窄。

（5）参数曲面控制的自由变形方法。应用参数曲面作为变形工具[144, 145]是近来提出的一种新的自由变形方法，是对 FFD 方法和 AxDF 方法的一个补充。在该方法中，控制变形的工具既不是空间网格，也不是参数曲线，而是两张参数曲面，分别称为形状曲面和高度曲面。其中：形状曲面控制物体变形的形状；而高度曲面控制物体变形时沿曲面法向的伸缩程度。

变形时，与前述方法相似，首先将要变形物体嵌入曲面的参数空间，并通过映射函数建立物体与曲面的一一对应关系。然后，在变形过程中，保持这种对应关系不变，参数曲面的变形就会自动传递给物体。该变形方法要求对参数曲面有一个比较好的了解，否则很难通过参数曲面的调节而获得希望的变形形状。

2. 直接作用于物体的空间变形技术

（1）空间变形技术（Space Deformation）。空间变形技术的模型最早是由 Borrel 和 Bechman 在 1990 年提出的[146]。该技术把模型上一个任意选中点（称为约束点）的替换向量称为“约束”。在 R^n 空间中任何一点的变换，都需要经过计算以满足约束的要求。特别地，约束点可以是模型上的点，这就实现了对模型的直接变形，可以将模型上的点移动到指定的位置。

R^n 空间的变形函数 D 可以表示为函数 $g: R^n \to R^p$ 和函数 $f: R^p \to R^m$ 以及一个线性变换 T：$R^m \to R^n$ 的组合，即

$$\underset{(n\times 1)}{\boldsymbol{D}(u)} = \underset{(n\times m)}{\boldsymbol{M}} \quad \underset{(\mathrm{m}\times 1)}{\boldsymbol{f}(g(u))} \tag{9.3}$$

式中：f 为挤压函数（Extrusion Function）；g 为参数化函数（Parameterizing Function）；M 为 T 的数组。它们各自的维数在式（9.3）下给出。参数化函数 g 把模型点的笛卡儿坐标转换到 p 维的参数空间。M 用于使变形结果满足约束要求。约束点周围的变形形状依赖于函数 f。

定义不同的 f 函数可以得到不同的变形效果。当用 B 样条基函数时，由于 B 样条基的局部支撑性，可以获得局部变形。当 B 样条基多项式为两次或更高次时，可以获得非常直观和光滑的变形形状。当使用幂积多项式时，一个约束点的变形将可以影响到整个空间，从而可实现全局变形。选用和构造合适的 f 函数，可以获得希望的变形，而且还可以模拟给定材料，如木头、铁、泥等的变形。文献[146]对函数 f 和 g 的几类形式进行了描述和总结。

（2）直接自由变形技术（Direct Free-Form Deformation，DFFD）。该技术把需要变形的物体模型嵌入到一个由控制点数组定义的三变量网格体中，模型的变形跟随着网格的变形。但是，与 FFD 方法不同的是，网格控制点的计算遵循"将模型上的某个点移动到指定的位置"这一要求。也就是说，它根据模型上点的位置改变来计算网格控制点改变量，是直接对模型点的操作，向用户隐藏了网格控制顶点的移动操作。网格控制点的变换矩阵可表示为：

$$\underset{(n_c\times 3)}{\Delta\boldsymbol{Q}} = \underset{(n_c\times m)}{\boldsymbol{B}} \quad \underset{(m\times 3)}{\Delta\boldsymbol{P}} \tag{9.4}$$

式中：$\Delta\boldsymbol{Q}$ 为 n_c 个选定模型点的替换矩阵；$\boldsymbol{B}$ 为 B 样条多项式组成的矩阵；$\Delta\boldsymbol{P}$ 为网格控制点的替换矩阵。式（9.4）下为各个矩阵的维数。由此可以计算出矩阵 $\Delta\boldsymbol{P}$ 为

$$\Delta\boldsymbol{P} = \boldsymbol{B}^{+}\Delta\boldsymbol{Q} \tag{9.5}$$

式中：$\boldsymbol{B}^{+}$为 $\boldsymbol{B}$ 的伪逆矩阵。依据式（9.5），已知模型上点的变化量，就可以算得网格的控制点需要的变化量。一个给定的模型上点的替换，会影响周围的点。利用 B 样条基的局部特性可以限定变形的范围，同时 B 样条多项式的形状将反映在被影响的变形区域上。

在该技术中，由于变形区域的大小、位置和形状与网格体控制点的分布有着很强的联系。因此，要想控制变形的位置，用户不得不修改初始网格。这是一项很烦琐的工作。

9.3 数字牙冠变形技术研究

常规修复治疗中要获得良好的咬合关系，必须通过调磨修复体相应部位来

实现，而在修复体 CAD/CAM 过程中则需要修改虚拟蜡型。作为修复体 CAD/CAM 的前期基础研究，为了实现标准牙冠咬合面的形变，本书采取了在牙冠咬合面的特定区域定义特征区和特征点的方法。每个特征区有相应的特征点，由特征点控制特征区的变化。一般而言，牙尖的极值点为牙尖的特征点，沟的鞍点为沟的特征点，窝的特征点为它的极值点。对于标准数字牙冠，特征点和特征区是已知的，当根据对对合牙的测量或医学专家根据经验确定了待修复的牙冠特征点的数据后，通过对标准数字牙冠特征区在各方向分别进行推拉、挤压等局部变换，就获得了与个体牙的特征相符合的三维数据。此三维数据可提供给修复体 CAD/CAM 系统，实现计算机辅助快速修复治疗。

本书使用的标准牙冠数据由激光三维扫描系统对标准牙模型扫描获得，数据结构为在二维参数平面上的有序点集合。根据实际情况，设计并验证了两种局部变形方法。第一种方法适用于对数字牙冠的局部变形处理，第二种方法则可对整体或局部牙颌模型进行变形处理。

9.3.1 基于过渡矩阵的数字牙冠局部变形方法

该方法实质上是一种有约束的直接作用于物体的空间变形技术，算法思想叙述如下。

（1）设参数 u、w 构成笛卡儿坐标系，在该坐标系中定义特征区为 S_t，特征点为 p（u_t，w_t）。定义一个二元函数 h（u，w），在特征点处 h（u_t，w_t）=1，在特征区内 h（u，w）∈[0，1]，在特征区外 h（u，w）=0。

（2）以边标志算法确定特征区的内点（边标志算法见第 8 章的介绍），对每一内点 p（u，w），计算与其对应的函数值 h（u，w）。如图 9-1 所示，由特征点 p（u_t，w_t）经过内点 p（u，w）向边界作射线与边界交于点 p（u_e，w_e）；设 $r=p(u, w)-p(u_t, w_t)$，$R=p(u_e, w_e)-p(u_t, w_t)$，由比值 r/R 决定 h（u，w）的值。h 可以有不同的变化规律，对于图 9-1（b），有 $h=1-r/R$，对于图 9-1（c）有 $h=0.5(1+\cos(\pi r/R))$。h 不同的变化规律将产生不同的三维局部变形效果。遍历特征区后，就获得了全部内点的 h 值。

（3）根据约束条件，若特征点在三维空间要平移 dx、dy、dz，定义变换矩阵 $\boldsymbol{M}$ 为

$$\boldsymbol{M}=\begin{bmatrix} 1 & 0 & 0 & 0 \\ 0 & 1 & 0 & 0 \\ 0 & 0 & 1 & 0 \\ h\mathrm{dx} & h\mathrm{dy} & h\mathrm{dz} & 1 \end{bmatrix} \tag{9.6}$$

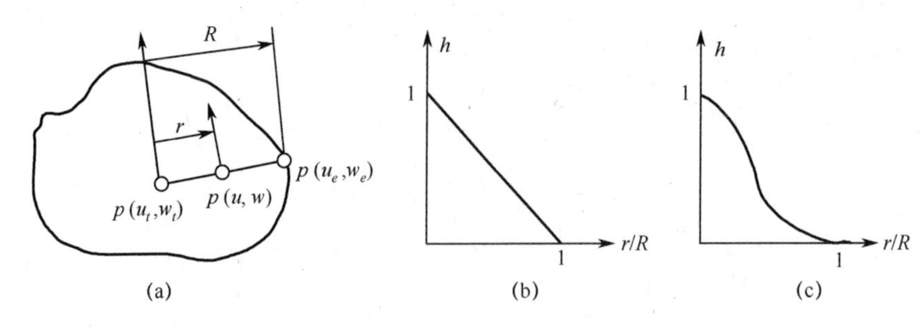

图 9-1　特征区内点的函数值

（4）对特征区内的每一点 p（u，w），先计算 h 值，接着用 h 值修改变换矩阵 $\boldsymbol{M}$，然后用 $\boldsymbol{M}$ 对与点 p（u，w）对应的三维点（x（u，w），y（u，w），z（u，w））施行坐标变换，即实现了数字牙冠三维局部变形。

上述方法思路清晰，计算量小，便于交互操作，但每次只能变换一个特征区。若需对多个特征区施行局部变形操作，将多个特征点变换到新的位置，则要进行多次变换。上述方法已经用编程语言实现。用实际模型三维数据进行了检验，图 9-2 示出了该方法的实际效果。图 9-2（c）是特征区的示意图，在伪三维显示图上交互指定特征区，然后计算特征区内点的 h 函数值，为反映算法执行情况，不同位置的 h 值用亮度表达出来，黑色表示 h 值为 0，最亮处表示 h 值为 1，中间色调表示 h 值在 0、1 之间。图 9-2（a）、（b）为用变形前后的三维数据重构的三维图形，在图示圆圈处可看到明显的局部变化。图 9-2（d）、（e）是用标准牙冠数据按上述方法在局部变形前后的对比，在箭头所示处进行了沿 z 轴方向微小的压缩。

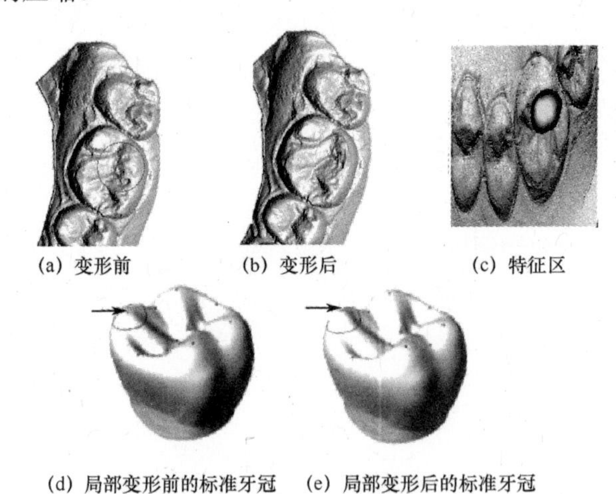
(a) 变形前　(b) 变形后　(c) 特征区

(d) 局部变形前的标准牙冠　(e) 局部变形后的标准牙冠

图 9-2　局部变形

前述方法的进一步说明：①获得病人牙颌形态数据后，要经过标准牙冠数据与病人牙颌三维形态数据的匹配变换，然后才能进行局部变形操作。数字牙冠上特征点的移动量是根据实际病人情况决定的，考虑的因素主要有对合牙的形态、邻牙的形态等。通过对病人的牙颌模型上对合牙及邻牙的测量，可以获得缺失牙的形态及特征点数据，但这些数据是病人牙颌模型坐标系中的坐标值，而标准牙冠数据是牙冠坐标系中的坐标集合。为了将这些数据用于标准牙冠的局部变形，要对标准牙冠数据经过旋转、平移、比例缩放等操作，以获得与病人牙颌形态的最佳匹配，然后才能应用上述方法进行局部变形操作。②若有多个特征点需要移动，则要进行多次变换。

9.3.2 基于人工神经网络的牙颌三维变形方法

对于多层前馈型人工神经网络，若节点激活函数采用 S 型可微函数，则可以实现连续映射 f: $R^m \to R^n$。对于欧氏三维空间，一个输入输出各有 3 个节点、中间层激活函数为 S 型函数、输出层激活函数为线性函数的 3 层前馈人工神经网络，经过训练后可以实现特定的非线性坐标变换功能，将其用于牙颌三维变形，一次处理过程即可实现满足多特征点约束条件、由一个模型坐标系到另一个模型坐标系个体牙颌坐标系的变形处理。实现上述变形处理需要做以下几项工作。

1. 确定网络结构

输入输出各有 3 个节点，根据一般原则中间层可用 5~7 个节点。中间层激活函数为 S 型函数、输出层激活函数为线性函数的 3 层前馈人工神经网络，如图 9-3 所示。

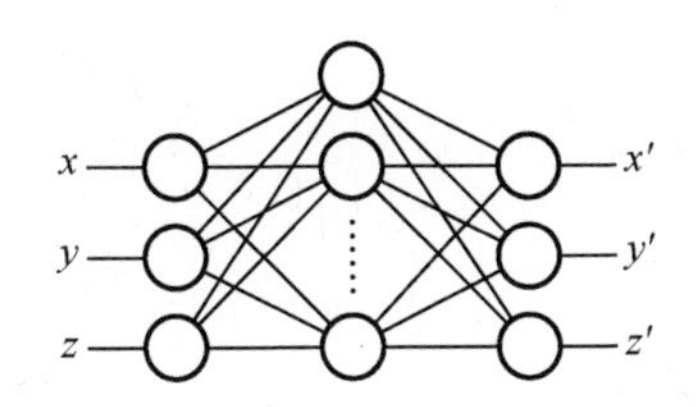

图 9-3 用于坐标变换的人工神经网络

2. 确定训练点对集合

根据确定模型的特征点集合和约束条件（即已知特征点的变换输出值），建立集合 $\{<p_1, p_1'>, <p_2, p_2'>, \cdots, <p_i, p_i'>, \cdots, <p_n, p_n'>\}$，其中 p_i、p_i'是欧氏三维空间的点。

3. 对网络进行训练

选择一种学习算法，用训练点对集合对网络进行训练，直到均方误差满足要求。常用的算法是 BP 算法，为了提高收敛速度可以采用 LM、共轭梯度等算法。

4. 用训练好的网络对模型三维数据进行变换

5. 用变换后的数据进行三维重构

为了得到理想的变换效果，特征点的数量要选取足够多，且应均匀分布在模型的整个表面。神经网络存在过度训练问题，即在训练集上网络误差很小，但在某些点处网络发散。通过三维重构可以检验网络是否存在发散。图 9-4 是用人工神经网络进行模型三维变形处理的实验结果。所用网络为 3 层，隐层节点 5 个，训练点对 120 个。

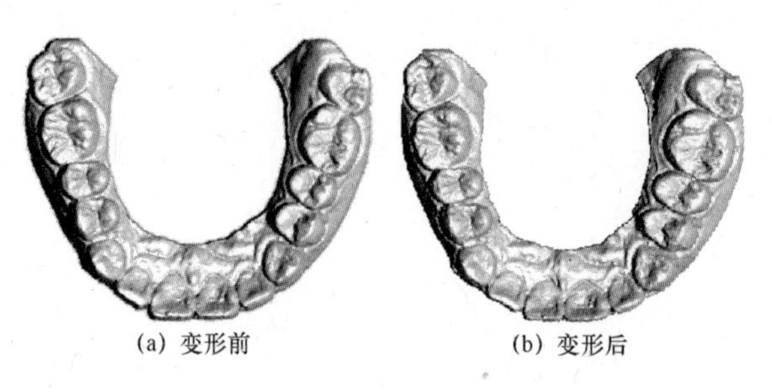

(a) 变形前　　(b) 变形后

图 9-4　基于人工神经网络的三维变形处理

神经网络变形方法可以对模型的局部进行变形处理，也可以对模型整体进行变形处理，只要训练点对集合质量好，一般会得到较好的变换效果。此方法可以用于全口义齿设计，以标准的牙颌模型为基础，根据与患者个体的差异，将标准模型变换到适合具体个体的形状，供 CAD/CAM 系统使用。此方法也可用于其他领域，如考古修复、法医鉴定等。

9.4　咬合运动虚拟再现研究

研究下颌运动的重要目的之一是研究运动轨迹特征，以便进行关节功能的判断，进而作为颞颌关节病、咬合异常等疾病的辅助诊断手段，将其应用于临床。如能将下颌运动轨迹与牙颌三维数字模型结合，则可以三维图形方式，直观地再现下颌运动过程，在计算机的帮助下，医生可从在现实世界中无法实现的角度观察下颌运动，这对医学教学与医疗实践无疑是大有帮助的。下颌的运动是一个包括转动与滑动的复杂过程，现有的商品化仪器均以超声波测量技术为基础，传感装置体积较大，以夹板固定在下颌牙列上，且功能有局限性，一般只能记录和显示几个预先设定点的运动轨迹。另外，由于不同的受试者、不同仪器所选取的参考点不可能完全相同，即使同一仪器、同一受试者在不同时间进行测试，结果也会有明显差异[147]。

本节利用半导体激光准直技术，以单视点序列视频图像记录下颌运动过程，应用计算机图像处理技术解析下颌运动轨迹，再与牙颌三维扫描数据结合，实现了下颌运动的计算机三维虚拟再现。

9.4.1 咬合运动过程测量原理

建立两个坐标系：观察坐标系（上颌）XYZ 和物体坐标系（下颌）xyz。设坐标系 xyz 中的点 P_o（0，0，0）、P_x（1，0，0）、P_y（0，1，0）、P_z（0，0，1）在 XYZ 坐标系中的相应坐标是（x_o，y_o，z_o）、（x_x，y_x，z_x）、（x_y，y_y，z_y）、（x_z，y_z，z_z），有

$$\begin{bmatrix} x_x & y_x & z_x & 1 \\ x_y & y_y & z_y & 1 \\ x_z & y_z & z_z & 1 \\ x_o & y_o & z_o & 1 \end{bmatrix} = \begin{bmatrix} 1 & 0 & 0 & 1 \\ 0 & 1 & 0 & 1 \\ 0 & 0 & 1 & 1 \\ 0 & 0 & 0 & 1 \end{bmatrix} \boldsymbol{M} \tag{9.7}$$

于是，有

$$\boldsymbol{M} = \begin{bmatrix} 1 & 0 & 0 & 1 \\ 0 & 1 & 0 & 1 \\ 0 & 0 & 1 & 1 \\ 0 & 0 & 0 & 1 \end{bmatrix}^{-1} \begin{bmatrix} x_x & y_x & z_x & 1 \\ x_y & y_y & z_y & 1 \\ x_z & y_z & z_z & 1 \\ x_o & y_o & z_o & 1 \end{bmatrix} = \begin{bmatrix} x_x - x_o & y_x - y_o & z_x - z_o & 0 \\ x_y - x_o & y_y - y_o & z_y - z_o & 0 \\ x_z - x_o & y_z - y_o & z_z - z_o & 0 \\ x_o & y_o & z_o & 1 \end{bmatrix} \tag{9.8}$$

由此可见，只要获得 P_o、P_x、P_y、P_z 在 XYZ 坐标系中的相应坐标，便可获得变换矩阵 $\boldsymbol{M}$，从而获得刚性物体上任一点在在 XYZ 坐标系中的相应坐标。在刚体的运动过程中，不断测得点 P_o、P_x、P_y、P_z 在 $OXYZ$ 坐标系中的相应坐标，通过变换矩阵 $\boldsymbol{M}$，即可获得刚体相对 $OXYZ$ 坐标系位置与姿态的变化。

9.4.2 咬合运动过程测量方法

如图 9-5 所示，在下颌上建立坐标系 xyz，两个准直激光源固定在下颌上。设在 xyz 坐标系中两条光束所代表的直线方程分别为 L_1：$y=0$，$z=-kx$ 和 L_2：$y=0$，$z=kx$，两光束通过 $Z=0$ 和 $Z=D$ 两个栅网结构的屏时，被散射而形成 4 个漫射点光源 p_1~p_4。用 CCD 视频摄像机对屏拍摄，识别图像上光斑的中心，再转化为 $OXYZ$ 坐标，建立直线方程，可求得两光束交点，即 xyz 坐标系原点在 $OXYZ$ 坐标系中的表示。由于一般情况下两直线不能准确相交，应以它们的公共垂足中点为近似解。再根据直线 L_1 与 L_2 在 $OXYZ$ 坐标系中的方向数，可求得坐标轴 x、y、z 在 $OXYZ$ 坐标系中的方向数，从而获得了下颌运动的六自由度数据。根据式（9.8）求出的变换矩阵可用来对下牙列三维数据集进行坐标变换，以三维图形方式再现下颌的运动。

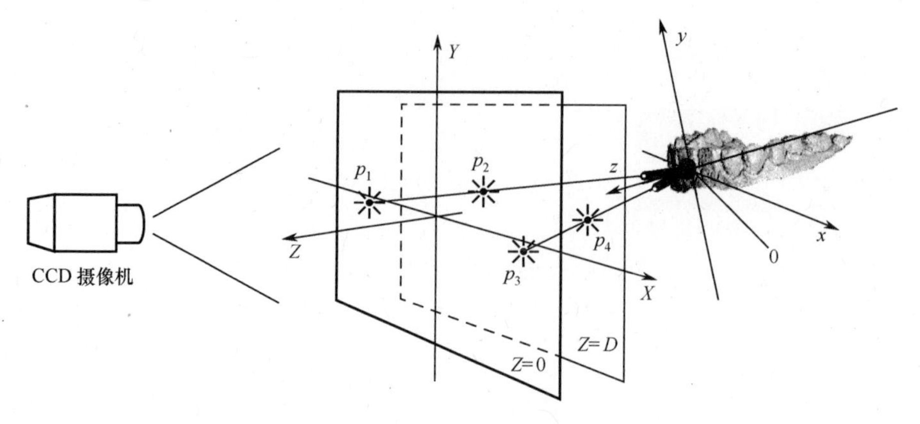

图 9-5　六自由度运动测量方法

激光束可表示为

$$\begin{cases} L_1: \ \boldsymbol{p}_L = \boldsymbol{p}_2 + \lambda(\boldsymbol{p}_1 - \boldsymbol{p}_2) \\ L_2: \boldsymbol{p}_R = \boldsymbol{p}_4 + \varepsilon(\boldsymbol{p}_3 - \boldsymbol{p}_4) \end{cases} \tag{9.9}$$

公垂线可表示为

$$L{:}\boldsymbol{p} = \boldsymbol{p}_R + \delta(\boldsymbol{p}_L - \boldsymbol{p}_R) \tag{9.10}$$

公垂线与激光束垂直，因此有

$$\begin{cases} (\boldsymbol{p}_1 - \boldsymbol{p}_2)\cdot(\boldsymbol{p}_L - \boldsymbol{p}_R) = \boldsymbol{0} \\ (\boldsymbol{p}_3 - \boldsymbol{p}_4)\cdot(\boldsymbol{p}_L - \boldsymbol{p}_R) = \boldsymbol{0} \end{cases} \tag{9.11}$$

根据式（9.9）、式（9.10）、式（9.11）可解出 $\boldsymbol{p_L}$ 和 $\boldsymbol{p_R}$，于是可以将 $\boldsymbol{p_L}$ 和 $\boldsymbol{p_R}$ 连线的中点作为 xyz 坐标系原点在 XYZ 坐标系中的坐标，即

$$\boldsymbol{p}_m = \boldsymbol{p}_R + 0.5(\boldsymbol{p}_L - \boldsymbol{p}_R) \tag{9.12}$$

设 L_1 与 L_2 的方向矢量归一化后分别为 $\boldsymbol{M}$ 和 $\boldsymbol{N}$，与 z、y 和 x 同向的矢量在 $OXYZ$ 坐标系中的表达式为

$$\begin{cases} \boldsymbol{z} = \boldsymbol{M} + \boldsymbol{N} \\ \boldsymbol{y} = \boldsymbol{M} \times \boldsymbol{N} \\ \boldsymbol{x} = \boldsymbol{y} \times \boldsymbol{z} \end{cases} \tag{9.13}$$

9.4.3　误差分析与实验

设 p_1、p_2、p_3、p_4 的坐标分别为（x_1，y_1，z_1）、（x_2，y_2，z_2）、（x_3，y_3，z_3）、（x_4，y_4，z_4），令式（9.9）中 $\boldsymbol{p_L}=\boldsymbol{p_R}$，有

$$
\begin{cases}
x = x_2 + \lambda(x_1 - x_2) \\
y = y_2 + \lambda(y_1 - y_2) \\
z = D - \lambda D \\
\lambda = \dfrac{x_2 - x_4}{x_3 - x_4 + x_2 - x_1}
\end{cases} \tag{9.14}
$$

对式（9.14）求微分，有

$$
\begin{cases}
\mathrm{d}x = \lambda \mathrm{d}x_1 + (1-\lambda)\mathrm{d}x_2 + (x_1 - x_2)\mathrm{d}\lambda \\
\mathrm{d}y = \lambda \mathrm{d}y_1 + (1-\lambda)\mathrm{d}y_2 + (y_1 - y_2)\mathrm{d}\lambda \\
\mathrm{d}z = -D\mathrm{d}\lambda \\
\mathrm{d}\lambda = \dfrac{\partial\lambda}{\partial x_1}\mathrm{d}x_1 + \dfrac{\partial\lambda}{\partial x_2}\mathrm{d}x_2 + \dfrac{\partial\lambda}{\partial y_3}\mathrm{d}y_3 + \dfrac{\partial\lambda}{\partial x_4}\mathrm{d}x_4 \\
\quad = \dfrac{(1-\lambda)\mathrm{d}x_2 - (1-\lambda)\mathrm{d}x_4 + \lambda\mathrm{d}x_1 - \lambda\mathrm{d}x_3}{x_3 - x_4 + x_2 - x_1}
\end{cases} \tag{9.15}
$$

用真误差代替微分，有

$$
\begin{cases}
\Delta x = \lambda \Delta x_1 + (1-\lambda)\Delta x_2 + (x_1 - x_2)\Delta\lambda \\
\Delta y = \lambda \Delta y_1 + (1-\lambda)\Delta y_2 + (y_1 - y_2)\Delta\lambda \\
\Delta z = -D\Delta\lambda \\
\Delta\lambda = \dfrac{\partial\lambda}{\partial x_1}\Delta x_1 + \dfrac{\partial\lambda}{\partial x_2}\Delta x_2 + \dfrac{\partial\lambda}{\partial y_3}\Delta y_3 + \dfrac{\partial\lambda}{\partial x_4}\Delta x_4 \\
\quad = \dfrac{(1-\lambda)\Delta x_2 - (1-\lambda)\Delta x_4 + \lambda\Delta x_1 - \lambda\Delta x_3}{x_3 - x_4 + x_2 - x_1}
\end{cases} \tag{9.16}
$$

设对坐标的测量具有相同的精度，其中误差为 m，则有

$$
m_{\Delta\lambda}^2 = 2m^2 \frac{(1-\lambda)^2 + \lambda^2}{B^2} \approx 4m^2\lambda^2 / B^2 \tag{9.17}
$$

$$
B = x_3 - x_4 + x_2 - x_1
$$

$$
\begin{cases}
m_{\Delta x} = m_{\Delta y} = \pm m\sqrt{\lambda^2 + (1-\lambda)^2 + 4(x_1 - x_2)^2\lambda^2 / B^2} \\
m_{\Delta z} = \pm 2Dm\lambda / B
\end{cases} \tag{9.18}
$$

误差与具体的坐标数值有关。设 $m=\pm0.05\text{mm}$，$D=40\text{mm}$，对于具体的光斑坐标值，如 $x_1=-80\text{mm}$，$x_2=-40\text{mm}$，$x_3=80\text{mm}$，$x_4=40\text{mm}$，$y_1=y_2=y_3=y_4=0$，式（9.18）计算的结果为

$$
m_{\Delta x} = m_{\Delta y} = \pm 0.0707\text{mm}
$$

$$
m_{\Delta z} = \pm 0.05\text{mm}
$$

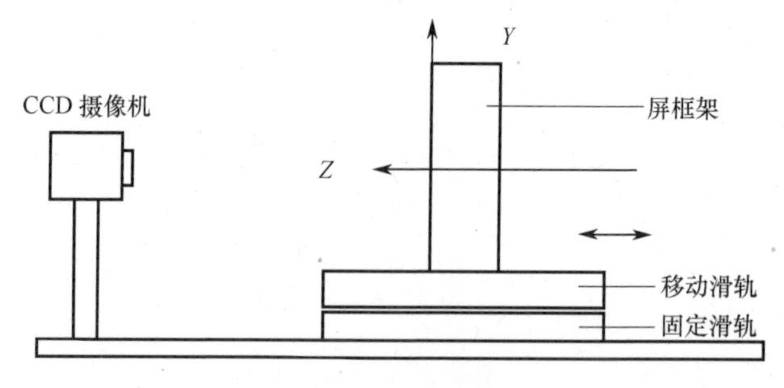

图 9-6　系统标定

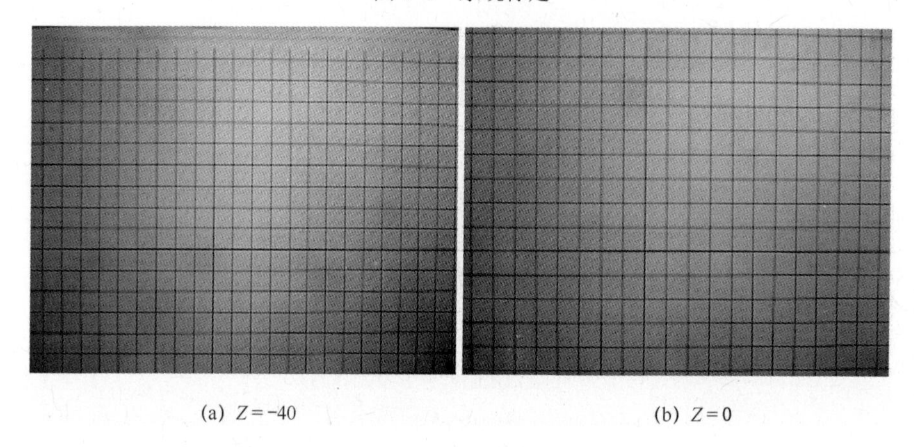

(a) $Z=-40$　　(b) $Z=0$

图 9-7　网格图像

以上方案的实验条件：图像分辨率 800×600 像素，屏尺寸 300×200mm^2，材料为 160 目印刷用丝网，两屏间隔 40mm。首先对系统进行标定。将双层屏幕固定在一个可前后移动的滑轨上，滑轨底座和摄像机固定在同一个底版上，摄像机光轴与屏表面垂直（图 9-6）。把一幅标准网格图案贴在屏的表面，网格间距 10mm。此时摄像机侧屏为观察坐标系的 *XOY* 平面。摄像机摄取屏的图像，然后将移动滑轨向远离摄像机方向移动 40mm，再摄取图像。得到的两幅网格图像见图 9-7。根据网格图像可建立像素坐标与空间三维坐标之间的转换关系。当摄像机的几何畸变很小时，这一转换是线性的，否则要对几何畸变进行修正。修正可以采用多项式插值或神经网络方法。将网格图案从屏上撤下，移动屏幕到初始位置，即可进行实际测量。所用激光束直径 1mm，光功率 1mW，用立方棱镜分成夹角为 90° 的两个光束。图 9-8 是激光器在 4 个不同位置所拍实际图像，激光器放在一个可平行于 *X* 轴移动的滑轨上，每次移动 1mm。最下方展示的是用重心法提取光斑中心位置的情形。采用重心法计算光斑位置可达到亚像素级分辨率。

表 9-1 是 4 次测量的情况。表 9-1 最后一列是反算出的两条光线公共垂足的长度。

表 9-1　实验数据

光斑	像素坐标		网格坐标/mm		发光点坐标/mm				误差/mm
	x	y	x	y		x	y	z	$\|\boldsymbol{p}_L-\boldsymbol{p}_R\|$
p_1	−255.7710	−10.7183	−56.22	−2.23	$\boldsymbol{p}_L$	8.48	−4.88	63.31	0.17
p_2	−61.3606	−16.5298	−15.35	−3.90	$\boldsymbol{P}_a$	8.48	−4.71	63.35	
p_3	311.7783	−21.0000	68.52	−4.37	$\boldsymbol{p}_m$	8.48	−4.79	63.33	
p_4	122.4563	−19.4171	30.61	−4.58					
p_1	−260.6161	−11.0141	−57.28	−2.29	$\boldsymbol{p}_L$	7.47	−4.90	63.23	0.23
p_2	−65.2761	−16.6988	−16.32	−3.94	$\boldsymbol{p}_R$	7.48	−4.67	63.28	
p_3	306.8205	−21.8592	67.43	−4.55	$\boldsymbol{p}_m$	7.47	−4.78	63.26	
p_4	118.1605	−19.5861	29.54	−4.62					
$p1$	−265.0386	−11.0141	−58.26	−2.29	$\boldsymbol{p}_L$	6.48	−5.01	63.25	0.22
$p2$	−69.2479	−16.9805	−17.32	−4.01	$\boldsymbol{p}_R$	6.49	−4.79	63.30	
$p3$	302.5107	−21.6057	66.48	−4.50	$\boldsymbol{p}_m$	6.48	−4.90	63.27	
$p4$	114.3013	−19.8256	28.57	−4.68					
p_1	−269.1935	−10.7183	−59.17	−2.23	$\boldsymbol{p}_L$	5.39	−4.92	63.03	0.18
p_2	−72.7972	−16.6706	−18.20	−3.94	$\boldsymbol{p}_R$	5.39	−4.74	63.07	
p_3	298.6656	−21.5775	65.64	−4.49	$\boldsymbol{p}_m$	5.39	−4.83	63.05	
p_4	109.7521	−19.6847	27.43	−4.65					

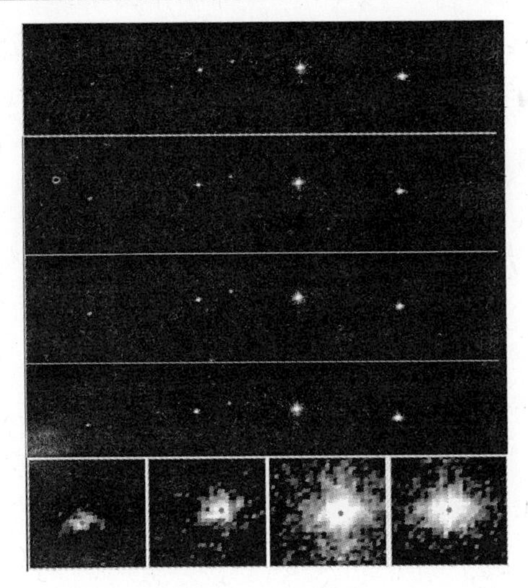

图 9-8　光斑图像

9.4.4　激光发射装置

如图 9-9 所示为激光发射装置安装示意图。A 为过渡体，后端面与下切牙外侧密接，可根据石膏模型制备。B 为激光发射装置，由立方棱镜 D 和小型激光准直光源 C 组成。坐标系的建立如图 9-9 所示，两激光束所代表的直线在 *XOY* 平面内，斜率分别为 1 和−1，立方棱镜的中心在 *XOY* 面内的坐标是已知的。A 与 B 固定在一起，在使用时采用临时粘接方法，将 A（连同 B）粘接在下切牙的外侧，便可进行下颌运动过程的记录。采集图像过程中应保持头部不动，仅下颌运动，用数码摄像机在双层屏幕的另一侧正对着屏幕拍摄，记录光斑运动。求得反映下颌运动变换矩阵后，再结合该病人上、下牙列石膏模型的三维扫描数据，便可重构出咬合运动过程的三维图形显示，如图 9-10 所示。

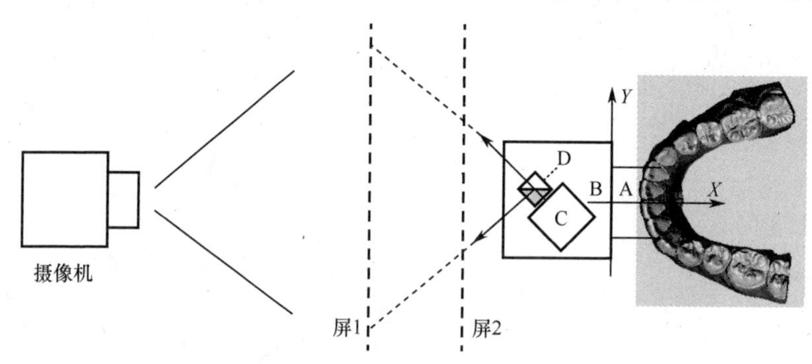

图 9-9　激光发射装置的安装

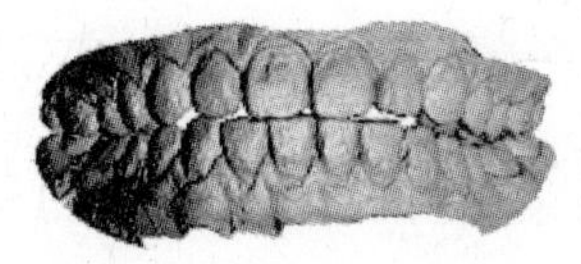
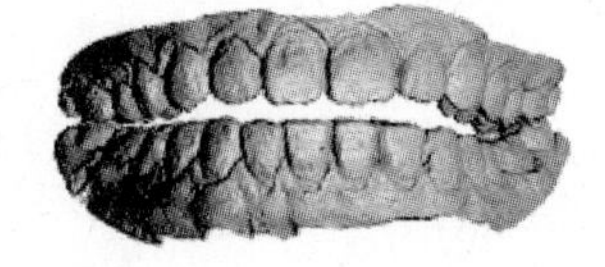

图 9-10　下颌运动三维重建

上述方法可实现六自由度位移测量，计算公式简单，实时性强，可连续测量无误差积累。实验中所用屏的材料为印刷用丝网，微观上具有栅格结构，由于衍射作用，使拍摄到的光斑光强分布不是理想的高斯分布，对测量有一定影响。通过合理选择屏的材料，精确测定激光束间的夹角，合理确定光束直径及功率等因素，可获得较高的测量精度，完全可满足口腔医学的测量要求。该方法也可用于其他应用领域。

参考文献

[1] 金国藩, 李景镇. 激光测量学[M]. 北京:科学出版社, 1998.

[2] 方友斌, 叶嘉雄, 孙百涛, 等. 主从动轴共轴性的光电检测[J]. 光电工程, 1997, 24(2):34-43.

[3] E. A. 赫谢德. 应用波带板检核长距离的直线性与同轴性[J]. 观测技术, 1984. 4-5, (1- 2):126-132.

[4] 龚正烈, 程晓曼, 徐静, 等. 单光束 LD/PSD 激光对中测量仪及其数学模型[J]. 光电子激光, 2002, 13(4): 378-381.

[5] 金其坤, 彭福坤. 建筑测量学[M]. 西安:西安交通大学出版社, 1996.

[6] И. C. 拉布茨维奇. 用倒锤测定建筑物的变形[J]. 观测技术, 1984, 4-5(1-2):119-122.

[7] 任权. 大坝变形观测[M]. 南京:河海大学出版社, 1989.

[8] Xu Yanbing, Huang Tao, Wang Kefeng, et al. Displacement monitoring for Fengman Concrete Gravity Dam[C]. Proceeding of '99 DS&M, China, 1999:217-226.

[9] 聂守平, 刘明. 激光大坝位移实时检测系统研究[J]. 光电子·激光, 1999, 10(5):437-439.

[10] Xia Cheng. Xia Zhenjian. An Effective Dam Displacement Automatic Monitoring System[C]. Proceeding of '99 DS&M, China, 1999:597-601.

[11] Wu Xiaoming, Gong Jianbing, Xu Shaoquan. Application of GPS to deformation monitoring for Geheyan Dam[C]. // Proceedings of '99 international conference on dam safety and monitoring. Beijing:China Book Press, 1999:557-560.

[12] 邵建平, 宋普光, 沈鹤鸣, 等. GPS 导航仪的反 SA 方法研究[J]. 导航, 1994, 03.

[13] 蔡英杰, 向敬成. GPS 接受机用于两点间精密测距方法的研究[J]. 电子测量与仪器学报, 1999, 13(3): 6-10.

[14] 张瑜. 提高 GPS 导航定位精度的方法——电波折射修正[J]. 系统工程与电子技术, 2000, 22(4):94-96.

[15] 潘新, 姚楚光. 平原地区 GPS 拟合高程试验[J]. 人民长江, 1999, 30(10):32-34.

[16] Reich C. Photogrammetric matching of point clouds for 3-D measurement of complex objects[J]. SPIE, 1998, 3520:100-110.

[17] Valkenburg R J, Mcivor A M. Accurate 3-D measurement using a structured light system[J]. Image and Vision Computing, 1998, 16:99-110.

[18] Goodall Anthony J E, Burton David R, Lalor Michael J. The future of 3-D range image measurement using binary-encoded pattern projection[J]. Optics and Lasers in Engineering, 1994, 21:99-110.

[19] Petty R S, Robinson M, Evans J P O. 3-D measurement using rotating line-scan sensor[J]. Meas Sci Technol, 1998, 9:339-346.

[20] 龙玺, 等. 结构光三维扫描测量的三维拼接技术[J]. 清华大学学报（自然科学版）, 2002, 42 (4) :477-480.

[21] 李万松, 等. 相位检测面形术在大尺度三维面形测量中的应用[J]. 光学学报, 2000, 206.

[22] Satoru Toyooka, Yuuji Iwaasa. Automatic profilometry of 3-D diffuse objects by spatial phase detection[J]. Applied Optics, 1986, 25(10):1630-1633.

[23] Suzuki M, Kanaya M. Applications of Moiré topography measurement methods in industry [J]. Pot. Laser Eng. , 1988, 8:171-188.

[24] Skea D, Barrodale I, Kuwahara R, et al. A Control point matching algorithm[J]. Pattern Recognition, 1993, 26(2):269-276.

[25] Sanjay Ranade, Azriel Rosenfeld. Point pattern matching by relaxation[J]. Pattern Recognition, 1980, 12 (2): 269-275.

[26] Shih hsu Chang, Fang Hsuan Cheng, Wen-hsing Hsu, et al. Fast algorithm for point pattern matching: invarant to translations, rotations and scale changes[J]. Pattern Recognition, 1997, 29(1):11-16.

[27] Kuroda T, Motchashi N, Tominaga R, et al. Three-dimensional dental cast analyzing system using laser scanning[J]. Am J Orthod Dentofacial Orthop, 1996, 110:365-369.

[28] Phong F. Illumination for Computer Generated Images[D]. Univ. of Utah, Salt Lake City, 1973.

[29] Mehl A, Kunzelmann K H, et al. Highly accurate 3-D data acquisition with a light sectioning laser sensor[J]. J Dent Res, 1993, 72:344-350.

[30] Mehl A, Gloger W, Kunzelmann K H, et al. A new optical 3-D device for the detection of wear[J]. J Dent Res, 1997, 76(11):799-807.

[31] Bernd Korda β, et al. The virtual articulator in dentistry: concept and development[J]. Dent Clin N Am, 2002, 46: 493-506.

[32] Bernd Korda β, et al. The virtual articulator[J]. Interantional Journal of Computerized Dentistry, 2002, 5:101-106.

[33] Li Guoshun. Research on Real-time Measuring System about Position Posture of Motional Object with Four Beams of Laser and Position Sensitive Detector[J]. Journal of National University of Defense Technology, 2000, 22(1):69-72.

[34] Abbas EI Gamal. Digital Pixel Image Sensors[C]. ISL Industrial Affilates meeting, 1999:1-5.

[35] 吕爱民. PSD 光斑定位技术及应用研究[D]. 南京：南京理工大学, 1997.

[36] 袁红星. 位置敏感探测器定位理论及应用研究[D]. 南京：南京理工大学, 1999.

[37] 缪家鼎, 徐文娟, 牟同升. 光电技术[M]. 浙江：浙江大学出版社, 1995.

[38] 袁红星, 贺安之, 李振华, 等. 指示光源衍射所引起的 PSD 附加定位误差探讨[J]. 光学学报, 2000, 20(1).

[39] 严蔚敏, 吴伟民. 数据结构[M]. 北京：清华大学出版社, 1997.

[40] 高玮. 非线性时序预测模型研究[Z]. http://www. matwav. com/papers/newshtml/techpaper/20031023205433. htm

[41] 方友斌, 叶嘉雄, 孙百涛, 等. 主从动轴共轴性的光电检测[J]. 光电工程, 1997, 24(2)：34-43.

[42] 李忠科, 易亚星, 罗玉华. 一种新型激光对中仪：中国, 99255143[P] 999.

[43] 易亚星, 李忠科, 邓方林. 同轴度测量研究[J]. 电子测量与仪器学报, 2000, 14(5)：163-166.

[44] 袁红星, 贺安之, 王志兴. 用 PSD 构成全方位高准确度数字水平仪[J]. 仪器仪表学报, 1999， 20(5)：517-518.

[45] 张福学. 固体摆式倾角传感器[M] //1996/1997 传感器与执行器大全. 北京：电子工业出版社, 1997:69-71.

[46] 张福学. 液体摆式倾角传感器[M] //1996/1997 传感器与执行器大全. 北京：电子工业出版社, 1997:67-68.

[47] 张福学. 气体摆式倾角传感器[M] //1996/1997 传感器与执行器大全. 北京：电子工业出版社, 1997:61-66.

[48] 张福学, 陈占先, 罗玉华. 气体摆式倾角传感器：中国, 92100599. 7[P] 1992, 4-5.

[49] 张福学, 陈占先, 罗玉华. 气体摆式倾角传感器：中国, 92100599. 7[P] 1992, 6-8.

[50] Lu Zhengang, Zhang Liying, Tian Zhongyuan. Experimental study on the system for full-automatic observation of six-degree-of-freedom deformation at Baishan Dam[C] //Proceedings of '99 international conference on dam safety and monitoring. Beijing：China Book Press, 1999:694-698.

[51] 金其坤, 彭福坤. 自动安平水准仪[M] //建筑测量学. 西安：西安交通大学出版社, 1996：17-18.

[52] Gurmukh S. Arkaria. The Complacency Factor in Dam Safty Assessments[C] //Proceedings of '99 international

conference on dam safety and monitoring. Beijing：China Book Press, 1999：210-216.

[53] Li Junchun, Li Lei, Shen Jinbao. Breach Progress, Failure Mechanism and Lesson of Gouhou Concrete Face Gravel Dam[C] //Proceedings of ’99 international conference on dam safety and monitoring. Beijing：China Book Press, 1999:503-508.

[54] Yi Yaxing, Li Zhongke, Li Xinshe, et al. The Laser Measurement for Slight Deformation of Large-scale Structure, Optical Measurement and Nondestructive Testing: Techniques and Application[C]. Proceeding of SPIE, Vol. 4221, 2000, Beijing.

[55] IB 依凡诺夫, V I 安塔切夫. 潮水的变化极其对高精度水准测量、高精度重力测量和精密三角测量的影响[J]. 观测技术, 1984, 4-5(1-2)：60-61.

[56] 任权, 潘予生. 大坝变形观测中垂线变化的计算[J]. 大坝观测与土工测试, 1984, 2.

[57] A A 卡尔索恩. 计算垂线偏差对大型水工建筑的影响[J]. 观测技术, 1984, 4-5(1-2)：209-210.

[58] C B 叶拉基. 论高坝变形观测中的重力改正[J]. 观测技术, 1984, 4-5(1-2)：211－214.

[59] AA 卡尔索恩. 计算垂线偏差对大型水工建筑的影响[J]. 观测技术, 1984, 4-5(1-2)：215-218.

[60] Giovanna Sansoni, Stefano Corini, Sara Lazzari, et. al. 3-D imaging of surfaces for industrial applications integration of structured light projection, gray code projection and projector-camera calibration for improved pefformance[J]. SPIE, 1996, 2661: 88-96.

[61] Valkenburg R J, Mclvor A M. Accurate 3D measurement using a structured light system[J]. Elserier: image and vision computing, 1988, 16:99-110.

[62] Dong Bin, You Zheng, Liu Xingzhan, et al. A triangulation-base spatial binary coded system for 3D range measurement[C]. international conference on advanced manufacturing technology, Xi’an, 1999.

[63] Reich C. Photogrammetric matching of point clouds for 3-D measurement of complex object[J]. SPIE, 1998, 3520:100-110.

[64] Petty R S, Robinson M, Evans J P O. 3-D measurement using rotating line-scan sensors [J]. Meas Sci Technol, 1998, 9: 339-346.

[65] Hobson C Allan, Atkinson John T, Lilley Francis. The application of digital filtering to phase recovery when surface contouring using fringe projection techniques[J]. Optics and Lasers in Engineering, 1997, 27:355-368.

[66] Tang Shouhong, Huang Yan Y. Fast profilometer for the automatic measurement of 3-D object shapes[J]. Applied Optics, 1990, 29:3012-3018.

[67] Goodall Anthony J E, Burton David R, Lalor Michael J. The future of 3-D range image measurement using binary-encoded pattern projection[J]. Optics and Lasers in Engineering, 1994, 21:99-110.

[68] Goodall Anthony J E, Burton David R, Lalor Michael J. The future of 3-D range image measurement using binary-encoded pattern projection[J]. Optics and Lasers in Engineering, 1994, 21:99-110.

[69] Takayuki Kuroda, et al. Three-dimensional dental cast analyzing system using laser scanning [J]. American Journal of Orthodontics and Dentofacial Orthopedics, 1996, 110(4):365-369.

[70] Kuroda T, Motohashi N, Tominaga R, et al. Three-dimensional dental cast analyzing system using laser scanning[J]. Am J Orthod Dentofacial Orthop, 1996, 110(4):365.

[71] 吕培军, 李忠科, 王勇, 等. 非接触式牙颌模型三维激光测量分析系统的研制[J]. 中华口腔医学杂志, 1999, 34(6):351.

[72] 高勃, 王忠义, 张少锋, 等. 光栅变形条纹直接分析法用于牙冠形状的三维测量[J]. 实用口腔医学杂志, 1998, 14:125-128.

[73] Bernd Korda β, Gartner Ch, Gesch D. The Virtual Articulator-A New Tool to Analyse the Dysfunction and Dysmorphology of Dental Occlusion[J]. Aspects of Teratology, 2000, 2: 243-247.

[74] Bernd Korda β, Gartner Ch. Virtual Articulator-Usage of Virtual Reality Tools in the Dental Technology[J]. Quintessence of Dent Tech, 2000, 12:75-80.

[75] Bernd Korda β, et al. The virtual articulator in dentistry: concept and development[J]. Dent Clin N Am, 2002, 46: 493-506.

[76] Bernd Korda β, et al. The virtual articulator[J]. Interantional Journal of Computerized Dentistry, 2002, 5:101-106.

[77] Wong BH. Invisalign A to Z[J]. Am J Orthod Dentofacial Orthop, 2002, 121(5):540.

[78] Womack W R, Ahn J H, Ammari Z, et al. A New Approach to Correction of Crowding[J]. Am J Orthod Dentofacial Orthop, 2002, 122(3):310.

[79] Boyd R L, Miller R S, Vlaskalic V. The Invisalign system in adult orthodontics mild crowding and space closure cases[J]. J Clin Orthod, 2002, 34:203.

[80] Marcel Tj. Three dimensional on-screen virtual models[J]. Am J Orthod Dentofacial Orthop, 2001, 119(6):666.

[81] 杜颖. 三维曲面的光学非接触测量技术[J]. 光学精密工程. 1999, 03.

[82] 艾勇. 最新光学应用测量技术[M]. 武汉:武汉测绘科技大学出版社, 1994：125-127.

[83] 李仁举, 钟约先, 由志福, 等. 三维测量系统中摄象机定标技术[J]. 清华大学学报, 2002, 4:481-483.

[84] Martin T Hagan, Howard B Demuth, Mark H Beale. Neural Network Design[M]. China Machine Press, 2002.

[85] 吕培军, 邹波, 王勇. 一种新型三维牙颌模型激光扫描仪可靠性对比研究[J]. 实用口腔医学杂志, 2002, 6:546-549.

[86] 傅民魁. 口腔正畸学[M]. 北京:人民卫生出版社, 1992.

[87] 陈华. 实用口腔正畸学[M]. 北京:人民军医出版社, 1991.

[88] 柯杰. 牙颌畸形辅助诊断与矫治设计系统的建立与应用[D]. 西安：第四军医大学, 1993.

[89] 黄小平, 熊有伦. 逆向工程技术现状及展望[C] //21 世纪新产品快速开发技术. 西安:陕西科学技术出版社, 2000:18-24.

[90] 柯映林. 李江雄, 肖尧先. 反求工程 CAD 建模技术研究[C] //21 世纪新产品快速开发技术. 西安: 陕西科学技术出版社, 2000:30-36.

[91] Tamas V, Ralph R M. Reverse engineering of geometric models: an introduction [J]. Computer Aided Design, 1997, 29(4): 255-268.

[92] 邱泽阳, 宋晓宇, 张定华. 离散数据中的孔洞修补[J]. 工程图学学报, 2004, 4:85-89.

[93] Gu P, Yan X. Neural network approach to the reconstruction of free form surfaces for reverse engineering [J]. Computer Aided Design, 1995, 27(1):54-64.

[94] 唐荣锡, 汪嘉业, 彭群生, 等. 计算机图形学教程[M]. 北京:科学出版社, 1994.

[95] Farin G. Smooth interpolation to scattered 3D data [C] //Surfaces in computer aided geometric design. North-Holland, Amsterdam, 1983:43-63.

[96] Herron G. Smooth closed surfaces with discrete triangular interpolants [J]. Computer Aided Geometric Design, 1985, 2: 297-306.

[97] 李立新, 谭建荣. G1 连续任意拓扑曲面的几何重建[J]. 计算机辅助设计与图形学学报, 2001, 13(5): 407-412.

[98] Pitas I, Venetsanopoulos A-N. Nonlinear digital filters: Principles and applications [M]. Boston: Kluwer Academ ic, 1990.

[99] Astola J. Fundamentals of nonlinear digital filtering [M]. Boca Raton, U. S. A: CRC Press, 1997.

[100] Wtukey J. Exploratory data analysis [M]. NewYork: Addison Wesley, 1977.

[101] Justusson B I. Median filtering: Statistical properties [C] // Huang H S edi. Two-dimensional digital signal processing, Topics in Applied Physics. Berlin: Springer-Verlag, 1981:161-196.

[102] Bovik A C, Huang T S, Munson D C. Generalization of median filtering using linear combinations of order statistics [J]. IEEETrans. on Acoustics, Speech, and Signal Processing, 1983, 31(6):1342-1350.

[103] Coyle E J, Lin J H, Gabbouj M. Optimalstack filtering and the estimation and structural approaches to image processing [J]. IEEETrans. on Acoustics, Speech, and Signal Processing, 1989, 37(12):2037-2066.

[104] Geman D, Reynolds G. Constrained restoration and the recovery of discontinuities[J]. IEEE. Trans. Pattern Analysis and Machine Intelligence, 1992, 14(3): 367-383.

[105] Wong E Q, Algazi V R. Image enhancement using linear diffusion and an improved gradient map estimate [C] //Proceedings of 1999 IEEE International Conference on Image Processing. Kobe Japan, 1999:154-158.

[106] You Yuli, Kaveh D. Fourth-order partial differential equations for noise removal [J]. IEEE Trans. Image Processing, 2000, 9(10):1723-1730.

[107] Bouman C, Sauer K. A generalized Gaussian image model of edge preserving map estimation[J]. IEEE Trans. Image Processing, 1993, 2(3):296-310.

[108] Ching P C, So H C, Wu S Q. On wavelet denoising and its applications to time delay estimation [J]. IEEE Trans. Signal Processing, 1999, 47(10):2879-2882.

[109] Deng Liping, Harris J G. Wavelet denoising of chirp-like signals in the Fourier domain [C] // In: Proceedings of the IEEE International Symposiumon Circuits and Systems. Orlando USA, 1999: 540-543.

[110] Gunawan D. Denoising images using wavelet transform [C] // Proceedings of the IEEE Pacific Rim Conferenceon Communications, Computers and Signal Processing. VictoriaBC, USA, 1999:83-85.

[111] Baraniuk R G. Wavelet soft-thresholding of time-frequency representations [C] //Proceedings of IEEE International Conference on Image Processing. Texas USA, 1994:71-74.

[112] Lun D P K, Hsung T C. Image denoising using wavelet transform modulus sum[C] //Proceedings of the 4th International Conference on Signal Processing[C]. Beijing China, 1998:1113-1116.

[113] Krim H, Tucker D, Mallat S Getal. On denoising and best signal representation[J]. IEEE Trans. Information Theory, 1999, 5(7):2225-2238.

[114] Badulescu P, Zaciu R. Removal of mixed-noise using order statistic filter and wavelet domain Wiener filter[C] // Proceedings of the International Semiconductor Conference. Sinaia Romania, 1999:301-304.

[115] Johnstone I M, Silverman B-W. Wavelet threshold estimators for data with correlated noise [J]. Journal of royal statistic society series (B), 1997, 59:319-351.

[116] 赵瑞珍, 宋国乡. 小波系数阈值估计的改进模型[J]. 西北工业大学学报, 2001, 19(4): 625-628.

[117] Chang S G, Yu Bin, Vetterli M. Adaptive wavelet thresholding for image denoising and comopression[J]. IEEE Trans. Image Processing, 2000, 9(9): 1532-1546.

[118] J Shapiro. Embedded image coding using zero-trees of wavelet coefficients[J]. IEEE Trans. Signal Processing, 1993, 41：3445-3462.

[119] 方志刚. 三维空间控制器及其在三维空间交互技术中的应用[J]. 计算机辅助设计与图形学学报，1998,

10(2): 105-111.

[120] 唐泽胜, 周嘉玉, 李新友. 计算机图形学基础[M]. 北京:清华大学出版社, 1995.

[121] David F. Rogers. Procedural Elements for Computer Graphics[M]. China Machine Press, 2002.

[122] Millistein P L. A Pernment method of recording occlusal contacts[J]. J Prosthet Dent 1985, 53:748.

[123] Woda, et al. Nonfunctional and functional occlusal contacts a review of the literature[J]. J Prosthet Dent, 1979, 42:335.

[124] Millistein P L, et al. An evaluation of occlusal contacts marking indicators: A descriptive qualitative method[J]. Quintessence Int, 1983, 14: 813.

[125] Schelb E, et al. Thickness and marking characteristics of occlusal registration strips[J]. J Prosthet Dent, 1985, 54:122.

[126] Maness W L, et al. 一种新技术—计算机咬合分析[M]. 国外医学口腔分册, 1988:166.

[127] Duret F, Blouin J L, Duret B. CAD-CAM in dentistry[J]. Am Dent Assoc, 1988, 117(7):715.

[128] Bernd Korda β, et al. The virtual articulator[J]. Interantional Journal of Computerized Dentistry, 2002, 5:101-106.

[129] Kuroda T, Motchashi N, Tominaga R, et al. Three_dimensional dental cast analyzing system using laser scanning[J]. Am J Orthod Dentofacial Orthop, 1996, 110:365-369.

[130] 吕培军, 李忠科, 等. 非接触式牙颌模型三维激光测量分析系统的研制[J]. 中华口腔医学杂志, 1999, 11:351.

[131] Bernd Korda β, et al. The virtual articulator in dentistry: concept and development[J]. Dent Clin N Am , 2002, 46.

[132] Barr A H. Global and local deformation of solid primitives[J]. Computer Graphics, 1984, 18(3): 21-34.

[133] 李永林, 王启付, 钟毅芳, 等. 可变曲面的有限元模型[J]. 计算机辅助设计与制造, 1998, 3:46-49.

[134] Forsey D R, Bartels R H. hierarchical B-spline Refinement[J]. Computer Graphics, 1988, 22(4):205-212.

[135] Hsu W M, Huges J F, Kaufman H. Direct manipulation of free-form deformation[J]. Computer Graphics, 1992, 26(2):184-187.

[136] JR Rossignac, J Turner. Symposium on Solid Modeing Foundations and CAD/CAM Applications [C] , ACM Press, Austin June 5-7, 1991.

[137] Celniker G, Gossard D. Deformable curve and surface finite-elements for free-form shap design[J]. Computer Graph, 1991, 25(4):275-279.

[138] Piegl L. modifying the shape of rational B-splines[J]. Computer Aided Design, 1989, 21(9):538-546.

[139] Tzvetomir Ivanov Vassilev. Interactive Sculpting with Deformable Nonuniform B-splines [J]. Computer Graphics forum, 1997, 16(4):191-199.

[140] Swderberg T W, Parry R. free-form deformation of solid geometric models[J]. Computer Graphics, 1986, 20(4):151-160.

[141] Coquillart S. extended free-Form Deformation: A Sculpturing tool for 3D Geometric Modeling[J]. Computer Graphcs, 1990, 24(4):187-194.

[142] Kalra P, Mangili A thalmann, Thalmann D. Simulation of facial muscle actions based on rational free-form deformation[C]. EUROGRAPHICS'92, Comp. Graph. Forum, 1992, 2(3) : C59-C69.

[143] Lazarus F, Coquillart S, Jancene P. Deformations axiales interactives[C]. GROPLAN' 92, 1992:117-124.

[144] Feng J Q, Ma L Z, Peng Q S. New free-form deformation through through the control of parametrics surfaces[J].

Computers&Graphics, 1996, 20(4):531-539.

[145] 冯结青, 马利庄, 彭群生. 嵌入参数空间的曲面控制自由变形方法[J]. 计算机辅助设计与图形学学报, 1998, (3): 208-215.

[146] Borrel P and Bechmann. Deformation of N-dimensional objects[J]. International Journal of Computation Geometry&Application, 2012, 01(4): 427-453.

[147] 冯梅兰, 周崇阳, 李平. 下颌铰链运动轴点稳定性及位置的探讨[J]. 中华口腔医学杂志, 1997, 32(3): 139-142.